U0230562

“十四五”时期国家重点出版物出版专项规划项目

第二次青藏高原综合科学考察研究丛书

青藏高原地衣多样性

王立松 著

科学出版社

北京

内 容 简 介

本书按照森林（半常绿雨林与常绿阔叶林、硬叶常绿阔叶林、落叶阔叶林、针阔混交林、常绿和落叶针叶林）、高山灌丛、草甸（高山草甸、荒漠草地）、高山流石滩、干旱河谷（金沙江干热河谷）进行地衣分类研究，反映了当前青藏高原地衣生物群落的基本组成和生态环境，共涉及211种，隶属118属、38科，含青藏高原特有及濒危物种、近年国内外在本地区发现的新属种、新记录属种，以及重要经济地衣资源。

本书可供环境保护、生态学、植物学等领域的管理人员和研究人员参考，也可以为制定生态保护、资源利用等政策提供依据。

审图号：GS 京 (2024) 1431 号

图书在版编目（CIP）数据

青藏高原地衣多样性 / 王立松著. -- 北京：科学出版社, 2024. 9. --
(第二次青藏高原综合科学考察研究丛书). -- ISBN 978-7-03-079364-5
Ⅰ. Q949.34
中国国家版本馆CIP数据核字第202436XB70号

责任编辑：郭允允　赵　晶 / 责任校对：郝甜甜
责任印制：徐晓晨 / 封面设计：马晓敏

科学出版社 出版
北京东黄城根北街16号
邮政编码：100717
http://www.sciencep.com

北京汇瑞嘉合文化发展有限公司印刷

科学出版社发行　各地新华书店经销

*

2024年9月第　一　版　开本：787×1092　1/16
2024年9月第一次印刷　印张：21 1/2
字数：507 000

定价：368.00元

（如有印装质量问题，我社负责调换）

“第二次青藏高原综合科学考察研究丛书”

指导委员会

刘丛强　中国科学院地球化学研究所
龚健雅　武汉大学
焦念志　厦门大学
赖远明　中国科学院西北生态环境资源研究院
胡春宏　中国水利水电科学研究院
郭正堂　中国科学院地质与地球物理研究所
王会军　南京信息工程大学
周成虎　中国科学院地理科学与资源研究所
吴立新　中国海洋大学
夏　军　武汉大学
陈大可　自然资源部第二海洋研究所
张人禾　复旦大学
杨经绥　南京大学
邵明安　中国科学院地理科学与资源研究所
侯增谦　国家自然科学基金委员会
吴丰昌　中国环境科学研究院
孙和平　中国科学院精密测量科学与技术创新研究院
于贵瑞　中国科学院地理科学与资源研究所
王　赤　中国科学院国家空间科学中心
肖文交　中国科学院新疆生态与地理研究所
朱永官　中国科学院城市环境研究所

“第二次青藏高原综合科学考察研究丛书”

编辑委员会

《青藏高原地衣多样性》

编写委员会

主　任　王立松

副主任　王欣宇　张雁云　刘　栋　杨美霞

委　员　银安城　钟秋怡　苗丛丛　张璐璐

谢聪苗　李丽娟　艾　敏　王禄汀

Fiona Ruth Worthy

摄　影　王立松　赵光辉　王晋朝

第二次青藏高原综合科学考察队
地衣多样性科考分队骨干队员名单

姓名	职务	工作单位
王立松	分队长	中国科学院昆明植物研究所
王欣宇	副分队长	中国科学院昆明植物研究所
石海霞	队员	中国科学院昆明植物研究所
李丽娟	队员	中国科学院昆明植物研究所
银安城	队员	中国科学院昆明植物研究所
刘　栋	队员	中国科学院昆明植物研究所
杨美霞	队员	中国科学院昆明植物研究所
钟秋怡	队员	中国科学院昆明植物研究所
赵光辉	队员	中国科学院昆明植物研究所
王世琼	队员	中国科学院昆明植物研究所
王禄汀	队员	中国科学院昆明植物研究所
艾　敏	队员	中国科学院昆明植物研究所
陈瀚翔	队员	中国科学院昆明植物研究所
范　戎	队员	中国科学院昆明植物研究所
张雁云	队员	中国科学院昆明植物研究所
张颖君	队员	中国科学院昆明植物研究所
苗丛丛	队员	山东师范大学
谢聪苗	队员	山东师范大学
付善明	队员	广州大学
吴丽琴	队员	广州大学
蒋卓静	队员	University of British Columbia

作 者 简 介

王立松 中国科学院昆明植物研究所研究员

从事地衣标本采集和分类学研究四十余年，采集地衣标本近9万号，采集和发现地衣新种超过100种，野外拍摄地衣物种及生境照片12万幅，建立地衣数据86621条。发表学术论文151篇（其中SCI论文超过120篇），主编《中国药用地衣图鉴》《中国云南地衣》《中国地衣志 第五卷 梅衣科（Ⅱ）》专著。培养硕士研究生8名，联合培养硕士研究生5名和博士研究生4名。2011年获云南省科学技术进步奖三等奖，2016年获云南省自然科学奖二等奖，2019年获中华人民共和国科学技术部和中国科学院优秀科普微视频奖。

丛书序一

青藏高原是地球上最年轻、海拔最高、面积最大的高原，西起帕米尔高原和兴都库什、东到横断山脉，北起昆仑山和祁连山、南至喜马拉雅山区，高原面海拔4500米上下，是地球上最独特的地质–地理单元，是开展地球演化、圈层相互作用及人地关系研究的天然实验室。

鉴于青藏高原区位的特殊性和重要性，新中国成立以来，在我国重大科技规划中，青藏高原持续被列为重点关注区域。《1956—1967年科学技术发展远景规划》《1963—1972年科学技术发展规划》《1978—1985年全国科学技术发展规划纲要》等规划中都列入针对青藏高原的相关任务。1971年，周恩来总理主持召开全国科学技术工作会议，制订了基础研究八年科技发展规划（1972—1980年），青藏高原科学考察是五个核心内容之一，从而拉开了第一次大规模青藏高原综合科学考察研究的序幕。经过近20年的不懈努力，第一次青藏综合科考全面完成了250多万平方千米的考察，产出了近100部专著和论文集，成果荣获了1987年国家自然科学奖一等奖，在推动区域经济建设和社会发展、巩固国防边防和国家西部大开发战略的实施中发挥了不可替代的作用。

自第一次青藏综合科考开展以来的近50年，青藏高原自然与社会环境发生了重大变化，气候变暖幅度是同期全球平均值的两倍，青藏高原生态环境和水循环格局发生了显著变化，如冰川退缩、冻土退化、冰湖溃决、冰崩、草地退化、泥石流频发，严重影响了人类生存环境和经济社会的发展。青藏高原还是“一带一路”环境变化的核心驱动区，将对“一带一路”20多个国家和30多亿人口的生存与发展带来影响。

2017年8月19日，第二次青藏高原综合科学考察研究启动，习近平总书记发来贺信，指出“青藏高原是世界屋脊、亚洲水塔，是地球第三极，是我国重要的生态安全屏障、战略资源储备基地，是中华民族特色文化的重要保护地”，要求第二次青藏高原综合科学考察研究要“聚焦水、生态、人类活动，着力解决青藏高原资源环境承载力、灾害风险、绿色发展途径等方面的问题，为守护好世界上最后一方净土、建设美丽的青藏高原作出新贡献，让青藏高原各族群众生活更加幸福安康”。习近平总书记的贺信传达了党中央对青藏高原可持续发展和建设国家生态保护屏障的战略方针。

第二次青藏综合科考将围绕青藏高原地球系统变化及其影响这一关键科学问题，开展西风－季风协同作用及其影响、亚洲水塔动态变化与影响、生态系统与生态安全、生态安全屏障功能与优化体系、生物多样性保护与可持续利用、人类活动与生存环境安全、高原生长与演化、资源能源现状与远景评估、地质环境与灾害、区域绿色发展途径等 10 大科学问题的研究，以服务国家战略需求和区域可持续发展。

“第二次青藏高原综合科学考察研究丛书”将系统展示科考成果，从多角度综合反映过去 50 年来青藏高原环境变化的过程、机制及其对人类社会的影响。相信第二次青藏综合科考将继续发扬老一辈科学家艰苦奋斗、团结奋进、勇攀高峰的精神，不忘初心，砥砺前行，为守护好世界上最后一方净土、建设美丽的青藏高原作出新的更大贡献！

孙鸿烈

第一次青藏科考队队长

丛书序二

青藏高原及其周边山地作为地球第三极矗立在北半球，同南极和北极一样既是全球变化的发动机，又是全球变化的放大器。2000年前人们就认识到青藏高原北缘昆仑山的重要性，公元18世纪人们就发现珠穆朗玛峰的存在，19世纪以来，人们对青藏高原的科考水平不断从一个高度推向另一个高度。随着人类远足能力的不断加强，逐梦三极的科考日益频繁。虽然青藏高原科考长期以来一直在通过不同的方式在不同的地区进行着，但对于整个青藏高原的综合科考迄今只有两次。第一次是20世纪70年代开始的第一次青藏科考。这次科考在地学与生物学等科学领域取得了一系列重大成果，奠定了青藏高原科学研究的基础，为推动社会发展、国防安全和西部大开发提供了重要科学依据。第二次是刚刚开始的第二次青藏科考。第二次青藏科考最初是从区域发展和国家需求层面提出来的，后来成为科学家的共同行动。中国科学院的A类先导专项率先支持启动了第二次青藏科考。刚刚启动的国家专项支持，使得第二次青藏科考有了广度和深度的提升。

习近平总书记高度关怀第二次青藏科考，在2017年8月19日第二次青藏科考启动之际，专门给科考队发来贺信，作出重要指示，以高屋建瓴的战略胸怀和俯瞰全球的国际视野，深刻阐述了青藏高原环境变化研究的重要性，要求第二次青藏科考队聚焦水、生态、人类活动，揭示青藏高原环境变化机理，为生态屏障优化和亚洲水塔安全、美丽青藏高原建设作出贡献。殷切期望广大科考人员发扬老一辈科学家艰苦奋斗、团结奋进、勇攀高峰的精神，为守护好世界上最后一方净土顽强拼搏。这充分体现了习近平生态文明思想和绿色发展理念，是第二次青藏科考的基本遵循。

第二次青藏科考的目标是阐明过去环境变化规律，预估未来变化与影响，服务区域经济社会高质量发展，引领国际青藏高原研究，促进全球生态环境保护。为此，第二次青藏科考组织了10大任务和60多个专题，在亚洲水塔区、喜马拉雅区、横断山高山峡谷区、祁连山-阿尔金区、天山-帕米尔区等5大综合考察研究区的19个关键区，开展综合科学考察研究，强化野外观测研究体系布局、科考数据集成、新技术融合和灾害预警体系建设，产出科学考察研究报告、国际科学前沿文章、服务国家需求评估和咨询报告、科学传播产品四大体系的科考成果。

两次青藏综合科考有其相同的地方。表现在两次科考都具有学科齐全的特点，两次科考都有全国不同部门科学家广泛参与，两次科考都是国家专项支持。两次青藏综合科考也有其不同的地方。第一，两次科考的目标不一样：第一次科考是以科学发现为目标；第二次科考是以摸清变化和影响为目标。第二，两次科考的基础不一样：第一次青藏科考时青藏高原交通整体落后、技术手段普遍缺乏；第二次青藏科考时青藏高原交通四通八达，新技术、新手段、新方法日新月异。第三，两次科考的理念不一样：第一次科考的理念是不同学科考察研究的平行推进；第二次科考的理念是实现多学科交叉与融合和地球系统多圈层作用考察研究新突破。

“第二次青藏高原综合科学考察研究丛书”是第二次青藏科考成果四大产出体系的重要组成部分，是系统阐述青藏高原环境变化过程与机理、评估环境变化影响、提出科学应对方案的综合文库。希望丛书的出版能全方位展示青藏高原科学考察研究的新成果和地球系统科学研究的新进展，能为推动青藏高原环境保护和可持续发展、推进国家生态文明建设、促进全球生态环境保护做出应有的贡献。

姚檀栋

姚檀栋
第二次青藏科考队队长

自　序

青藏高原有“世界屋脊”、“地球第三极”和“亚洲水塔”之称。青藏高原的极高山、干旱河谷、荒漠等极端环境地区是大多数生命的禁区，但地衣却生机勃勃，一些物种从这里起源、繁衍，或在这里找到了应对环境变化的“避风港”，青藏高原孕育着全球最奇特的地衣生物，在“世界屋脊”组成了五彩斑斓的“地衣空中花园”，是中国地衣生物资源的重要储备基地和孑遗类物种的天然基因库。

从 1981 年参加“第一次青藏高原横断山综合考察”到 2017 年启动的“第二次青藏高原综合科学考察研究”，我一生能够赶上两次青藏高原考察与研究国家重大项目，实属幸运！从最年轻的科考队员到如今的“老青藏”，四十余年我走过了青藏高原近 80% 的区域，填补了藏北无人区、可可西里、柴达木盆地等地衣采集史上的空白，采集的近 9 万号标本不仅是地衣物种的重要凭证，也将在未来五十年、一百年，甚至更久远的历史长河中凸显重要的科学价值。从传统分类到现代分子生物学研究方法，厘清了青藏高原诸多关键物种的分类问题和资源分布，一些新种、珍稀和特有地衣被不断发现，每次看到亲手采集的标本在国内外刊物上发表，都触景生情。青藏高原地衣的神秘面纱正在被层层揭开，项目组也在不断的努力中明确了自己独特的研究方向。

没有艳丽的花朵，不为栋梁之材，却悄然地改变着地球的生态环境，地衣是“地球上最顽强的生命”“荒漠拓荒者”“环境变化的晴雨表”。地衣研究者义无反顾地探寻着中国地衣资源家底、锲而不舍地诠释着藻菌共生奥秘。仰观青藏高原之大、俯察地衣品类之盛！仍有大量物种亟待认识，与地衣结缘四十载，心无旁骛，乐在其中！

《青藏高原地衣多样性》是本人四十余年对地衣研究取得的成果中的一部分，将本书献给热爱大自然、关注地衣生物，以及台前幕后支持地衣学科发展和为地衣研究事业默默奉献之人。

王立松

2023 年 12 月 19 日

前　言

青藏高原蕴藏着全球最独特的自然资源，高原冰川、河谷、草甸、植被、野生动物让人流连忘返，峭壁、岩石和树干附生的形态各异、五彩斑斓的地衣也是青藏高原一道独特和亮丽的风景线。青藏高原是地衣繁衍的乐园，孕育了全球最奇特的地衣生物，不仅是中国地衣生物资源的重要储备基地，也是特有和孑遗类地衣的天然基因库。

早期对青藏高原地衣生物的采集和研究主要是外国传教士和外国地衣学家开展的，直到1973年中国科学院组织的“第一次青藏高原综合科学考察”和2017年启动的“第二次青藏高原综合科学考察研究”，才使中国地衣学家得以深入青藏高原腹地开展地衣生物的系统考察和研究。除了1986年魏江春等在《西藏地衣》中系统记录了珠穆朗玛峰地区的194种地衣和Obermayer（2004）报道了西藏南部及四川西部的110种地衣外，大多数青藏高原范围内的地衣物种仅限于局部地区或单种、属零星报道。由于青藏高原涉及范围大、地理环境复杂、地衣组成多样，以及缺乏历史研究资料和地衣分类学研究滞后等诸多因素，仍有大量地衣物种分类问题不清，对地衣群落特征及演化、垂直带谱缺乏清晰认识。在全球气候变暖、人为干扰日益严重的今天，“青藏高原的地衣生物组成及分布如何？”“地衣群落对环境变化的响应如何？”等一系列问题备受关注，本书从近9万号标本和鉴定的700余种地衣中，提出211种在不同植被生境中的主要附生地衣代表物种，以反映当前青藏高原地衣群落的基本组成及分布情况，为进一步深入开展青藏高原地衣群落演化、环境监测、资源利用与保护等研究提供参考。

本书主要分为“引言”、“青藏高原地衣物种组成”和“附录”三部分，其中“引言”介绍地衣生物学特性与生态保护、青藏高原范围与自然环境；“青藏高原地衣物种组成”概述了青藏高原主要植被类型中的地衣组成及群落特征；“附录”简要介绍了青藏高原地衣采集和研究简史。另外，本书还精选了十余篇第二次青藏高原地衣科考日志、科考感悟和科考中的新发现。

本书参考 Lücking 等（2017）地衣分类系统，青藏高原地理范围参考李炳元（1987）、张镱锂等（2002，2021）以及 Ding 等（2020）的划分。书中涉及的物种海拔分布是指青藏高原范围内的海拔分布，为节省篇幅，每个物种引证标本通常不超过 5 份。每个物种均给出了基原异名、形态特征描述、生境、海拔、分布和青藏高原范围内的标本及文献引证，其中青藏高原模式原产地物种均给出了分子数据、模式产地信息和模式标本馆藏地，从而为青藏高原地衣物种的分类鉴定和系统发育研究提供了方便，全部引证标本馆藏于中国科学院昆明植物研究所标本馆（KUN）。

考察期间科考队员们跋山涉水、风餐露宿，在高原缺氧、生活困难等恶劣条件下采集了大量标本，使中国科学院昆明植物研究所标本馆馆藏的青藏高原地衣标本，成为全球地衣学家研究青藏高原地衣生物的重要研究材料。特别感谢陈俊武、罗吉元、胡朝常、杨永瑞、李映辉、辉宏、王晋朝、冯有昆、杨松、杨东等师傅精湛的驾驶技术，在极其危险的路况和恶劣的气候条件下，确保每一次考察得以安全、顺利完成。

研究过程中与 Einar Timdal 教授、Bernard Goffinet 教授、Christoph Scheidegger 教授、Christian Printzen 教授等开展标本借阅、交换，以及学生联合培养和分子数据共享等多途径合作，共同解决疑难种存在的分类学问题；特别感谢刘勇勤教授、魏鑫丽博士、任强博士、王伟成博士、张颖君博士及本书审稿人在本书写作过程中给予的科学合理建议。

感谢芬兰赫尔辛基大学标本馆（H）、奥地利格拉茨大学标本馆（GZU）、德国森肯堡研究所和自然历史博物馆（FR）、德国巴伐利亚自然历史博物馆（M）、美国史密森尼博物院（US）、瑞典自然历史博物馆（S）、奥地利维也纳自然历史博物馆（W）和奥地利维也纳大学标本馆（WU）等标本馆，以及新疆大学标本馆（XJU）、山东师范大学标本馆（SDNU）和中国科学院微生物研究所菌物标本馆（HMAS）在研究中给予相关模式和权威标本的借阅和研究。

本书得到了第二次青藏高原综合科学考察研究项目（2019QZKK0503）、中国孢子植物志的编研项目（31750001）、中国科学院青年创新促进会（2020388）、国家自然科学基金面上项目（31970022、31670028）、云南省科技厅科技计划项目基础研究专项（202401AT070196），以及云南省真菌多样性与绿色发展重点实验室、中国科学院昆明植物研究所植物化学与天然药物重点实验室、云南省产业创新人才项目（YNWR-CYJS-2020-025）和中国科学院科学传播工作研讨会专项经费支持，特此感谢！

《青藏高原地衣多样性》编写委员会

2023 年 12 月

摘　要

《青藏高原地衣多样性》是集“第一次青藏高原横断山综合考察”和“第二次青藏高原综合科学考察研究”国家重大项目中地衣考察和研究成果的一部分。按照森林（半常绿雨林与常绿阔叶林、硬叶常绿阔叶林、落叶阔叶林、针阔混交林、常绿和落叶针叶林）、高山灌丛、草甸（高山草甸、荒漠草地）、高山流石滩、干旱河谷（金沙江干热河谷）进行地衣生物的分类研究，反映了当前青藏高原地衣生物群落的基本组成和生态环境，共涉及 211 种，隶属 118 属、38 科，含青藏高原特有及濒危物种、近年国内外在该地区发现的新属种、新记录属种，以及重要经济地衣资源。每个种均给出了基原异名、形态特征描述、生境、海拔、分布和青藏高原范围内研究的标本引证，其中模式原产地为青藏高原的物种均给出了分子数据、模式产地信息和模式标本馆藏地。本书依托“第二次青藏高原综合科学考察研究”，填补了藏北无人区、可可西里、柴达木盆地等地衣采集史上的空白，考察范围覆盖了青藏高原总面积约 80%，采集标本 3.5 万号和分子材料 1.2 万份，获得分子序列 1 万余条（含 ITS、LSU、SSU、RPB1、RPB2 等）。全部引证标本馆藏于中国科学院昆明植物研究所标本馆（KUN）。

目　　录

第1章

引　　言

1.1 地衣生物学特性与生态保护

地衣是共生菌（mycobiont）与共生藻（phycobiont）或蓝细菌（cyanobacteria）互惠共生组成的胞外共生群落，每一个地衣体就是一个微型生态系统。地衣的学名是菌藻共生中地衣型真菌的名称，因此地衣系统也隶属于真菌界。目前，全球已知的地衣约 1.9 万种（Lücking et al.，2017），其中中国约 3000 种（魏江春，2018）。

地衣无根、茎、叶的分化，由上皮层、下皮层、髓层、藻层及假根等组成，根据地衣的生长形态，通常将地衣分为壳状地衣（crustose lichens）：地衣体紧贴基物生长（图 1.1），通常缺乏下皮层和假根，地衣体横切面常与基物相连，无法从基物上剥离，直径 2 ～ 10cm，有的物种可达 50cm 以上；叶状地衣（foliose lichens）：地衣体似叶片状疏松附生于基物（图 1.1），具上下皮层，通常有假根或茸毛，地衣体横切面呈薄片状，直径 5 ～ 10cm，部分种类直径可达 20 ～ 50cm；枝状地衣（fruticose lichens）：地衣体似树枝或毛发状（图 1.1），以基部固着基物，直立或悬垂，无上下皮层及假根，地衣体横切面呈圆柱状，一般长 3 ～ 5cm，部分物种可长达数米。除以上三大类地衣生长型外，还有多样的形态过渡类型，如鳞片状、鳞壳状、痂状、胶质状、丝状等，但这些外形特征并不直接反映地衣的系统演化关系。

在旱生植被演替过程中，地衣在裸露岩石表面生长是按壳状地衣→叶状地衣→枝状地衣的顺序出现，其中壳状地衣的生态适应性尤为广泛，不仅在热带雨林中组成群落，而且在极高山、干旱河谷及沙漠等极端环境中也组成群落，它们紧贴基物生长的群落结构，能够有效抵御强风、极寒、缺氧、强辐射、干旱、高温等恶劣环境，而叶状地衣和枝状地衣疏松附生基物的群落结构较适应林内荫蔽潮湿环境。

从南、北两极到赤道，从热带到高山甚至沙漠中心都有地衣的分布，地衣在地球陆地表面生命形式中约占 8%，南极地衣在 –60℃下正常生活，抗冻实验证明，干燥的地衣体甚至在 –196℃的液氮低温中存放数日仍有生命活性，一些地衣能承受 70℃的地表高温，地衣在低温、低氧、强辐射、干旱等极端环境中的生态适应性当属陆生生物之冠（Hawksworth et al.，1995；Meeßen et al.，2013a，2013b；Nash，2008）。地衣不仅附生在岩石、土壤和树干，甚至塑料、铁器、玻璃表面也有地衣生长，地衣生长过程中产生的色素和地衣酸类化合物能抵御高海拔强辐射，通过地衣酸对岩石的螯合作用，可以产生生物风化，制造出原始土壤，逐渐改变岩石表面贫瘠的生态环境，为其他生物创造最基本的生存条件，地衣被誉为“先锋生物”（姜汉侨等，2004）（图 1.2）。

一些地衣能在含水量低于 5% 的极端干旱环境中正常生活（Nash，2008），在干旱、高温的沙漠环境中，这些地衣常集聚生长形成“地衣生物结皮”生态群落（图 1.3），充分反映出地衣对极端严酷环境的卓越适应性，因此地衣也被称为“拓荒者”，在沙漠生态修复中具有重要的生态学意义。

地衣不仅是生物群落中的一个重要组成部分，也是一类经济资源，广泛应用于香

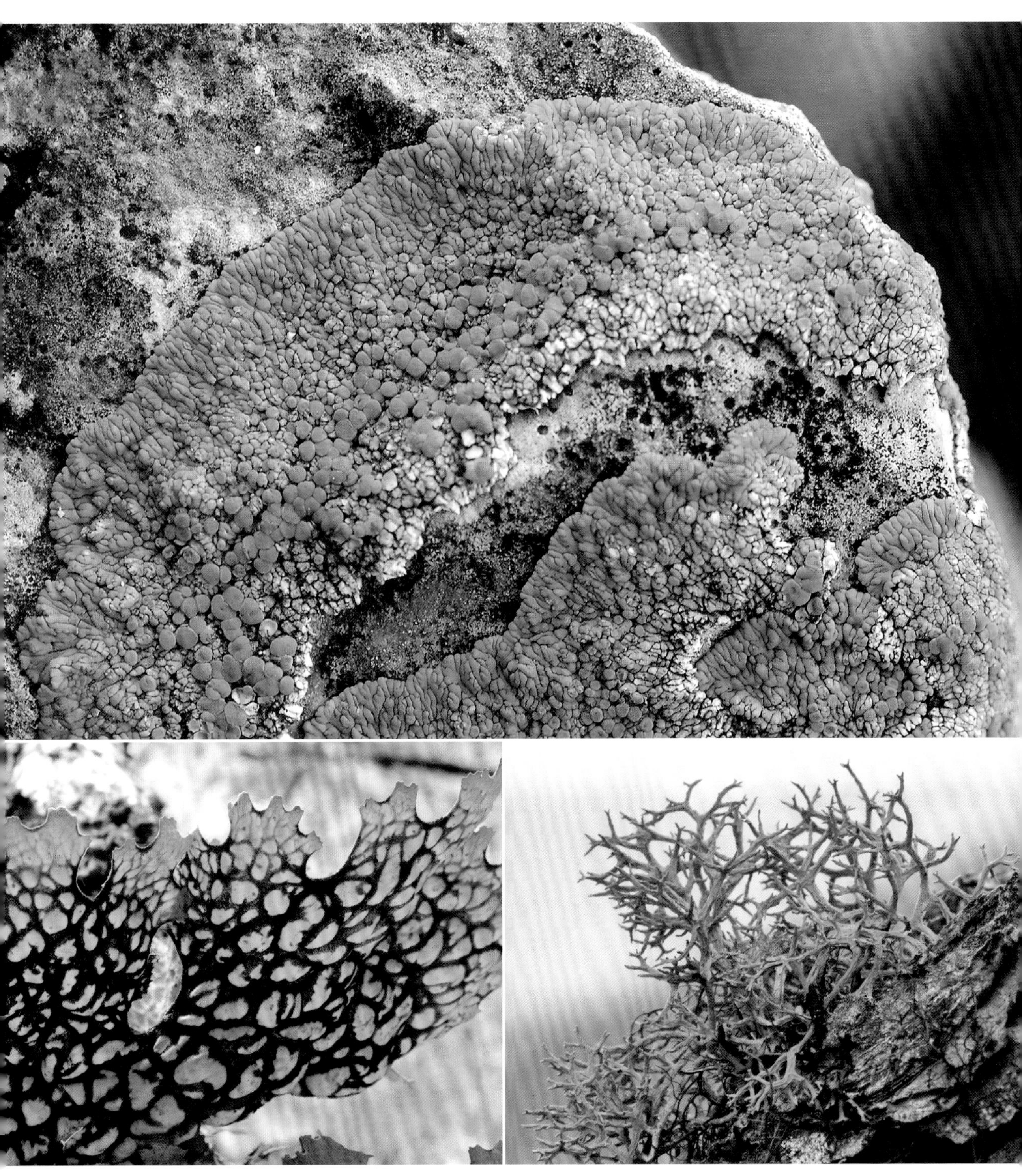

图1.1 地衣生长型

上：壳状地衣［蜂窝橙衣（*Caloplaca scrobiculata*）］；左：叶状地衣［拟肺衣（*Lobaria pseudopulmonaria*）］；
右：枝状地衣［金丝刷（*Lethariella cladonioides*）］

图 1.2 微孢衣属（*Acarospora*）、茶渍属（*Lecanora*）、网衣属（*Lecidea*）、石黄衣属（*Xanthoria*）在极高山岩石表面组成的地衣群落

拍摄于西藏自治区定日县，珠峰大本营，海拔 5350m

图 1.3 “地衣生物结皮”生态群落

脑纹柄盘衣（*Anamylopsora undulata*）、甘肃鳞茶渍（*Squamarina kansuensis*）、野粮衣属（*Circinaria*）、盾链衣属（*Thyrea*）、石果衣属（*Endocarpon*）等组成的地衣生物结皮；拍摄于甘肃省酒泉市，海拔 1760m

料、染料、化工原料、医疗卫生及民间食药用等领域（图 1.4），目前中国已知民间食药用地衣 142 种，隶属于 16 科、43 属（丁恒山，1982；王立松和钱子刚，2012；魏江春等，1982；Yang et al.，2021）。地衣也是金丝猴、驯鹿、麝和藏岩羊等野生动物食物链中的重要一环，其中地衣占滇金丝猴取食量的 75% 以上（Kirkpatrick et al.，2001），调查发现，滇金丝猴不仅取食长丝萝（*Dolichousnea longissima*）（图 1.5），小孢发属、肺衣属、肾岛衣属等 50 余种地衣也在滇金丝猴食谱中，这些地衣的分布范围与依赖地衣为食的野生动物息息相关，在野生动物迁徙路线和栖息地的保护中具有重要意义。

图 1.4　民间采集食药用地衣

采集聚筛蕊（*Cladia aggregata*）和条双岐根（*Hypotrachyna cirrhata*）药用和食用；拍摄于滇西北，海拔 1900m

图 1.5 滇金丝猴取食长丝萝（*Dolichousnea longissima*）

王晋朝拍摄于云南省德钦县，白马雪山，海拔 3900m

当前全球生态环境保护问题备受关注，在全球气候变暖、人类活动对环境造成严重影响的今天，经济发展与环境保护是人类面临的艰难抉择。地衣是地球庞大生态系统中不可缺失的重要组成部分，不仅在生物演化、生态环境中扮演着重要角色，而且在极端环境中的生态适应性也堪称典范，但在人类造成的环境污染面前却不堪一击，大气污染和水污染使地衣藻菌共生联盟在短时间内解体死亡，地衣的生长状态对其所在环境的优劣有显著的指示性，因此地衣是环境监测的“晴雨表”、环境变化的“预警生物”（Nimis and Purvis，2002）。

青藏高原的地衣生态与资源保护已刻不容缓，公路修建和水电站建设局部破坏了地衣的生态环境，汽车尾气排放、筑坝蓄水使一些地衣物种濒临绝迹：曾在滇西北分布的中国特有种中华疱脐衣（*Lasallia mayebarae*），2005 年最后一次在原产地记录后已再无踪迹；云南和四川交界的金沙江干热河谷沿线筑坝工程，导致特有种美色脐鳞（*Rhizoplaca callichroa*）正在消失，蓄水造成的环境变迁也使河谷中其他地衣物种岌岌可危；不仅如此，民间使用的经济地衣资源被无序采收，导致石耳属、树花属、肺衣属、岛衣属、地茶属、金丝属等资源量急剧锐减、群落分布范围大大缩小，如传统食用地衣美味石耳（*Umbilicaria esculenta*）在青藏高原分布极少，当地农贸市场出售的此类商品被云南石耳（*Umbilicaria yunnana*）、皮果衣（*Dermatocarpon miniatum*）、疱脐衣（*Lasallia* spp.）等属种替代，使与美味石耳形态近似的其他属种也惨遭破坏，特别是喜马拉雅地区特有药用地衣红雪茶（*Lethariella* spp.），曾在 1981 年“第一次青藏高原横断山综合考察”中海拔 3200m 处有分布记录，如今在 3700m 以下已很难见到……值得注意的是，地衣至今仍无法人工培养，而自然界中的地衣生长极为缓慢，有报道显示，叶状地衣生长速率为 0.5 ～ 4mm/a、枝状地衣为 1.5 ～ 5mm/a、壳状地衣为 0.5 ～ 2mm/a，因此地衣一旦被破坏，恢复将极为缓慢（Nash，2008）。尽管其中少数物种已经被列入国家或地方保护名录（生态环境部和中国科学院，2018；孙航和高正文，2017），但保护实施困难，主要原因是民众及管理者对地衣生物缺乏认识，不仅需要加强地衣知识和科普的宣传，而且需要得到地方政府和管理部门的重视、科学规划利用与保护，确保资源永续利用。

1.2 青藏高原范围与自然环境简述

青藏高原位于中国西南部、亚欧大陆中部，北起西昆仑山 – 祁连山山脉北麓，南抵喜马拉雅山等山脉南麓，南北最宽达 1560km；西自兴都库什山脉和帕米尔高原西缘，东抵横断山等山脉东缘，东西最长约 3360km。范围为 25°59′30″N ～ 40°1′0″N、67°40′37″E ～ 104°40′57″E，总面积 308.34 万 km^2，行政区范围包括中国、印度、巴基斯坦、塔吉克斯坦、阿富汗、尼泊尔、不丹、缅甸、吉尔吉斯斯坦 9 个国家。其中，中国境内的青藏高原面积约 258.13 万 km^2（占总面积的 83.7%），平均海拔约 4400m，分布在西藏、青海、甘肃、四川、云南和新疆等 6 省（自治区）（张镱锂等，2021）（图 1.6）。

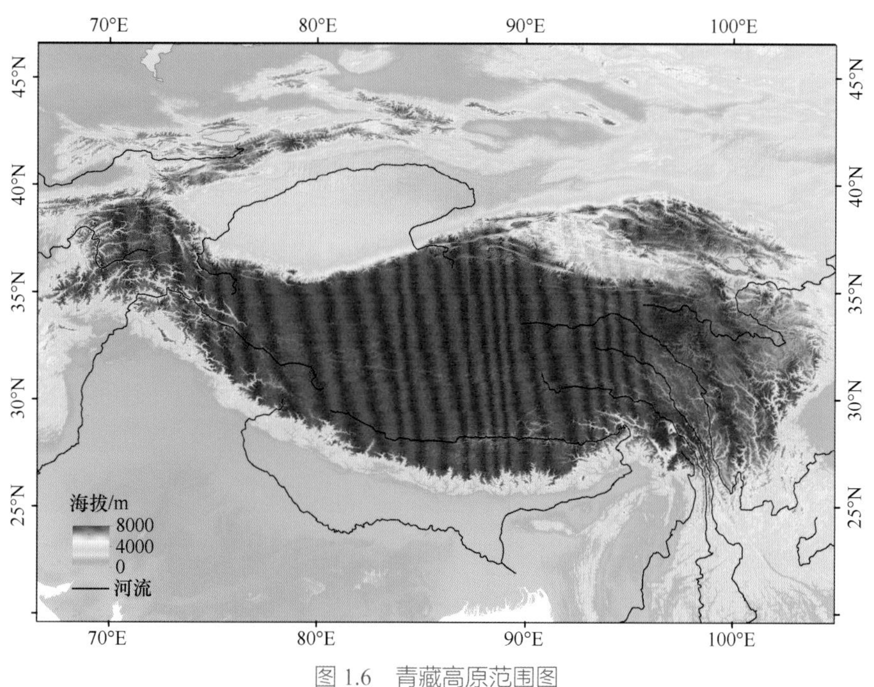

图 1.6 青藏高原范围图

青藏高原平均海拔超过 4000m，是世界海拔最高的高原，有“世界屋脊”、“地球第三极”和“亚洲水塔”之称。地势西高东低，有极高山、高山、中山、低山、河谷、丘陵和平原等，其中位于中尼边界的珠穆朗玛峰海拔高达 8848.86m，而东南边界的雅鲁藏布江最低处海拔不足千米（李炳元等，2013）。“远看山，近看川”是青藏高原地形的生动写照，青藏高原不仅有现代冰川 36793 条（刘宗香等，2000），而且也是众多河流的发源地，孕育了数条世界级大河。青藏高原降水量自东南部向西北部递减，温度由高到低，气候带由湿润、半湿润向半干旱、干旱过渡，分布着砖红壤、黄壤、黄棕壤、棕壤，以及亚高山草甸土、高山草甸土、高山寒漠土等不同土壤类型。植物种类从东南至西北递减，有维管束植物 1500 属，约 12000 种，占我国维管束植物总数的 40%（杨博辉等，2005）。

第2章

青藏高原地衣物种组成

地衣是一类附生生物，在青藏高原各生态环境中都有地衣分布，其群落结构与附生基物和生态环境关系密切。地衣独特的生物学特性及青藏高原地理位置、地形地貌和气候环境决定了青藏高原地衣物种组成、群落分布格局的复杂性和独特性。由于地衣分类学研究滞后和缺乏历史研究资料，大多数物种并未得到明确的分类学鉴定，因此青藏高原地衣的垂直带谱、群落特征及演化并不十分清楚。总体来看，青藏高原东南部的森林中大型叶状和枝状地衣物种丰富，而西北干旱区及高山流石滩主要由石生和土生壳状及鳞壳状地衣组成。

青藏高原森林植被主要分布在喜马拉雅山脉南部、横断山地区以及青藏高原西北局部地区，从林冠、树干到林地，以大型地衣为建群种组成附生地衣群落，黄条双歧根（*Hypotrachyna sinuosa*）、粉网大叶梅（*Parmotrema reticulatum*）、橄榄斑叶（*Cetrelia olivetorum*）、皮革岛衣（*Nephromopsis pallescens*）、刺小孢发（*Bryoria confusa*）等从海拔 1100m 亚热带常绿阔叶林到 4200m 寒温性针叶林连续分布，这些生态幅度跨越了多个不同植被带的附生地衣在青藏高原并不罕见，反映出一些物种在不同森林植被中的广泛适应性特点。近期对青藏高原肺衣属研究发现，喜马拉雅山脉和横断山森林植被中附生的该属地衣超过 28 种，其中新种多达 14 个（图 2.1），且发生于晚中新世之后，物种总数超过东亚该属物种的 2/3，青藏高原隆起形成的复杂小环境或许为地衣提供了多样的生命繁衍“乐园”，同时也为孑遗类地衣物种提供了“避难所”（Yang et al.，2022）。此外，民间食药用等经济地衣资源，如青雪茶（*Cladonia* spp.）、红雪茶（*Lethariella* spp.）、青蛙皮（*Lobaria* spp.）、石花菜（*Ramalina* spp.）等也主要来源于森林植被中附生的大型地衣。

青藏高原东部和北部干旱荒漠区和东南部干旱河谷，以及海拔 4000m 以上的高山和极高山，维管束植物稀疏，主要由灌木、草甸或草原组成，由于缺乏高大乔木森林庇护，大型地衣多样性骤减，主要以石生、土生壳状和鳞壳状地衣为建群种组成群落，有群落分布广、分布间隔跨度大和交错多变突出的特征，如丽石黄衣（*Xanthoria elegans*）、石果衣（*Endocarpon pusillum*）、红磷网衣（*Psora decipiens*）等不仅在海拔 2300m 以下的干旱河谷出现，而且也在海拔 4500m 以上的高山流石滩及东部和北部干旱荒漠区广泛分布，其垂直分布受森林植被分隔，间距可达 2000m，充分反映这些物种喜阳、耐寒旱和高温的多重生物学特性。近期对采自青藏高原的多形茶渍（*Lecanora polytropa*）与欧美同种材料开展的系统发育研究，揭示了该种在不同生态环境中存在多种形态与分子的过渡类型，多形茶渍实际代表着一个正在分化当中的庞大复合群（Zhang et al.，2022）。在青藏高原海拔 4000m 以上的流石滩和 5000m 以上的极高山岩石附生地衣常多科属集聚、相互紧密靠生，甚至地衣附生地衣共同组成以地衣为优势群落的地衣分布带，这些紧贴岩石或土壤表面附生的地衣群落结构能有效抵御强风、辐射、极寒、低氧、干旱等极端环境（图 2.2 和图 2.3），其中在喀喇昆仑山的丽石黄衣（*Xanthoria elegans*）分布的海拔记录达 7000m，多形茶渍在马卡鲁山分布的海拔记录高达 7400m，是全球目前所知垂直带谱位居最高的地衣物种（William，2000）。

本书按森林（半常绿雨林与常绿阔叶林、硬叶常绿阔叶林、落叶阔叶林、针

图 2.1　横断山森林植被中附生的大型叶状地衣群落景观

树干附生的不丹肺衣（*Lobaria bhutanica*）。拍摄于四川省康定市，海拔 2680m

图 2.2　青藏高原东南部岩石附生地衣多样性生态景观

丽石黄衣（*Xanthoria elegans*）和黄梅衣（*Xanthoparmelia* spp.）等组成的地衣群落。拍摄于西藏自治区达孜区，海拔 3700m

图 2.3 青藏高原西北部岩面附生地衣生态景观
蜂窝橙衣（*Caloplaca scrobiculata*）、鳞饼衣（*Dimelaena oreina*）、石黄衣（*Xanthoria* spp.），以及黑瘤衣（*Buellia* spp.）、饼干衣（*Rinodina* spp.）等多种组成地衣群落。拍摄于新疆维吾尔自治区阿合奇县，海拔 2904m

阔混交林、常绿和落叶针叶林）、高山灌丛、草甸（高山草甸、荒漠草地）、高山流石滩、干旱河谷（金沙江干热河谷）分别讨论青藏高原地衣生物的基本组成及群落特征。

2.1 森林

2.1.1 半常绿雨林与常绿阔叶林

青藏高原东南部森林植被中，半常绿雨林与常绿阔叶林下环境阴湿，苔藓群落高度发达，由文字衣科以及叶附生地衣等热带建群种组成群落，但此类地衣大多数物种并未得到分类鉴定，大型地衣中主要是黄假杯点衣（*Pseudocyphellaria aurata*）、深红松萝（*Usnea rubicunda*）等热带分布种群系。

其中，在青藏高原东南部雅鲁藏布江大拐弯下游河谷及山坡下部海拔 600 ～ 1100m 的墨脱，植被主要由栲（*Castanopsis*）等多种栎类常绿树种组成，树干及林地蕨类、苔藓等附生植物高度发达，地衣群落小而分散，但属种组成多样，树干主要附生有文字衣科和叶附生地衣等热带类群，同时也有亚热带物种镶嵌其中，林地发现的中华丽烛衣（*Sulzbacheromyces sinensis*）和粗瓦衣（*Coccocarpia palmicola*）是青藏高原范围内的首次记录；林缘尼泊尔桤木（*Alnus nepalensis*）是少数大型地衣的主要附生树种（图 2.4），在海拔 1100 ～ 2500m 的察隅、墨脱县境内常绿阔叶林中，杜鹃花科、铁杉树干附生有二型棒垛衣（*Bunodophoron diplotypum*）、粉网大叶梅（*Parmotrema reticulatum*），以及哑铃孢属（*Heterodermia*）、双歧根属（*Hypotrachyna*）、树花属（*Ramalina*）、松萝属（*Usnea*）等大型地衣，其中海拔 1872m 分布的长丝萝（*Dolichousnea longissima*）是青藏高原范围内该种分布的最低海拔记录。

图 2.4　尼泊尔桤木（*Alnus nepalensis*）幼林、象腿蕉（*Ensete glaucum*）植被

王欣宇拍摄于西藏自治区墨脱县，海拔 1170m

1. 二型棒垛衣［球粉衣科（Sphaerophoraceae）］

Bunodophoron diplotypum (Vain.) Wedin, Pl. Syst. Evol. 187(1-4): 232, 1993.

≡*Sphaerophorus diplotypus* Vain., Hedwigia 37(Beibl.): 36, 1898.

地衣体枝状，直立丛生，高 1 ～ 3cm；主枝：圆柱状至稍扁平，无明显背腹性，直径 1 ～ 1.5mm；分枝：等二叉分枝，枝腋略宽，顶端钝圆，具圆形或不规则撕裂状穿孔；表面：灰绿色至暗绿色，光滑，无光泽，无粉芽和裂芽，基部污白色，局部有红色色斑及褶皱；髓层：中空，白色；子囊盘：顶生，早期有托缘包被，之后呈裂缝状或菱形裂开，露出黑色盘面，盘面下倾，直径 1 ～ 1.5mm；子囊孢子：圆形，淡褐色单胞，5.5 ～ 6μm×6μm；地衣特征化合物：髓层 K+ 黄色，P+ 橘红色，含粉球衣华及斑点酸、伴斑点酸、降斑点酸。

生于海拔 1700 ～ 2500m 的湿热环境，附生于树干，伴生种。在我国分布于云南、西藏、台湾。亚洲、澳大利亚，热带和亚热带地区也有分布。

【标本引证】 云南，贡山独龙族怒族自治县，独龙江其期至东哨房途中，王立松 00-19067；西藏，墨脱县，王欣宇等 18-61309 & 18-61341。

2. 粗瓦衣［瓦衣科（Coccocarpiaceae）］

Coccocarpia palmicola (Spreng.) Arv. & D.J. Galloway, Bot. Notiser 132(2): 242, 1979.
≡*Lecidea palmicola* Spreng., K. svenska Vetensk-Akad. Handl., ser. 341: 46, 1820.

地衣体叶状，紧贴基物呈圆形或近圆形扩展，直径 5 ～ 6cm；裂片：相互紧密靠生呈覆瓦状，边缘浅裂，顶端钝圆，略上扬，宽 3 ～ 5mm；上表面：铅灰色至青灰色，具同心环纹，密生颗粒状或柱状裂芽；下表面：蓝黑色，密生同色假根；子囊盘未见；地衣特征化合物：显色反应皆为负反应。

该种在青藏高原南部海拔 1200 ～ 2500m 附生于湿热环境的树干或林地岩石表面，在川西可以分布至海拔 3500m。在我国分布于黑龙江、江苏、浙江、安徽、福建、湖北、四川、云南、香港、台湾。美洲、东非、亚洲、澳大利亚及新西兰也有分布。

【标本引证】 四川，平武县，王朗国家级自然保护区，王立松 10-31784；西藏，察隅县，王立松等 14-46426。

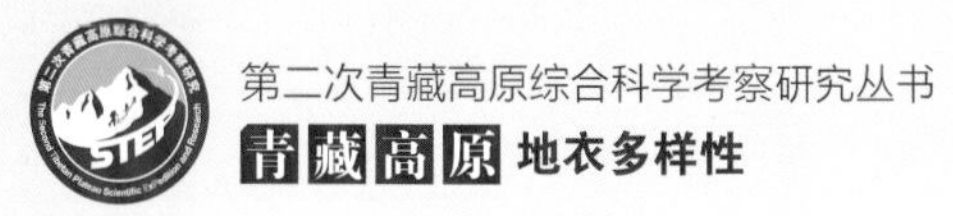

3. 粉网大叶梅［梅衣科（Parmeliaceae）］

Parmotrema reticulatum (Taylor) M. Choisy, Bull. Mens. Soc. Linn. Lyon 21: 175, 1952; Chen, Flora Lichenum Sinicorum 4: 202, 2015.

≡*Parmelia reticulata* Taylor, in Mackay, Fl. Hibern. 2: 148, 1836; Wei & Jiang, Lich. Xizang: 47, 1986.

地衣体中型叶状，疏松附着基物，圆形至不规则扩展，直径 5 ～ 15cm；裂片：中央裂片相互靠生至重叠，边缘裂片游离扩展，顶端圆形至亚圆形，上扬，宽 4 ～ 12mm；缘毛：边缘生，黑色，稀疏至密集，单一至稀疏分枝，长 0.5 ～ 2mm；上表面：浅灰色至污白色，具明显细网状白斑，偶有撕裂状裂纹；粉芽：颗粒状，边缘或顶生，常形成枕状至头状粉芽堆；下表面：黑色，具光泽，边缘裸露带宽 1 ～ 2mm；假根：密集，黑色，单一至毛刷状分枝；子囊盘未见；地衣特征化合物：皮层 K+ 黄色，髓层 K+ 黄色变红色，C–、P+ 橘红色；含黑茶渍素、氯黑茶渍素及水杨嗪酸、伴水杨嗪酸。

主要分布于海拔 500 ～ 2500m 干热环境中的松（*Pinus*）、杜鹃（*Rhododendron*）树干或岩面附生，有时分布海拔可达 3600m，建群种。在我国分布于吉林、内蒙古、安徽、福建、江西、山东、湖北、湖南、广东、广西、海南、云南、西藏、香港、台湾。热带及温带地区广分布。

【标本引证】 云南，丽江市，王立松 82-280；西藏，吉隆县，吉隆镇乃村，王立松等 17-57527；西藏，墨脱县，80k 样地阔叶林内，王欣宇等 18-61292。

4. 金缘假杯点衣［肺衣科（**Lobariaceae**）］

Pseudocyphellaria crocata (L.) Vain., Hedwigia 37(Beibl.): 34, 1898; Obermayer, Lichenologica 88: 506, 2004. ≡*Lichen crocatus* L., Mantissa Altera: 310, 1771.

地衣体中到大型叶状，直径 5 ～ 15cm；裂片：深裂，宽 0.5 ～ 1cm，顶端钝圆至鹿角状，边缘强烈起伏；上表面：黄褐色至灰褐色，干燥后呈褐色，有光泽，平滑或多皱；粉芽堆：生于裂片边缘或偶见裂片上表面，黄色；下表面：密生褐色至深褐色绒毛，散生黄色假杯点；髓层：白色至污黄色；光合共生生物：蓝细菌；子囊盘未见；地衣特征化合物：髓层 K+ 黄色至红色，P+ 橘红色，含斑点酸。

生于海拔 1000 ～ 2500m 的树干，偶见于岩石表面。在我国分布于吉林、黑龙江、浙江、安徽、福建、江西、湖北、湖南、广东、广西、四川、云南、西藏、台湾。温带有分布。

【标本引证】 西藏，墨脱县，布裙湖上山途中，王欣宇等 18-61757；四川，平武县至九寨沟途中，王立松 86-2502（A）。

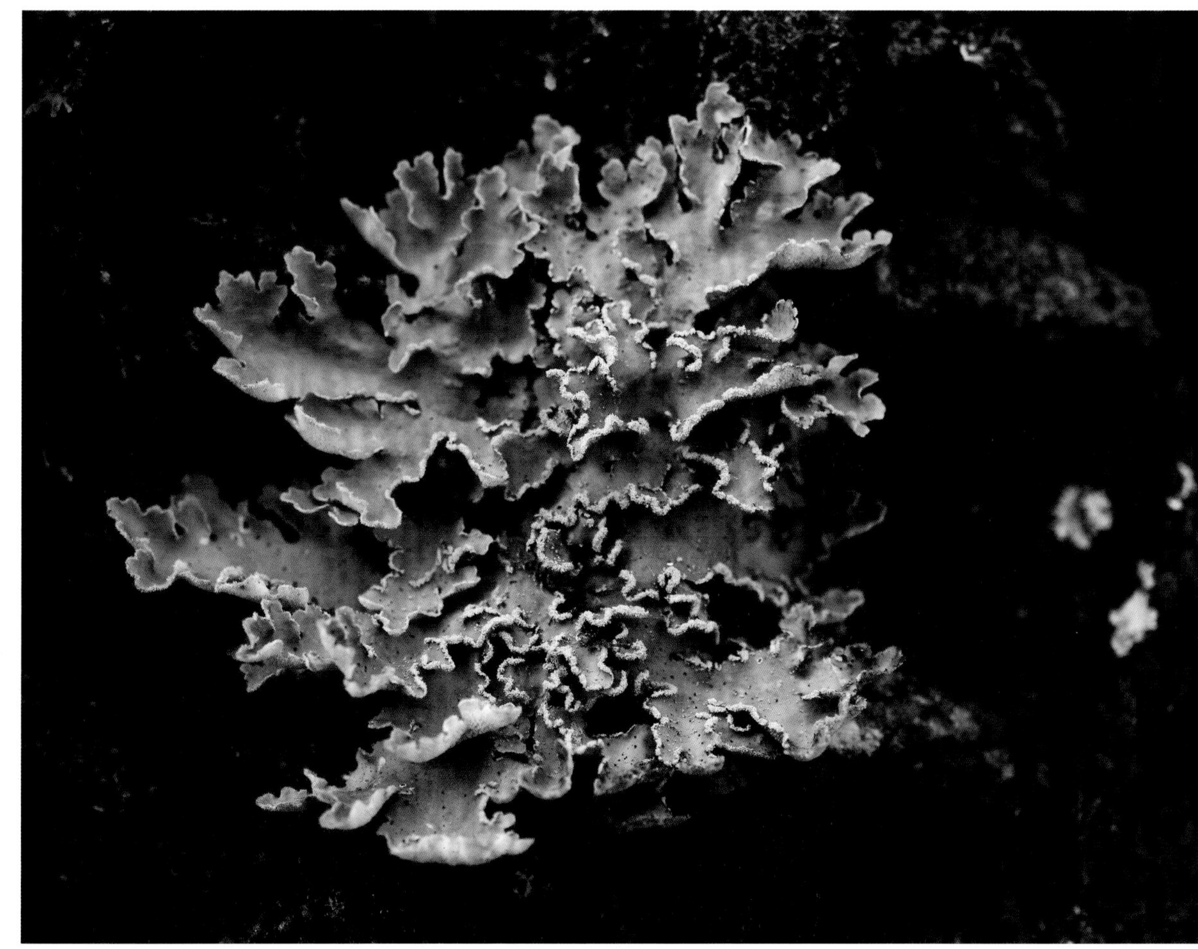

5. 中华丽烛衣［莲叶衣科（新拟）（Lepidostromataceae）］

Sulzbacheromyces sinensis (R.H. Petersen & M. Zang) D. Liu & L.S. Wang, Mycologia 109(5): 740, 2017.

≡*Multiclavula sinensis* R.H. Petersen & M. Zang, Acta Bot. Yunn. 8(3): 284, 1986.

Type: CHINA, Yunnan Province, Xishuanbanna Botanical Garden, 580m alt., on soil, 1983-9-17, 45644(holotype, TENN), Petersen 10465(isotype, KUN-L!).

GenBank No.: KU999924, KU999894, KU999940.

地衣体薄膜状或碎屑状贴生基物，无皮层、髓层或藻层的分化，绿色至墨绿色，边缘银白色，具明显下地衣体，不规则扩展，直径 5 ～ 70cm，菌丝无锁状联合；光合共生生物：色球藻；担子果：棒状或圆柱状，蜡黄色、橙黄色或赭黄色，干燥后呈赭红色，高 0.5 ～ 5.5cm，直径 1 ～ 2.5mm ；单生或聚生，单一或偶简单分叉，肉质，中空或中实，顶端钝圆或略尖，基部白色或灰白色，具白色绒毛和白色菌斑；子实体髓层：菌丝透明，厚壁，由基部向顶端平行排列，顶端相互交织呈网状，菌丝直径 1.5 ～ 4μm，具锁状联合；担子：棒状，13 ～ 50μm×2.5 ～ 8μm，基部与子实层连接处有锁状联合，具 4 个担子小梗，长 2 ～ 8μm；担孢子：椭圆形，5 ～ 12μm×2.5 ～ 7.5μm，光滑，透明壁薄，常有滴状斑，有侧生小尖；地衣特征化合物：地衣体与担子果均为负反应。

生于海拔 848 ～ 1200m 新开垦的红壤表面。在我国分布于福建、海南、贵州、云南、西藏、台湾，西藏新记录。日本、韩国、泰国，热带及温带有分布。

【标本引证】 西藏，墨脱县，西让村，王欣宇等 18-61941。

6. 深红松萝［梅衣科（Parmeliaceae）］

Usnea rubicunda Stirt., Scott. Natural. 6(3): 102, 1881 [1881-1882].

地衣体枝状，质硬易碎，半直立至亚悬垂丛生，高 5 ～ 15cm，以基部附着器固着基物上，附着器直径约 4mm；主分枝：弓形，直径 1mm，有环裂；次生分枝呈不等二叉分枝，纤毛状小分枝稀疏，粉芽及裂芽生于主枝和分枝表面；表面：锈红色至红褐色，主枝基部暗红色，无光泽；髓层：具致密中轴，有弹性；子囊盘未见；地衣特征化合物：皮层 K–，髓层 K–、P+ 橘红色，含降斑点酸、斑点酸及伴斑点酸。

生于 800 ～ 2350m 的半干旱环境，常附生于云南松（*Pinus yunnanensis*）及滇中地区云南油杉（*Keteleeria evelyniana*）树干，建群种、伴生种。在我国分布于浙江、江西、广西、四川、云南、西藏、台湾。欧洲、美洲和亚洲，温带和亚热带有分布。

【标本引证】 云南，元谋县，凉山乡，王立松等 10-31603、08-29593；西藏，墨脱县，80k 样地阔叶林内，王欣宇等 18-61287。

2.1.2 硬叶常绿阔叶林

硬叶常绿阔叶林中主要由耐寒旱大型叶状地衣组成群落，树冠有长丝萝附生（图 2.5 和图 2.6），林内主要是地卷目中的胡克丛枝牛皮叶（*Dendriscosticta hookeri*）、裂芽肺衣（*Lobaria isidiosa*）、网脊肺衣（*L. retigera*）等组成群系。

硬叶常绿阔叶林是以硬叶常绿阔叶乔木为建群植物的森林群落，主要是由栎属（*Quercus*）中的黄背栎（*Quercus pannosa*）组成的植被类型，分布在海拔 2600 ～ 4000m，是中国西南地区特有的森林植被类型。林下附生的大型地衣和苔藓群落高度发达，树干主要以黑盘衣属（*Pyxine*）、大叶梅属（*Parmotrema*）、双歧根属（*Hypotrachyna*）、哑铃孢属（*Heterodermia*）、梅衣属（*Parmelia*）、丛枝牛皮叶属（*Dendriscosticta*）、槽枝衣属（*Sulcaria*）等喜阴耐旱属种组成群落，但地衣群落优势不及苔藓，其中以离生孔叶衣（*Menegazzia subsimilis*）、环纹瓦衣（*Coccocarpia erythroxyli*）、胡克丛枝牛皮叶、缘芽丛枝牛皮叶（*D. praetextata*）、杯树花（*Ramalina calicaris*）、王立松肺衣（*Lobaria wanglisongiana*）等为优势种；海拔 3300 ～ 3800m 杜鹃树干附生的绵腹衣属（*Anzia*）、肺衣属（*Lobaria*）、树花属（*Ramalina*）、袋衣属（*Hypogymnia*）等的地衣群落优势明显高于苔藓，且多以喜阴湿物种如裂芽肺衣、网脊肺衣为优势种，其中王紫衣（*Violella wangii*）是近年在杜鹃树干发现的壳状地衣优势种；地卷目是林中属种组成最丰富的大型叶状地衣类群，从西藏林芝以南到云南丽江一线，肺衣属和丛枝牛皮叶属群落高度发达，胡克丛枝牛皮叶等大型叶状地衣在树干群落盖度达 80% 以上，中国特有种横断肺衣（*Lobaria hengduanensis*）不仅附生于杜鹃树干，

图 2.5　硬叶常绿阔叶林生态景观
拍摄于西藏自治区察隅县，海拔 3700m

图 2.6　长丝萝（*Dolichousnea longissima*）附生于黄背栎（*Quercus pannosa*）林冠
拍摄于四川省稻城县，海拔 3700m

也附生于针阔混交林中的冷杉树干。林下地衣、苔藓共同构成厚达 20cm 的林地植被层，网脊肺衣以及石蕊（*Cladonia* spp.）、珊瑚枝（*Stereocaulon* spp.）属下多种是组成林下藓层和土层附生群落的主要地衣，亚色异形羊角衣（*Parainoa subconcolor*）、小叶芽孢衣（*Polyblastidium microphyllum*）是林下岩面附生的主要物种。

1. 环纹瓦衣［瓦衣科（Coccocarpiaceae）］

Coccocarpia erythroxyli (Spreng.) Swinscow & Krog, Norw. Jl Bot.: 254, 1976; Zahlbr., in Handel-Mazzetii, Symb. Sinic. 3: 83, 1930; Wei & Jiang, Lich. Xizang: 28, 1986.

≡*Lecidea erythroxyli* Spreng., Kongliga Svenska Vetenskapsakademiens Handlinger Ser. 3(8): 47, 1820.

地衣体叶状，圆形或近圆形扩展，直径 3 ～ 8cm；裂片：相互紧密靠生至覆瓦状，边缘浅裂，顶端阔圆，宽 3 ～ 7mm；上表面：铅灰色至青灰色，具同心环纹，无粉芽及裂芽；下表面：蓝黑色，密生同色假根；子囊盘：无柄，圆饼状，盘面凸起，红褐色至暗褐色，直径 2 ～ 3mm；子囊：狭棒状，内含 8 个孢子；子囊孢子：椭圆形，7 ～ 14μm×3 ～ 5μm；地衣特征化合物：均为负反应，不含地衣酸类特征化合物。

生于海拔 2500 ～ 4200m 的湿润或半干旱环境的树干或岩石表面，建群种、伴生种。在我国分布于河北、江苏、浙江、安徽、福建、湖北、四川、云南、西藏、香港、台湾。澳大利亚、新西兰、美洲、亚洲分布较广。

【标本引证】 四川，康定市，折多山，王立松 10-31701；云南，禄劝彝族苗族自治县，轿子雪山，王立松 08-29685；云南，丽江市，老君山，王立松 00-20337；云南，香格里拉市，格咱乡，红山，王立松等 09-30986；西藏，巴宜区，318 国道，王立松等 19-65851。

2. 胡克丛枝牛皮叶（新拟）[肺衣科（Lobariaceae）]

Dendriscosticta hookeri (Trevis.) Moncada & Lücking, Taxon 71(2): 256-287, 2022.
≡*Lobaria hookeri* Trevis., Lichenotheca Veneta 1-2: nos 75, 76, 1869.

地衣体为二型：绿藻共生型和蓝细菌共生型。

绿藻共生型：大型叶状，疏松附生基物，直径超过 20cm；裂片：深裂，边缘钝圆或细裂呈齿状，起伏并微下卷，宽 0.5 ～ 3cm；上表面：凸凹不平，鲜时呈鲜绿色，干燥后呈灰褐色、深黄褐色至暗褐色，无光泽，无粉芽、裂芽、绒毛和结晶层；下表面：中央密被褐色至近黑褐色绒毛，近边缘淡黄褐色，散生稀疏同色假根；杯点：下表面生，众多，白色，圆形至不规则形，直径达 1.5 ～ 2mm；子囊盘：双缘型，生于裂片上表面近中央，初为疣状至梨形，成熟后盘状，无柄至柄短；盘面暗红褐色，无光泽及粉霜层，幼时凹陷呈杯状，成熟后平展扩大呈盘状，直径可达 10mm；果托与地衣体同色，托缘厚，早期内卷，之后全缘至锯齿状；子囊：长棒状，内含 8 个孢子；子囊孢子：长纺锤形，平行 2 ～ 4 胞，隔壁薄，40 ～ 70μm×6 ～ 8μm；光合共生生物：绿藻；地衣特征化合物：皮层 K+ 淡黄色，髓层 K–、P–、KC+ 淡红色，含三苔色酸及伴三苔色酸。

蓝细菌共生型：未见。

生于海拔 1700 ～ 4300m 的湿冷环境，常附生于云杉（*Picea*）、杜鹃（*Rhododendron*）、柳（*Salix*）树干，建群种。在我国分布于吉林、浙江、安徽、福建、江西、湖北、四川、云南、西藏、陕西。亚洲有分布。

【标本引证】 云南，宾川县，鸡足山，王立松 20-66423；云南，丽江市，老君山，王立松等 17-56906；西藏，波密县，古乡，318 国道波密至林芝段，王立松等 16-54410；四川，康定市，木格措景区千瀑峡，王立松等 16-53115。

3. 缘芽丛枝牛皮叶（新拟）[肺衣科（Lobariaceae）]

Dendriscosticta praetextata (Räsänen) Moncada & Lücking, Lichenologist 45(2): 223, 2013.

=*Sticta praetextata* (Räsänen) D.D. Awasthi, Biological Memoirs 7(2): 185, 1982; Wu & Liu, Flora Lichenum Sinicorum 11: 115, 2012.

≡*Sticta platyphylla* var. *praetextata* Räsänen, Archivum Societatis Botanicae Zoologicae Fennicae "Vanamo" 6: 84, 1952.

地衣体大型叶状，疏松附着基物，直径 10 ～ 20cm；裂片：深裂，边缘波状起伏，常呈不规则撕裂状，宽 1 ～ 2.5cm；上表面：鲜时呈绿色至淡绿褐色，具光泽，干燥后呈灰褐色至暗褐色，多少凸凹不平，易碎；裂芽：密生于裂片边缘，珊瑚状至小裂片状；下表面：密被褐色至淡黄褐色绒毛，假根稀疏，单一；杯点：生于裂片下表面，白色，圆形至不规则形，边缘较小，近中央杯点直径可达 1mm；子囊盘：稀见，双缘型，幼时杯状，成熟后盘状，盘面平坦，栗褐色，具光泽，直径 3 ～ 5mm；盘缘锯齿状；光合共生生物：绿藻，内生衣瘿含蓝细菌；地衣特征化合物：皮层 K–，髓层 K–、P–、KC+ 淡红色，含三苔色酸。

生于海拔 2500 ～ 3500m 的湿润及半干旱环境，常附生于栎（*Quercus* sp.）、花楸（*Sorbus* sp.）、松（*Pinus* sp.）树干及林下岩石表面或苔藓层，建群种。在我国分布于四川、云南、西藏（新记录）、甘肃。喜马拉雅地区有分布。

【标本引证】云南，维西傈僳族自治县，维西傈僳族自治县至香格里拉市途中，王立松等 13-38297；四川，壤塘县，石里乡，王立松等 20-66668；西藏，察隅县，桑久村，王立松等 14-46806。

4. 小果毛面衣［鳞叶衣科（Pannariaceae）］

Erioderma meiocarpum Nyl., Syn. meth. lich. (Parisiis) 2: 47, tab. IX, fig. 33, 1869.

地衣体中小型叶状，疏松附生基物，直径 4 ～ 6cm；裂片：相互紧密靠生，呈莲座状扩展，浅裂，顶端阔圆，上扬，宽 5 ～ 10mm；上表面：橄榄绿至青绿色，干燥后呈灰褐色，具稠密灰色细绒毛，无粉芽及裂芽；下表面：白色至浅黄色，局部有稠密白色至蓝黑色绒毛型假根，无脉纹；子囊盘：缘生或近边缘生，无柄至短柄，盘面幼时凹陷，成熟后平坦至轻微凸出，浅棕色至深棕红色，直径 2 ～ 3mm，盘缘具明显白色细绒毛；子囊：内含 8 个孢子；子囊孢子：无色单胞，椭圆形，表面具刺突，12 ～ 15μm×7 ～ 10μm；地衣特征化合物：皮层及髓层 K–、C–、P–，含阿果斯素及降阿果斯素。

生于海拔 2400 ～ 3500m 的半干旱或湿润环境，附生于云南松（*Pinus yunnanensis*）、华山松（*P. armandii*）、冷杉（*Abies*）及栎（*Quercus*）树干，云南省易危（VU）物种。在我国分布于浙江、湖北、四川、云南、西藏。亚洲、中美洲有分布。

【标本引证】 云南，丽江市，丽江高山植物园，王立松等 11-32451；四川，康定市，木格措景区千瀑峡，王立松等 16-53112；西藏，定结县，陈塘镇，王立松等 19-66127。

5. 黄条双歧根［梅衣科（Parmeliaceae）］

Hypotrachyna sinuosa (Sm.) Hale, Smithson. Contr. bot. 25: 63, 1975.
=*Parmelia sinuosa* (Sm.) Ach., Syn. meth. lich. (Lund): 207, 1814; Wei & Jiang, Lich. Xizang: 42, 1986.
≡*Lichen sinuosus* Smith, Engl. Bot. 29: tab. 2050, 1809.

地衣体叶状，不规则辐射扩展，直径 2 ～ 5cm；裂片：狭叶型，重复二叉深裂，裂腋钝圆至“V”形，顶端略上翘，宽 1 ～ 3mm，边缘具缘毛型假根；上表面：黄绿色至淡黄绿色，有光泽，顶端具同色头状粉芽堆；下表面：黑色，近顶端边缘栗色，密生二叉式黑色假根，假根常延伸到地衣体外；子囊盘：极少见，生于裂片上表面，盘面凹陷，红褐色，有光泽，直径 1 ～ 2mm，盘缘撕裂状；地衣特征化合物：地衣体 K+ 黄色、KC+ 黄色、P–，髓层 K+ 黄色至血红色、P+ 深黄色，含松萝酸和水杨嗪酸。

生于海拔 2500 ～ 4100m 的湿润环境，附生于树干和树枝，也见于岩石表面，伴生种。分布于四川、云南、西藏，为温带广布种。

【标本引证】 四川，康定市，折多山，王立松 07-28998；云南，香格里拉市，纳帕海，王立松等 06-26639；西藏，米林市，东达拉山垭口，王立松等 07-30220。

6. 横断肺衣［肺衣科（Lobariaceae）］

Lobaria hengduanensis C. C. Miao & Li S. Wang, Mycosystema 37(7): 842, 2018.

Type: CHINA. Yunnan Prov.: Nujiang Co., Chide Village. Alt. 1916m, 27°42′32.40″N, 98°43′18.59″E, on rock., 4 Aug. 2015, Li S. Wang, 15-48591 (KUN-L: 51589, Holotype!).

GenBank No.: MG653584, MG653585, MG653586.

地衣体大型叶状，疏松附生基物，直径 10 ～ 20cm；裂片：浅裂，相互靠生或覆瓦状，宽 1.5 ～ 3.0mm；上表面：棕褐色至绿褐色，边缘浅棕黄色，网状脊强烈，密生粉芽化裂芽；下表面：灰白色至浅棕色，凸起部分光滑，间沟密布深棕色或蓝黑色绒毛，假根棕色，长 3 ～ 5mm；子囊盘：稀见，生于上表面网脊，无柄，基部缢缩，盘面红棕色，直径 1.5 ～ 4.0mm，全缘；子囊：内含 8 个孢子；子囊孢子：成熟时 3 隔，纺锤形，20 ～ 22.5μm×7.5 ～ 9.5μm；分生孢子未见；光合共生生物：念珠蓝细菌（*Nostoc* sp.）；地衣特征化合物：地衣体 K–，髓层 P–、K–、C–、KC–，含网脊衣酸 A、网脊衣酸 B 及三萜类。

附生于海拔 1900 ～ 3500m 的阴湿环境的岩面及树干，伴生种。在我国分布于云南、西藏，但仅见横断山有分布。

【标本引证】 云南，贡山独龙族怒族自治县，王立松 15-48591；云南，宾川县，鸡足山，王立松 20-66415；西藏，林芝市，姜岱峰 20118452（SDNU）。

7. 裂芽肺衣［肺衣科（Lobariaceae）］

Lobaria isidiosa (Müll. Arg.) Vain., Philipp. Journ. Sci. sect. C, 8:129, 1913.

=*Lobaria retigera* v. *subisidiosa* (Asahina) Yoshim., Misc. Bryol. Lichen. 6: 135, 1974; Wei & Jiang, Lich. Xizang: 24, 1986; Wu & Liu, Flora Lichenum Sinicorum 11: 66, 2012.

≡*Stictina retigera* f. *isidiosa* Müll. Arg., Flora 65: 300, 1882.

地衣体大型叶状，疏松附生基物，直径 10 ～ 15cm；裂片：浅裂，相互疏松靠生或覆瓦状，顶端截形或微凹，略上扬；上表面：鲜时呈青绿色至棕褐色，干燥后呈深褐色或黄褐色，具强烈网状脊和浅凹坑，沿网脊及裂片边缘密生裂芽，裂芽幼时圆柱状或多少呈小裂片状，之后压扁并二裂；下表面：凸起部分淡棕黄色或黄褐色，间沟中密被蓝黑色绒毛，假根疏生，黄褐色至紫黑色，长达 5mm；子囊盘：罕见，亚茶渍型，生于地衣体上表面网脊，无柄；盘面赤褐色，平坦，有光泽，直径 2 ～ 3.5mm，全缘；果托外多疣，果壳侧壁发达并与果托末端相连；子囊：内含 8 个孢子；子囊孢子：纺锤形，成熟孢子平行 4 胞，24 ～ 30μm×9 ～ 10μm；分生孢子器：埋生，孔口赤褐色；分生孢子：5 ～ 6μm×1μm；光合共生生物：念珠蓝细菌；地衣特征化合物：皮层 K–，髓层 K+ 红色、P+ 橙红色、C–、KC–，含三萜类，以及降斑点酸、伴斑点酸和斑点酸。

生于海拔 2688 ～ 4020m 的湿润环境，林下岩面或藓层附生，稀见树生，建群种。在我国分布于河北、吉林、黑龙江、浙江、安徽、福建、湖南、湖北、广西、四川、云南、西藏、台湾。俄罗斯远东地区、日本、越南、泰国、印度、斯里兰卡、菲律宾、印度尼西亚和新几内亚也有分布。

【标本引证】 云南，丽江市，老君山三玄湖，王立松等 17-56338；西藏，波密县，岗云杉林，王立松等 14-46209；西藏，318 国道波密至林芝段，王立松等 16-51068。

8. 网脊肺衣［肺衣科（Lobariaceae）］

Lobaria retigera (Bory) Trev., Lichenotheca Veneta: 75, 1869; Wei & Jiang, Lich. Xizang: 23, 1986; Wu & Liu, Flora Lichenum Sinicorum 11: 62, 2012.

≡*Lichen retigera* Bory, Voyog. Princip. Iles Mess d'Afrique 1: 392, 1804, nom nud.; ibid. 3: 101(1804) cum descr.

地衣体大型叶状，直径达 25（～ 30）cm；裂片：浅裂，不规则分裂，顶端阔圆或截形，略下卷；上表面：青绿褐色至棕褐色，干燥后呈淡褐色至深褐色，具强烈网状脊，密生裂芽，裂芽单一至珊瑚状，偶小裂片状，与地衣体同色；下表面：凸起部分淡黄色，间沟密生淡褐色至蓝黑色绒毛，并散生黑色假根，长约 5mm；子囊盘：稀见，亚茶渍型，生于网脊，无柄，基部缢缩；盘面赤褐色，直径约 2mm，全缘；果托表面多疣，侧面果壳与果托缘部皮层相连；子囊：长棒状，内含 8 个孢子；子囊孢子：成熟后纺锤形，平行 4 胞，25 ～ 31μm×6 ～ 9μm；分生孢子器未见；光合共生生物：念珠蓝细菌；地衣特征化合物：皮层 K–，髓层 K–、P–、C–、KC–，含三萜类，绒毛及假根中含革菌酸。

生于海拔 2600 ～ 3900m 的阴湿及半干旱环境，附生于杜鹃（*Rhododendron* spp.）灌木、高山松（*Pinus densata*）、云杉（*Abies* spp.）混交林树干及林下岩面藓层，群落面积可达 $10m^2$ 以上，建群种。在我国分布于河北、辽宁、吉林、黑龙江、浙江、安徽、福建、江西、湖南、湖北、广东、广西、海南、四川、贵州、云南、西藏、陕西、甘肃、台湾。日本、俄罗斯远东地区、蒙古国、喜马拉雅地区、澳大利亚、南非、西太平洋群岛及阿拉斯加等地区也有分布。

【标本引证】 云南，东川区，红土地镇茅坝子村，王立松 09-30662；西藏，波密县，古乡，318 国道波密至林芝段，王立松等 16-52032；西藏，察隅县，王立松等 14-46515。

9. 王立松肺衣［肺衣科（Lobariaceae）］

Lobaria wanglisongiana M.X. Yang & Scheid. Persoonia 48: 168, 2022.

Type: CHINA, Xizang Province, Bomi Co., Gu Vil., on route from Bomi to Linzhi, on bark, 19 July 2019, L.S. Wang, X.Y. Wang, M.X. Yang et al. (holotype KUN-XY19-1049).

Bank MB: 838333.

地衣体中到大型叶状，疏松附着基物，直径达 10 ～ 20cm ；裂片：深裂，边缘波状起伏，相互靠生至重叠，顶端钝圆至截形，宽 0.5 ～ 5mm ；上表面：鲜绿色至暗绿色，干燥后呈绿褐色，中央网状脊强烈，近边缘微弱，具粉霜层，裂芽珊瑚状至柱状，生于裂片边缘网脊上，裂芽顶端褐色；下表面：深褐色至黑褐色，凸起部分光滑无绒毛，间沟密生黑色短绒毛；假根：稀疏，长 1 ～ 3mm；子囊盘：稀见，生于上表面网脊，盘面红褐色，全缘，直径 0.5 ～ 1cm ；子囊：长棒状，内含 8 个孢子；子囊孢子：纺锤形，无色，成熟后平行 4 胞，15 ～ 25μm× 3.5 ～ 5μm ；分生孢子器未见；光合共生生物：绿藻；地衣特征化合物：含鳞叶衣酸或不稳定出现（时有时无）。

附生于海拔 2600 ～ 3140m 的栎（*Quercus* sp.）树干。分布于西藏。

【标本引证】 西藏，波密县，扎木镇，王立松等 19-64427 ；西藏，波密县，松宗镇，王立松等 16-53233。

10. 离生孔叶衣［梅衣科（Parmeliaceae）］

Menegazzia subsimilis (H. Magn.) R. Sant., Ark. Bot. 30A(no. 11): 13, 1942; Bjerke & Obermayer, Nova Hedwigia 81(3-4): 305, 2005.

≡*Parmelia subsimilis* H. Magn., Ark. Bot. 30B(no. 3): 5, 1942.

地衣体叶状，紧贴基物呈放射状圆形扩展，直径 3 ～ 9cm；裂片：狭叶型，相互紧密靠生，中部不规则分裂，顶端二叉分裂，宽 0.8 ～ 2.5mm；上表面：肿胀凸起，烟灰色、暗绿色至灰绿色，中部及边缘局部变黑，偶有白斑，无粉霜及裂芽；穿孔：生于裂片上表面或顶端，稀疏至丰多，圆形至椭圆形，边缘平滑，直径 0.5 ～ 0.8mm；粉芽：生于裂片顶端及中部，撕裂状，凸缘形至唇形，成熟后呈管状露出内腔，粉芽颗粒状，白色；髓层：中空，上部白色，下部黑色；下表面：深棕色至黑色，平滑至稍皱褶，近顶端稍有光泽，无假根；子囊盘及分生孢子器未见；地衣特征化合物：皮层 K+ 黄色，髓层 K+ 黄色、P+ 黄色至暗红色，含黑茶渍素及斑点酸、孔叶衣酸、伴斑点酸。

生于海拔 2500 ～ 3700m 的半干旱环境，附生于栎树（*Quercus*）、松树（*Pinus*）以及杜鹃（*Rhododendron*）树干，建群种。在我国分布于吉林、浙江、四川、贵州、云南、西藏、陕西。南美洲、北美洲、欧洲以及东亚地区也有分布。

【标本引证】 西藏，米林市，东达拉山垭口，王立松 07-28734。

11. 亚色异形羊角衣（新拟）[羊角衣科（Baeomycetaceae）]

Parainoa subconcolor (Anzi) Resl & T. Sprib., Fungal Diversity 73: 239-258, 2015.
≡*Biatora subconcolor* Anzi, Comm. Soc. crittog. Ital. 1(fasc. 3): 151, 1862.

地衣体壳状至颗粒状，紧贴基物不规则扩展，直径 5 ～ 8cm；上表面：浅绿色至灰绿色，无粉芽；裂芽：半球状或盘状，白色，高 0.2 ～ 0.3mm，易脱落；子囊盘：单生或聚生，基部缢缩，无柄，盘面红棕色，直径达 2.5mm，盘缘薄，色浅；子囊：内含 8 个孢子；子囊孢子：无色单胞，长卵圆形，10 ～ 13（～ 15）μm×5 ～ 6（～ 7）μm，偶见含油滴；分生孢子器未见；地衣特征化合物：皮层 K+ 黄色，含斑点酸。

生于海拔 2200 ～ 3600m 的中低海拔湿润环境，砂岩或红壤土生，伴生种。在我国分布于广东、云南。欧洲地区也有分布。

【标本引证】 云南，宾川县，鸡足山，王立松 20-66428；云南，大理市，石宝山，王立松等 18-60460。

12. 小叶芽孢衣（新拟）[蜈蚣衣科（Physciaceae）]

Polyblastidium microphyllum (Kurok.) Kalb, Phytotaxa 235(1): 44, 2015.

=*Heterodermia microphylla* (Kurok.) Skorepa, Lichenologist 8(2): 132, 1976; Zhao JD et al., Prodromus Lichenum Sinicorum: 126, 1982.

≡*Anaptychia hypoleuca* var. *microphylla* Kurok., J. Jap. Bot. 34: 123, 1959.

地衣体叶状，紧贴基物呈圆形扩展，直径 5 ～ 8cm；裂片：狭叶型，羽状分裂，中央裂片相互紧密靠生，边缘裂片辐射游离扩展，宽 1 ～ 1.5mm；上表面：橄榄绿色至青灰色，中央裂片边缘密生裂芽型小裂片；下表面：无皮层，白色；子囊盘：密生于地衣体中央裂片上表面，短柄或贴生；盘面凹陷，淡棕色至棕褐色，有光泽，直径 2 ～ 4mm，盘缘具锯齿状小裂片，与地衣体同色；子囊：长棒状，内含 8 个孢子；子囊孢子：双胞，暗褐色，无芽孢，25 ～ 37μm×12 ～ 8μm；地衣特征化合物：髓层 K+ 黄色、C–、P–，含黑茶渍素、泽屋萜及降斑点酸。

生于海拔 3200 ～ 3600m 的干燥环境，常见于栎（*Quercus*）、杜鹃（*Rhododendron*）树干及石生，建群种。在我国分布于黑龙江、浙江、安徽、山东、贵州、云南、台湾。日本、韩国、印度、东非和北美洲也有分布。

【标本引证】 云南，丽江市，老君山，王立松等 17-56410；云南，丽江市，丽江高山植物园附近，王立松 09-31171。

13. 杯树花［树花衣科（Ramalinaceae）］

Ramalina calicaris (L.) Röhl., Deutschl. Fl. (Frankfurt) 3(2): 139, 1813; Zahlbr., in Handel-Mazzetii, Symb. Sinic. 3: 204, 1930.

≡*Lichen calicaris* L., Sp. pl. 2: 1146, 1753.

地衣体扁枝状，以基部柄固着基物，灌木状丛生，质硬，高 1 ～ 5cm；分枝：无背腹性，中实，主枝直径 1 ～ 3mm，基部有纵向脊，不规则稠密分枝，顶端渐尖；表面：黄绿色至浅青绿色，无粉芽及裂芽；假杯点：稀见，小瘤状至不明显，侧生；子囊盘：近顶生或亚顶生，短柄；盘面淡肉红色，平坦至略凸起；果托有时具小刺状分枝；子囊：棒状，内含 8 个孢子；子囊孢子：椭圆形，无色双胞，12.5 ～ 13.5μm×5 ～ 6μm；地衣特征化合物：髓层 K–、C–，含松萝酸、石花酸及同石花酸。

附生于海拔 1300 ～ 3500m 的半干旱环境的灌木枝，建群种。在我国分布于吉林、黑龙江、安徽、湖北、四川、云南、陕西、甘肃、台湾。欧洲地区也有分布。

【标本引证】 四川，会理市，龙肘山电视塔，王立松 96-18074 & 96-18053；云南，香格里拉市，格咱乡小雪山碧融峡谷，王立松 00-20041；西藏，波密县，嘎瓦龙雪山，王立松等 14-46071。

【用途】 民间食用。

14. 松萝［梅衣科（Parmeliaceae）］

Usnea florida (L.) Weber ex F.H. Wigg., Prim. fl. holsat. (Kiliae): 91, 1780; Zahlbr., in Handel-Mazzetii, Symb. Sinic. 3: 206, 1930.

≡*Lichen floridus* L., Sp. pl. 2: 1156. 1753.

地衣体枝状，以基部附着器固着基物，直立或亚悬垂生长，高 4 ～ 8cm；分枝：圆柱状，主枝直径约 2mm，分枝与主枝呈锐角，稠密二叉分枝，渐尖；主枝和次生分枝腋有环裂，密生垂直纤毛状小分枝；表面：灰绿色至淡黄绿色，无粉芽和裂芽；髓层：白色，疏松，有坚韧中轴；子囊盘：茶渍型，顶生，全缘，果托及盘缘有长缘毛；盘面呈淡黄绿色，具粉霜层，直径 1 ～ 2.5cm；囊层被：淡黄色；子囊：内含 8 个孢子；子囊孢子：卵圆形，无色单胞，8 ～ 12μm×6 ～ 9μm；地衣特征化合物：皮层 K–，髓层 K–、P–、C–、KC–，含松萝酸及地茶酸。

生于海拔 2300 ～ 3200m 的湿润及半干旱环境，常附生于栎（*Quercus*）、杜鹃（*Rhododendron*）、桤木（*Alnus*）树干及灌木枝，建群种。在我国分布于内蒙古、四川、云南、台湾。欧洲和亚洲地区也有分布。

【标本引证】 云南，大理市，苍山电视塔，王立松 09-30422；云南，丽江市，老君山，王立松 08-29747。

15. 王紫衣［灰衣科（新拟）（Tephromelataceae）］

Violella wangii T. Sprib. & Goffinet, Lichenologist 43(5): 461, 2011.

Type: CHINA, Yunnan, Lijiang Prefecture, Lijiang Co., Jinhue village, Laojunshan Mountain, 3510-3900m, epiphytic, B. Goffinet 10029 (KUN, holotype!; CONN, GZU, isotype).

GenBank No.: JN009734, JN009735, JN009736.

地衣体壳状，圆形至不规则扩展，直径 5 ～ 10cm；上表面：灰白色至淡污白色，具颗粒状突及微薄粉霜层，深龟裂，无光泽；粉芽堆：球形，白色，生于裂隙间；下地衣体：蓝色或紫黑色，有时不出现；髓层：白色；子囊盘：蜡盘形，单生或 2 ～ 3 个靠生，无柄，盘面黑色，凸起，具光泽，直径 1 ～ 5mm，盘缘不明显；子实层：紫色；子囊：内含 2 个孢子；子囊孢子：椭圆形单胞，孢子壁早期单层，之后双层，40 ～ 60μm×20 ～ 30μm；地衣特征化合物：地衣体 K+ 黄色、KC–、P± 黄色、UV–，含黑茶渍素及海石蕊酸。

生于海拔 3500 ～ 4000m 的多云雾湿冷环境，常附生于杜鹃（*Rhododendron*）树干，稀见于冷杉（*Abies*）和刺柏（*Juniperus*）树干，建群种。在我国分布于云南、四川、西藏。印度、不丹、俄罗斯也有分布。

【标本引证】 云南，丽江市，老君山，王立松 13-38227；四川，西昌市，螺髻山，王立松 10-31414。

2.1.3 落叶阔叶林

落叶阔叶林树干上的地衣群落主要由梅衣科组成，有刺小孢发（*Bryoria confusa*）、橄榄斑叶（*Cetrelia olivetorum*）、槽枝衣（*Sulcaria sulcata*）等群系。

落叶阔叶林分布面积广泛，乔木层中的槭树属（*Acer*）、桦木属（*Betula*）、杨属（*Populus*）、花楸属（*Sorbus*），以及柳（*Salix*）、忍冬（*Lonicera*）灌丛是地衣的主要附生树种，海拔 2300 ~ 2900m 分布的桤木（*Alnus*）、杨树等落叶树种生长较快，树冠层一般不附生地衣，树干主要以双歧根属（*Hypotrachyna*）、树花属（*Ramalina*）、松萝属（*Usnea*）、哑铃胞属（*Heterodermia*）、斑叶属（*Cetrelia*）等大型地衣组成附生群落，其中粉斑梅衣（*Punctelia borreri*）、戴氏斑叶（*Cetrelia delavayana*）、黑牛皮叶（*Sticta fuliginosa*）、橄榄斑叶为优势种，但群落小而分散；海拔 3500 ~ 4100m 的花楸、桦木附生地衣极为丰富，树冠层有长丝萝、刺小孢发等（图 2.7），树干由扁枝衣（*Evernia*）、树花属、肺衣属（*Lobaria*）等组成附生群落，而

图 2.7　落叶阔叶林植被景观

槭树（*Acer*）、桦木属（*Betula*）、花楸属（*Sorbus*）落叶林。拍摄于云南省丽江市，海拔 2800m

桦木、槭树皮层易脱落，常见有肾盘衣属（*Nephroma*）、斑叶属（*Cetrelia*）、扁枝衣属（*Evernia*）、松萝属（*Usnea*）少数属种附生；林地的地卷属（*Peltigera*）、肺衣属（*Lobaria*）、石蕊属（*Cladonia*）、珊瑚枝属（*Stereocaulon*）与苔藓共同组成地被群落，其中石生主要有茸珊瑚枝（*S.tomentosum*）、黑蜈蚣衣属（*Phaeophyscia*），腐木附生有地卷（*Peltigera* spp.）、肺衣（*Lobaria* spp.）（图 2.8）；人工林中的胡桃（*Juglans regia*）是云南石耳（*Umbilicaria yunnana*）、华南大叶梅（*Parmotrema austrosinense*）等地衣的主要附生树种，花椒（*Zanthoxylum*）树干附生的纤黄烛衣（*Candelaria fibrosa*）盖度有时可达 80% 以上。

图 2.8　落叶阔叶林地苔藓和地衣群落
拍摄于西藏自治区林芝市，海拔 2680m

1. 纤黄烛衣［黄烛衣科（Candelariaceae）］

Candelaria fibrosa (Fr.) Müll. Arg., Flora, Regensburg 70: 319, 1887; Zahlbr., in Handel-Mazzetii, Symb. Sinic. 3: 178, 1930.

≡*Parmelia fibrosa* Fr., Systema Orbis Vegetabilis 1: 284, 1825.

地衣体小型叶状，紧贴基物呈圆形扩展，直径 0.5 ～ 4cm；裂片：相互紧密靠生，不规则分裂，宽 0.5 ～ 2mm，边缘锯齿状细裂，顶端略上扬；上表面：黄绿色至橘黄色，无粉芽及裂芽；下表面：具下皮层，灰白色至污白色，密生同色单一假根；子囊盘：茶渍型，密生于上表面近中央处，盘面平坦，幼时与地衣体同色，成熟后呈暗黄色，直径 2 ～ 4mm，全缘；子囊：棒状，内含孢子多于 8 个；子囊孢子：无色单孢，6 ～ 10μm×5μm；上皮层及髓层均为负反应，含水杨苷和枕酸双内酯。

生于海拔 2200 ～ 3700m 的湿润及半干旱环境，常见于花椒（*Zanthoxylum*）、桦木（*Betula*）和华山松（*Pinus armandii*）树干，偶见于岩面，建群种。在我国分布于浙江、安徽、山东、云南。泛热带延伸至暖温带均有分布。

【标本引证】 云南，鹤庆县松桂镇，王立松等 18-59026；云南，丽江市，玉龙雪山，雪松村，王立松等 10-31489；西藏，波密县，米堆冰川，王立松等 14-46386。

2. 硬膜斑叶［梅衣科（Parmeliaceae）］

Cetrelia monachorum (Zahlbr.) W. Culb. & C.Culb. Syst. Bot. 1(4): 326, 1976; Chen, Acta Mycol. Sin. Supplement 1: 390, 1986.

≡*Parmelia monachorum* Zahlbr. in Handel-Mazzetti, Symb. Sin. 3: 191, 1930.

Type: CHINA, Sichuan, near Muli, alt.4350m, 4.VIII. 1915, Handle-Mazzetti no.7399.

GenBank No.: OR195103, OR224610.

地衣体中小型叶状，不规则扩展，疏松附着基物，直径 8 ～ 10cm；裂片：相互紧密靠生至重叠，浅裂，裂腋近圆形，裂片顶端常分裂成小裂片，宽 0.3 ～ 1cm，无裂芽；上表面：淡灰绿色至淡褐色，散生白色圆形至不规则假杯点，直径小于 0.3mm；下表面：中央黑色，边缘灰白色至污白色，有白色点状凹凸；子囊盘：常见，杯状，中央不穿孔，全缘或撕裂状，无柄至短柄，果托密生假杯点，盘面深绿色至褐色，直径 0.5 ～ 1.5cm；地衣特征化合物：均为负反应，含黑茶渍素及珠光酸。

生于海拔 2000 ～ 4300m 的湿润环境，附生于树干、腐木及岩石表面，伴生种。分布于四川、云南，为中国特有种。

【标本引证】 云南，香格里拉市，王立松等 20-69262；云南，丽江市，王立松等 22-73594。

3. 橄榄斑叶［梅衣科（Parmeliaceae）］

Cetrelia olivetorum (Nyl.) W.L. Culb. & C.F. Culb., Contr. U.S. natnl. Herb. 34: 515, 1968; Wei & Jiang, Lich. Xizang: 52, 1986; Chen, Acta Mycol. Sin. Supplement 1: 391, 1986.

≡*Parmelia olivetorum* Nyl., Not. Sällsk. Fauna et Fl. Fenn. Förh., Ny Ser. 8: 180, 1866.

地衣体中小型叶状，不规则扩展，疏松附着基物，直径 8 ～ 15cm；裂片：相互紧密靠生至重叠，浅裂，裂腋近圆形，裂片顶端阔圆，无缘毛，波状起伏，宽 0.5 ～ 2cm；粉芽：边缘具白色枕状粉芽堆；上表面：淡灰绿色至淡褐色，散生白色假杯点，假杯点为圆形至不规则形，直径小于 0.5mm；下表面：中央黑色，假根黑色单一，边缘具栗褐色裸露带，有光泽；子囊盘未见；地衣特征化合物：皮层 K+ 黄色，髓层 K–、C+ 橙红色、P–、KC+ 红色；含黑茶渍素及橄榄陶酸。

生于海拔 2000 ～ 3600m 的湿润及半干旱环境，栎树（*Quercus* sp.）树干、腐木或岩石表面附生，建群种。在我国分布于辽宁、吉林、黑龙江、湖北、重庆、四川、云南、西藏、陕西、台湾。美洲、亚洲、欧洲地区也有分布。

【标本引证】 四川，康定市，折多山，王立松 10-31688；四川，理塘县，君坝镇，王立松等 22-73415；云南，丽江市，玉龙雪山，王立松等 22-73598。

4. 亚洲砖孢发［梅衣科（Parmeliaceae）］

Oropogon asiaticus Asahina, J. Jap. Bot. 13(8): 596, 1937; Chen, Acta Mycol. Sinica 15(3): 174, 1996.

地衣体枝状，直立或半直立丛生，高 3 ～ 8（～ 15）cm；分枝：圆柱状，主枝直径 0.2 ～ 0.5mm，不规则二叉分枝，分枝腋≥ 90°；表面：淡绿褐色至栗褐色，无粉芽和裂芽；髓层：疏松至中空，白色或淡橘黄色；假杯点：生于分枝表面，呈圆形、椭圆形至长裂隙状穿孔，可见白色髓层，穿孔边缘规则；子囊盘：侧生，无柄至短柄，盘面圆盘状，栗棕色至黑色，直径 0.5 ～ 2mm，托缘齿状，幼时无缘毛，成熟后有稀疏缘毛；子囊：内含 1 个大型孢子；子囊孢子：褐色，椭圆形，砖壁式多孢，90 ～ 120μm×40μm；分生孢子器未见；地衣特征化合物：髓层 K± 紫色、C–、KC–、P+ 橘红色，含茶痂衣酸和鳞酸。

生于海拔 2400 ～ 3500m 的阴湿或半干旱环境，常附生于栒子（*Cotoneaster* sp.）及栎类灌木枝上，偶见于岩面，伴生种。在我国分布于湖北、四川、云南、西藏、台湾。亚洲地区均有分布。

【标本引证】 云南，丽江市，丽江高山植物园，王立松 11-32418；云南，德钦县，梅里雪山雨崩村，王立松 94-15147；西藏，察隅县，王立松等 14-46393。

5. 粉斑梅衣［梅衣科（Parmeliaceae）］

Punctelia borreri (Sm.) Krog, Nordic Jl Bot. 2(3): 291, 1982; Chen, Flora Lichenum Sinicorum 4: 224, 2015.
≡*Parmelia borreri* (Sm.) Turner, Trans. Linn. Soc. London 9: 135, 1806.

地衣体中至大型叶状，紧贴基物呈圆形扩展，直径 5 ～ 10cm；裂片：深裂，相互紧密靠生，顶端钝圆，宽 2 ～ 4mm；上表面：绿褐色至淡褐色，强烈褶皱，裂片顶端边缘有时为微棕色，偶有白色粉霜；假杯点：密生，白色圆点状，微凸起；粉芽：颗粒状，生于中央裂片边缘，头状或枕状粉芽堆，灰白色；下表面：褐色，具稀疏单一假根，淡褐色；子囊盘及分生孢子器未见；地衣特征化合物：皮层 K+ 黄色，髓层 C+ 玫瑰红色、K–、CK+ 红色、P–，含黑茶渍素及三苔色酸。

生于海拔 1500 ～ 2500m 的干燥环境，树皮及岩石表面附生，建群种。在我国分布于北京、河北、内蒙古、辽宁、黑龙江、浙江、安徽、福建、山东、湖南、湖北、贵州、云南、西藏、陕西、甘肃、宁夏、台湾。欧洲、北美洲、非洲、印度、日本也有分布。

【标本引证】 四川，马尔康市，脚木足乡，王立松等 20-67604，20-67605。

【用途】 抗生素和石蕊试剂原料。

6. 茸珊瑚枝［珊瑚枝科（Stereocaulaceae）］

Stereocaulon tomentosum Th. Fr., Sched. Crit. Lich. Suec. Exsicc. 3: 20(1825)[1824]; Zahlbr., in Handel-Mazzetii, Symb. Sinic. 3: 136, 1930; Wei & Jiang, Lich. Xizang: 76, 1986.

初生地衣体消失。假果柄：高 3 ～ 5cm，稠密直立丛生；分枝：二叉至不规则分枝，圆柱状，直径 1.5 ～ 2mm，表面密生烟灰色至黄褐色绒毛；叶状枝：掌状至颗粒状；衣瘿：头状，灰褐色；子囊盘：顶生或侧生，盘面平坦至微凸起，直径 1mm，幼时蜡黄色，成熟后黑褐色；地衣特征化合物：假果柄 K+ 黄色、P+ 红色，含黑茶渍素及斑点酸。

生于海拔 3000 ～ 4300m 的多云雾湿润及半干旱环境，岩石表面或土表附生，群落面积可达 $30m^2$ 以上，建群种。在我国分布于内蒙古、黑龙江、湖北、四川、云南、西藏、陕西。欧洲、北美洲地区也有分布。

【标本引证】 四川，九龙县，鸡丑山，王立松 07-29229；云南，香格里拉市，格咱乡小雪山垭口，王立松等 12-34927；云南，普达措国家公园碧塔海，王立松等 20-66389；西藏，察隅至察瓦龙途中昌拉垭口西坡，王立松等 18-62499。

7. 黑牛皮叶［肺衣科（Lobariaceae）］

Sticta fuliginosa (With.) Ach., Meth. Lich.: 280, 1803; Wu & Liu, Flora Lichenum Sinicorum 11: 104, 2012.
≡*Lichen fuliginosus* Dicks., Frasc. Plant Cryptog. Brit. 1: 13, 1785.

地衣体中小型叶状，单叶至复叶型，以基部疏松附着基物，亚悬垂扩展，直径 5 ～ 10cm；裂片：浅裂，顶端阔圆，宽达 1 ～ 1.5cm；上表面：黑褐色至灰绿褐色，平坦至强烈褶皱，无光泽，密生黑色裂芽，裂芽颗粒状至珊瑚状；下表面：平坦至细皱，密生黄褐色或淡黄褐色绒毛，绒毛间散生白色杯点，杯点直径达 2mm，缘部凸起，内腔大于孔口；子囊盘及分生孢子器未见；光合共生生物：念珠蓝细菌；地衣特征化合物：皮层 K–，髓层 K–、P–、KC–，不含地衣特征化合物。

生于海拔 2300 ～ 3200m 的阴湿环境，常见蔷薇科灌木枝或树干附生，偶见岩石表面附生，伴生种。在我国分布于浙江、安徽、福建、湖南、湖北、云南、陕西、台湾。欧洲、美洲、亚洲、新西兰也有分布。

【标本引证】 云南，宾川县，鸡足山，王立松 20-66420；四川，天全县，二郎山喇叭河，王立松 06-26072。

8. 云南石耳［石耳科（Umbilicariaceae）］

Umbilicaria yunnana (Nyl.) Hue, Nouv. Arch. Mus. Hist. Nat., Paris, 4 sér. 4(2): 117, 1900; Wei & Jiang, Asian Umbilicariaceae (Ascomycota): 188, 1993; Obermayer, Lichenologica 88: 514, 2004.

≡*Gyrophora yunnana* Nyl., Bull. Soc. bot. Fr. 34: 23, 1887; Zahlbr., in Handel-Mazzetii, Symb. Sinic. 3: 138, 1930.

Type: CHINA, Yunnan, Yunnan super truncus arborum in silvis Hoang-li-pin, 2000m, R.P. Dwlavay1600 (Nyl. 31740, H, holotype; Vain 111, 112, TUR, isotype).

GenBank No.: OR208145.

地衣体单叶型，以下表面中央脐固着基物，边缘波状起伏，直径 3 ～ 8cm；上表面：淡灰褐色、橄榄绿色至橄榄绿褐色，中央具强烈褶皱，有微薄粉霜层；下表面：黑色，密布短绒毛状假根，中央具黑色柄状脐；子囊盘：众多，圆形、三角形至菱形，黑色，盘面脐纹状，半埋生，幼时呈黑点状凹陷，之后凸出呈半圆形；子囊：内含 8 个孢子；子囊孢子：卵圆形，无色单胞，20 ～ 30μm×12 ～ 17μm；地衣特征化合物：髓层 K–、C+ 红色、P–，含茶渍衣酸及三苔色酸。

生于海拔 2000 ～ 4300m 的半干旱环境，常见于华山松、核桃、尼泊尔桤木、栎树干，也见于岩石表面，伴生种。在我国分布于四川、云南、西藏。印度和尼泊尔也有分布。

【标本引证】四川，丹巴县，格达梁子，王立松 10-31662；四川，小金县，日隆镇双桥沟，王立松 06-26057；云南，大理市，苍山电视塔，王立松 09-30328；云南，禄劝彝族苗族自治县，撒营盘镇至则黑乡 30km 处，王立松 14-43261。

2.1.4　针阔混交林

针阔混交林中主要由梅衣科、肺衣科、地卷科等喜阴湿的大型叶状地衣组成群落，有黑腹绵腹衣（*Anzia hypomelaena*）、黄袋衣（*Hypogymnia hypotrypa*）、针芽肺衣（*Lobaria pindarensis*）等群系。

针阔混交林是指在同一群落内的常绿针叶乔木和常绿或落叶阔叶乔木共同为建群成分的植被类型（图 2.9），主要分布在青藏高原东南部和南部边缘地区，海拔在 2700 ～ 3200m，地衣主要附生树种有铁杉属（*Tsuga*）、槭属（*Acer*）、桦属（*Betula*）、花楸属（*Sorbus*）、杜鹃属（*Rhododendron*）和栎属（*Quercus*）等。林冠不仅有长丝

图 2.9　针阔混交林植被生态景观

拍摄于云南，维西傈僳族自治县，海拔 3600m

萝（*Dolichousnea longissima*），而且小孢发属（*Bryoria*）、扁枝衣属（*Evernia*）、松萝属（*Usnea*）、梅衣属（*Parmelia*）、肺衣属（*Lobaria*）、袋衣属（*Hypogymnia*）是树干附生的主要地衣类群，其中墨脱、波密到朗县一带植被茂密、环境湿润，树干附生的肺衣属（*Lobaria*）和丛枝牛皮叶属（*Dendriscosticta*）群落高度发达，仅肺衣属近年来发现的新种多达 17 个，树干群落盖度常超过 60%，局部甚至达 90%（图 2.10），优势种主要有宽阔丛枝牛皮叶（*D. platyphylloides*）、匙芽肺衣（*L.spathulata*）、裂芽肾盘衣（*Nephroma isidiosum*）、槽枝衣（*Sulcaria sulcata*）、黑腹绵腹衣、黄袋衣、针芽肺衣等，其中棒根绵腹衣（*Anzia rhabdorhiza*）、美髯小孢发（*Bryoria barbata*）、横断山袋衣（*Hypogymnia hengduanensis*）、云南肺衣（*Lobaria yunnanensis*）、槽枝衣黄枝变型（*Sulcaria sulcata* f. *vulpinoides*）是青藏高原特有种；林地苔藓地衣地被层中的拟肺衣（*Lobaria pseudopulmonaria*）与苔藓组成群落，霜降衣（*Icmadophila ericetorum*）是林地腐木建群种，淡红羊角衣（*Baeomyces rufus*）和大柱衣（*Pilophorus acicularis*）是林地岩石表面的常见种。

图 2.10　针阔混交林内树干附生针芽肺衣（*Lobaria pindarensis*）群落
拍摄于云南省香格里拉市，海拔 3600m

1. 黑腹绵腹衣［梅衣科（Parmeliaceae）］

Anzia hypomelaena (Zahlbr.) Xin Y. Wang & Li S. Wang, Lichenologist 47(2): 108, 2015.
≡*Anzia leucobatoides* f. *hypomelaena* Zahlbr., in Handel-Mazzetti, Symb. Sinic. 3: 196, 1930.
Type: CHINA, Yunnan, 1887, Delavay (H9505563!).
GenBank No.: KJ486574, KJ486576.

地衣体叶状，紧密或疏松附着于基物，直径 3 ～ 7cm；裂片：狭叶型，二叉分裂，顶端钝圆，宽 1 ～ 1.5mm；上表面：灰绿色至棕绿色，无粉芽和裂芽；髓层：单层型，白色，具软骨质中轴；下表面：具黑色至深棕色绵腹组织；假根：稀疏，单一黑色，长 1 ～ 2mm；子囊盘：稀见，生于上表面近中部，盘面栗色，直径 1 ～ 8mm，盘缘常为撕裂状；子囊：长棒状，内含众多孢子；子囊孢子：月牙形，无色单胞；分生孢子器：丰多，黑点状，生于上表面边缘；地衣特征化合物：皮层 K+ 黄色，髓层 C+ 红色，含黑茶渍素和绵腹衣酸。

生于海拔 3000 ～ 3800m 的亚高山至高山，常见杜鹃和栎树干附生，建群种。分布于四川和云南，为中国特有种。

【标本引证】 四川，西昌市，螺髻山，王立松 10-31434；云南，禄劝彝族苗族自治县，轿子雪山，王立松 07-27845；云南，丽江市，老君山，王立松等 21-69920。

2. 棒根绵腹衣［梅衣科（Parmeliaceae）］

Anzia rhabdorhiza Li S. Wang & M.M. Liang, Bryologist 115(3): 383, 2012.
Type: CHINA, Yunnan Prov., Lijiang, Wang 11-32047 (KUN-L 20000 Holotype!).
GenBank No.: KJ486582, KJ486583.

地衣体叶状，疏松附着基物，直径 3 ～ 7cm；裂片：狭叶型，不规则分裂，近顶端二叉，成熟裂片宽达 1 ～ 4mm，顶端钝圆；上表面：橄榄绿色至青绿色，无粉芽和裂芽，具不规则横向断裂，露出白色髓层；髓层：单层型，白色，具黑色圆柱形软骨质中轴；下表面：具深棕色至黑色绵腹组织；假根：稠密，具黑色绵腹组织包被，单一棒状，直径 0.5 ～ 1mm，长 1 ～ 7mm；子囊盘：幼时凹陷呈杯状，成熟后平坦至略凸起，盘面红棕色，直径 1 ～ 17mm，边缘撕裂状；分生孢子器：黑色，生于裂片边缘或顶端，直径 0.2 ～ 0.8mm；子囊：长棒状，内含众多孢子；子囊孢子：月牙形，无色单胞；地衣特征化合物：皮层 K+ 黄色，髓层 K+ 黄色、C–、KC–、P–，含黑茶渍素和柔扁枝衣酸。

生于海拔 2400 ～ 3900m 的栎、杜鹃树干，偶见于冷杉（*Abies*）及红杉（*Larix*）树枝，建群种。分布于四川、云南，横断山地区有分布。

【标本引证】 四川，米易县，麻陇彝族乡北坡山，王立松 83-921；云南，丽江市，老君山，王立松 10-31531。

3. 淡红羊角衣［羊角衣科（Baeomycetaceae）］

Baeomyces rufus (Huds.) Rebent., Prodr. fl. neomarch. (Berolini): 315, 1804.
≡*Lichen rufus* Huds., Fl. Angl.: 443, 1762.

地衣体鳞片状或皮屑状，顶端上翘，鳞片直径约 1mm；上表面：淡灰绿色至绿色，常具瘤状突；粉芽：白色粉芽堆生于鳞片顶端或边缘；子囊盘：盘面暗粉色至红棕色，凸起至平坦，直径 2mm，单生或偶多个聚生；果柄：高 1 ～ 4mm，直径 0.5 ～ 1mm；子囊：长棒状或圆柱状，内含 8 个孢子，顶器 I–，碘液，呈负反应；子囊孢子：无色，单胞或 2 胞，10 ～ 12μm×4 ～ 5μm；分生孢子器未见；地衣特征化合物：皮层 K+ 黄色，PD+ 橘黄色，含斑点酸。

生于海拔 330 ～ 4150m 的湿润环境，岩石、土壤表面及腐木附生，伴生种。在我国分布于吉林、湖北、香港等，其中云南和四川有新记录。北美洲、欧洲等地区也有分布。

【标本引证】 四川，康定市，木格措景区杜鹃峡，王立松等 16-54331；云南，丽江市，老君山，王立松 05-24981；云南，香格里拉市，洛吉乡，王立松 20-66261。

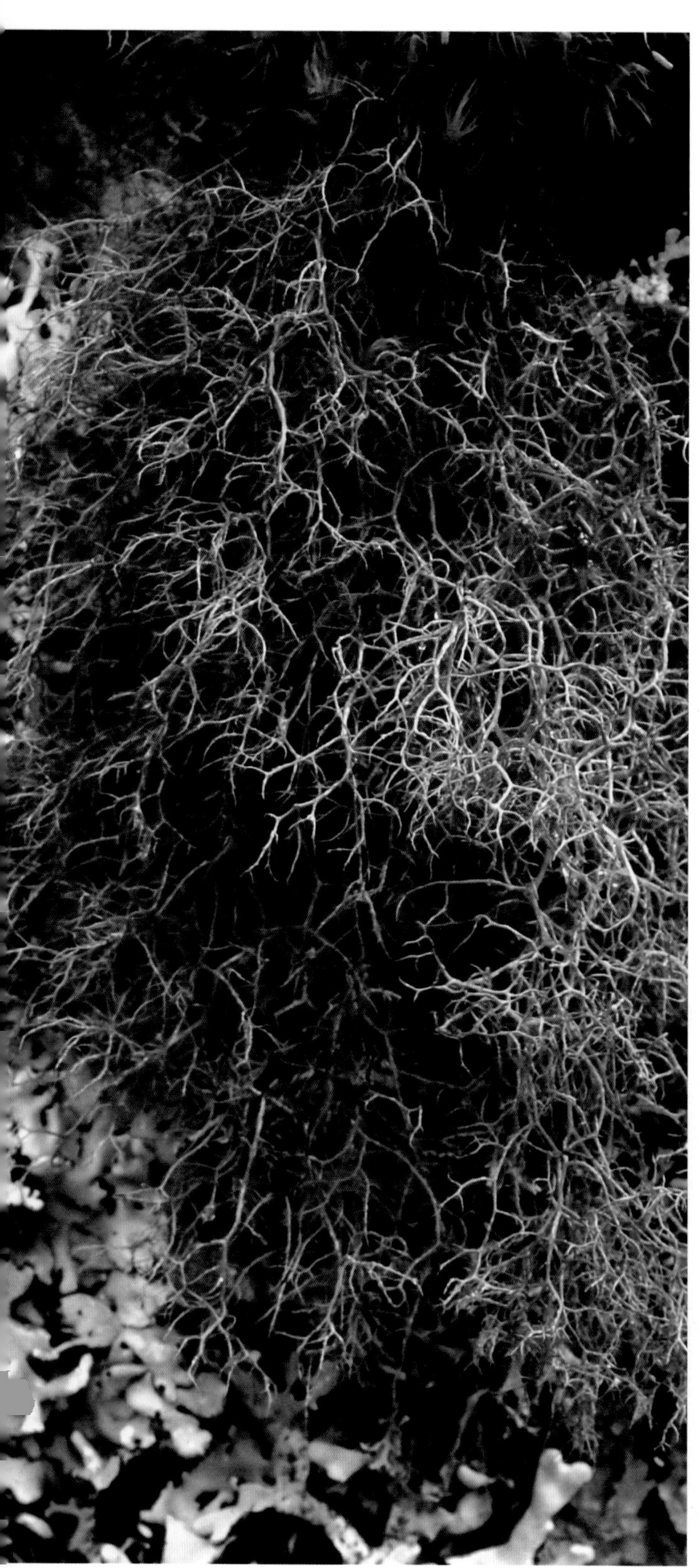

4. 美髯小孢发
［梅衣科（**Parmeliaceae**）］

Bryoria barbata Li S. Wang & D. Liu, Phytotaxa 297(1): 34, 2017.

Type: CHINA. Yunnan, Lijiang Co., L. S. Wang & M. M. Liang 11-32052, 2011(KUN-L, holotype!).

GenBank No.: KU895847, KU895849.

地衣体枝状，斜展至亚悬垂，长 5 ～ 10（～ 15）cm；分枝：不规则分枝，主枝直径 0.3 ～ 0.6mm，侧生刺状小分枝稀疏；表面：栗褐色至黄绿褐色，侧生小刺稀疏或无，无粉芽及裂芽；假杯点：椭圆形至梭形，灰白色、淡棕色或暗棕色，微凸起；子囊盘：侧生，无柄，幼时盘面凹陷，成熟后平坦至凸起，栗褐色至暗褐色，直径 0.2 ～ 2mm；囊盘被：灰白色，无缘毛；子囊：长棒状，内含 8 个孢子；子囊孢子：无色单胞，卵圆形，4μm×5μm；分生孢子器未见；地衣特征化合物：髓层 P+ 橘红色、K–、C–、KC–、CK–，含富马原岛衣酸。

生于海拔 2400 ～ 4300m 的阴湿环境，冷杉、云杉、杜鹃、栎树干附生，伴生种。分布于内蒙古、吉林、四川、云南、西藏、陕西，仅中国有分布。

【标本引证】 四川，乡城县，大雪山垭口，王立松 02-21402；四川，道孚县，王立松 07-28336；云南，香格里拉市，哈巴雪山，王立松 02-21778；西藏，察隅县，苏京军 4876-b；西藏，隆子县，加玉乡，臧穆 67-e。

5. 宽阔丛枝牛皮叶（新拟）[肺衣科（Lobariaceae）]

Dendriscosticta platyphylloides (Nyl.) Moncada & Lücking, Lichenologist 45 (2): 223, 2013.

≡*Sticta platyphylloides* Nyl., in Hue, Bull. Soc. Bot. Fr. 34: 22, 1887; Wu & Liu, Flora Lichenum Sinicorum 11: 113, 2012.

Type: CHINA, Yunnan, ad *Quercus* in faucibus Hoang-se-ia-keou, prope Tapin-tze, alt. 1800m, 11 maii, 1885, Abbé Delavay 1607 (H-NYL 33655–holotype).

GenBank No.: MT590961, MT590966.

地衣体大型叶状，疏松附着基物，直径常超过 20cm；裂片：深裂，边缘钝圆至细裂，波状略上扬，宽 1 ～ 2cm；上表面：鲜时呈黄绿色，干燥后呈灰褐色、深黄褐色至暗褐色，无光泽，无粉芽和裂芽，中央强烈褶皱，边缘有灰白色细绒毛；下表面：密被褐色至近黑褐色绒毛，假根稀疏；杯点：生于裂片下表面，白色，圆形至不规则形，直径达 1.5mm；子囊盘：双缘型，初为梨形至杯状，成熟后为盘状，无柄至柄短；盘面暗红褐色，无光泽和粉霜层，直径常超过 10mm；果托与地衣体同色，具疣状皱，托缘厚，早期内卷曲，外被细绒毛；子囊：长棒状，内含 8 个孢子；子囊孢子：长纺锤形，平行 4 胞，隔壁薄，50 ～ 67.5μm×5 ～ 7.5μm；光合共生生物：绿藻；地衣特征化合物：皮层 K+ 黄色，髓层 K–、P–、KC–，含假杯点素 A。

生于海拔 1800 ～ 3900m 的阴湿环境，常附生于栎、花楸及杜鹃树干，建群种。分布于浙江、湖南、湖北、贵州、四川、云南、陕西。

【标本引证】 四川，康定市，木格措景区杜鹃峡，王立松等 16-52649；云南，宾川县，鸡足山，王立松 20-66414；西藏，波密县，波密至然乌途中，王立松等 14-46264；西藏，波密县，318 国道波密至林芝段，王立松等 16-53660。

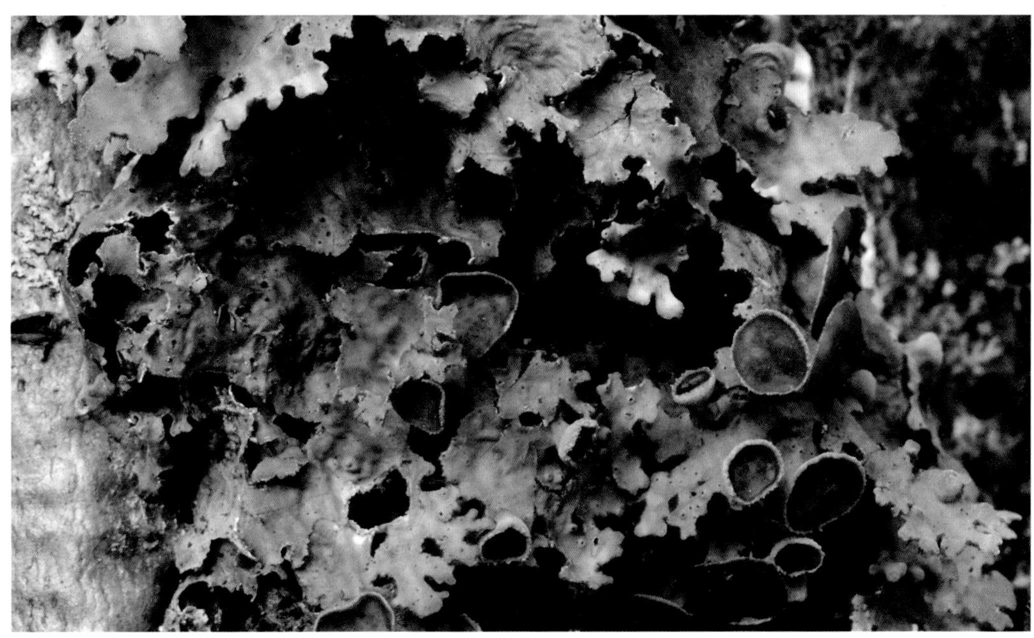

6. 横断山袋衣［梅衣科（Parmeliaceae）］

Hypogymnia hengduanensis J. C. Wei, Acta Mycol. Sin. 3: 214, 1984.
Type: CHINA, Sichuan, H. Smith 14078 (UPS, holotype!).
GenBank No.: PP889760.

地衣体叶状，悬垂或匍卧生长，质地柔软，长 10（～ 19）cm ；裂片：等二叉状分裂，宽 0.6 ～ 1.5（～ 2.2）mm，裂片宽和厚比例为 0.5 ∶ 1 ～ 2 ∶ 1 ；上表面：光滑或偶褶皱，灰绿色至棕褐色，偶具黑斑点，边缘黑色，无粉芽；裂芽：圆柱或珊瑚枝状，偶球状或小裂片状；下表面：有穿孔和孔缘；髓层：中空，腔内暗黑色；子囊盘及分生孢子器未见；地衣特征化合物：髓层 K–、C–、KC–、CK+ 黄至橘红色、P–、含黑茶渍素及环萝酸、巴巴酸。

生于海拔 2800 ～ 3700m 的桦树和杜鹃树干及木桩，伴生种。分布于中国西南地区及台湾。日本、印度也有分布。

【标本引证】 云南，丽江市，玉龙雪山甘海子，王立松等 09-30048 ；四川，丹巴县，亚拉雪山牦牛站，王立松等 07-29291 ；四川，西昌市，螺髻山，王立松等 10-31422。

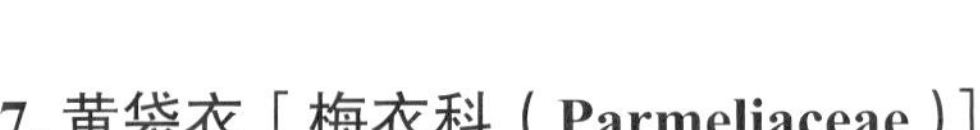

7. 黄袋衣［梅衣科（Parmeliaceae）］

Hypogymnia hypotrypa (Nyl.) Rass., Novosti sistematiki nizshikh rasteniui (Notul. System. e Sect. Cryptog. Inst. Bot. nomine V. L. Komarovii Acad. Sci. URSS) 297, 1967; Wei XL, Flora Lichenum Sinicorum 6: 137, 2021.

地衣体叶状，疏松附生基物，直径达 10 ～ 30cm；裂片：狭叶型，中空呈袋状，相互紧密靠生或复瓦状，边缘辐射扩展，略上扬，等二叉至不规则分裂，宽 3 ～ 7（～ 10）mm；上表面：具光泽，平滑或稍褶皱，黄绿色至棕色，偶见不规则环纹状黑色斑块，顶端和叶腋处具圆形穿孔；无粉芽及裂芽；下表面：具穿孔，腔内暗黑色；子囊盘：常见，盘面凹陷呈杯状或漏斗状，直径约 10mm，果柄膨胀，偶见分生孢子器；分生孢子：杆状，4.7 ～ 5.8μm×1.0 ～ 1.2μm；地衣特征化合物：皮层 K–、KC–、C–、P–，髓层 K± 黄至红褐色、KC± 橘红色、C–、P+ 橘红色，含松萝酸、袋衣甾酸、伴袋衣酸和原岛衣酸。

生于海拔 2800 ～ 3800m 的林下阴湿环境，常附生于冷杉、栎、杜鹃树干，偶见于岩面，建群种。在我国分布于吉林、湖北、四川、云南、西藏、陕西、甘肃。东亚地区也有分布。

【标本引证】 四川，道孚县，亚拉雪山，王立松等 16-51606；云南，丽江市，老君山三玄湖旁，王立松等 17-55573；云南，香格里拉市，普达措国家公园碧塔海，王立松等 20-66403。

【用途】 抗生素原料。

8. 霜降衣［霜降衣科（Icmadophilaceae）］

Icmadophila ericetorum (L.) Zahlbr., Wiss. Mittellung. Bosnien und der Hercegov. 3: 605, 1895; Zahlbr., in Handel-Mazzetii, Symb. Sinic. 3: 177, 1930; Wei & Jiang, Lich. Xizang: 95, 1986; Obermayer, Lichenologica 88: 499, 2004.

≡*Lichen ericetorum* L., Sp. pl. 2: 1141, 1753.

地衣体壳状至颗粒状，无皮层，灰白色至暗灰绿褐色，圆形或不定形扩展，直径 5 ～ 50cm；子囊盘：无柄，单生或靠生，盘面肉红色至淡黄色，早期凹陷，成熟之后凸出呈盔状，盘缘薄，灰白色；囊层被：肉红色；子囊：内含 8 个孢子；子囊孢子：无色，纺锤形，2 ～ 4 胞，14 ～ 20μm×6μm；地衣特征化合物：地衣体 K+ 黄色、P+ 橘黄色；含地茶酸。

生于海拔 2200 ～ 3900m 的湿冷环境，附生于高山和亚高山腐木或苔藓层，伴生种。在我国分布于吉林、山东、云南、西藏、新疆、台湾。欧洲、美洲、非洲、亚洲地区有分布。

【标本引证】 西藏，墨脱县，62k 样地内，王欣宇等 18-61335；云南，禄劝彝族苗族自治县，轿子雪山，王立松 06-27026。

9. 针芽肺衣 [肺衣科 (Lobariaceae)]

Lobaria pindarensis Räs., Arch. Soc. Zoll. Bot. "Vanamo" 6(2): 84, 1952; Wu & Liu, Flora Lichenum Sinicorum 11: 41, 2012.

地衣体中至大型叶状，直径达 20（～ 30）cm；裂片：不规则浅裂，裂腋圆形，顶端细裂或齿裂，略下延；上表面：鲜绿色至淡黄绿色，干燥后浅黄褐色至黄褐色，具强烈网状脊，弱光泽；裂芽：密集生于网脊上，圆柱状或偶小裂片状；下表面：淡黄褐色至黄白色，鼓起部分光滑无绒毛，间沟密生褐色至紫黑色绒毛，散生同色假根，长 3 ～ 4mm；子囊盘：罕见，双缘型，生于网脊上，盘面赤褐色，直径 3 ～ 4（～ 5）mm，全缘；果壳发育不良，与果托缘部皮层相连；子囊：长棒状，内含 8 个孢子；子囊孢子：成熟孢子纺锤形，平行 4 胞，21 ～ 24（～ 30）μm×6 ～ 7（～ 9）μm； 分生孢子器：埋生于裂片边缘及网脊上；分生孢子：6μm×1μm；光合共生生物：球形绿藻和蛛形藻，内生衣瘿内含蓝细菌；地衣特征化合物：地衣体 K–，髓层 K+ 黄色变红色、P+ 橘红色、KC+ 淡红色，含三苔色酸、降斑点酸、伴斑点酸、斑点酸。

生于海拔 2600 ～ 3600m 的阴湿及半干燥环境，常见栎、云杉及松树干附生，伴生种。在我国分布于吉林，福建、湖南、湖北、四川、云南、陕西。日本、尼泊尔也有分布。

【标本引证】 云南，香格里拉市，天宝雪山，王立松等 18-59984；西藏，波密县，318 国道波密至林芝段，王立松等 19-64441 & 16-54405。

10. 拟肺衣［肺衣科（Lobariaceae）］

Lobaria pseudopulmonaria Gyeln., Acta Faunk Fl. Univ. Ser. 2, 1: 6, 1933; Wei & Jiang, Lich. Xizang: 22, 1986; Wu & Liu, Flora Lichenum Sinicorum 11: 58, 2012.

地衣体大型叶状，直径达 15cm，不规则或二叉分裂，裂片顶端截形或微凹；上表面：蓝绿色至青绿色，具光泽，边缘绿褐色至黄褐色，干燥后呈褐色至黄褐色，网状脊强烈，无粉芽和裂芽；下表面：边缘及鼓起部分淡黄褐色，间沟中密生黑褐色绒毛，假根散生；子囊盘：亚茶渍型，生于上表面网脊，杯状，基部缢缩；盘面赤褐色，直径 1 ～ 2mm，全缘；子囊：内含 8 个孢子；子囊孢子：纺锤形，平行 4 胞，21 ～ 30μm×6 ～ 9μm；分生孢子器：埋生于裂片边缘附近，近球形；分生孢子：杆状，6μm×1μm ；光合共生生物：念珠蓝细菌；地衣特征化合物：皮层 K– ；髓层 K+ 黄色变为红色、P+ 黄色或橙红色，KC–，含三萜类，以及降斑点酸、斑点酸、伴斑点酸。

生于海拔 2800 ～ 3800m 的林下岩面或藓层及腐木，建群种。在我国分布于安徽、江西、湖北、广西、四川、云南、西藏、陕西、台湾。喜马拉雅地区、东南亚和阿拉斯加也有分布。

【标本引证】 四川，康定市，木格措景区杜鹃峡，王立松等 16-52651 ；西藏，波密县，嘎瓦龙雪山，王立松等 14-46026 ；云南，丽江市，老君山，王立松等 21-69899 ；云南，香格里拉市，格咱乡红山，王立松等 09-30981。

11. 匙芽肺衣［肺衣科（Lobariaceae）］

Lobaria spathulata (Inumaru) Yoshim., Journ. Hattori Bot. Lab. 34: 278, 1971; Wu & Liu, Flora Lichenum Sinicorum 11: 42, 2012.

≡*Lobaria meridionalis* var. *spathulata* Inumaru, Acta phytotax. Geobot. 13: 221, 1943.

地衣体中型至大型叶状，直径达 20（～ 30）cm；裂片：不规则深裂，裂腋钝圆，裂片宽 3 ～ 6mm，顶端截形；上表面：鲜绿色至亮绿色，干燥后呈绿褐色或黄褐色；裂芽：沿网脊和裂片边缘生，小裂片状至匙形，稀疏至稠密；下表面：淡乳黄色，凸起处光滑，间沟被绒毛，边缘绒毛淡褐色，向心变褐色至暗褐色，假根稀疏，黑色，长达 2mm；子囊盘：罕见，双缘型，散生于网脊上；盘面赤褐色，直径达 5mm，全缘；子囊：长棒状，内含 8 个孢子；子囊孢子：成熟孢子纺锤形，平行 4 胞，24 ～ 30μm×6 ～ 9μm；分生孢子器：埋生；分生孢子：杆状，6μm×1μm；光合共生生物：球形绿藻和蛛形藻，藻层厚 25 ～ 35μm；内生衣瘿内含蓝细菌；地衣特征化合物：地衣体 K–，髓层 P–、K–、KC+ 玫瑰色，含三苔色酸。

生于海拔 2680 ～ 3400m 的阴湿环境，常见栎及杜鹃树干附生及罕见石生，伴生种。在我国分布于湖北、四川、云南、台湾。日本也有分布。

【标本引证】 云南，香格里拉市，天宝雪山，王立松等 17-55351；西藏，波密县，318 国道波密至林芝段，王立松等 16-54411 & 16-51075。

12. 云南肺衣［肺衣科（Lobariaceae）］

Lobaria yunnanensis Yoshim., Journ. Hattori Bot. Lab. 34: 282, 1971; Wu & Liu, Flora Lichenum Sinicorum 11: 48, 2012.

Type: CHINA, Yunnan Prov., Lijiang Co., Yulung-shan, Handel-Mazzetti no.2315(W.!).

地衣体中至大型叶状，疏松附生基物，直径超过 15cm；裂片：反复不规则或二叉深裂，顶端尖锐呈鹿角状，宽 0.5 ～ 1.5cm，裂腋较宽呈圆形；上表面：鲜绿色至淡黄绿色，有光泽，干燥后呈黄褐色，光滑，具强烈网状脊，无粉芽和裂芽；下表面：淡褐色或淡乳黄色，间沟中密生淡黑色短绒毛；子囊盘：双缘型，生于裂片边缘或网脊上，基部明显缢缩，短柄或无柄；盘面赤褐色，直径达 6mm；子囊孢子：无色，成熟孢子纺锤形，平行 4 胞，24 ～ 28μm×6 ～ 8μm；分生孢子器：埋生于裂片边缘附近；分生孢子：杆状，6μm×1μm；光合共生生物：球形绿藻和蛛形藻；地衣特征化合物：地衣体 K–，髓层 P–、K–、KC–，不含地衣酸类化合物。

生于海拔 2680 ～ 4200m 的湿冷环境，云杉、冷杉、柳、花楸和栎树干附生，伴生种。分布于湖北、四川、云南，为中国特有种。

【标本引证】 云南，丽江市，玉龙雪山（模式产地），Christoph 40008；西藏，波密县，扎木镇，王立松等 19-64420；西藏，波密县，嘎瓦龙雪山，王立松等 14-46120。

13. 裂芽肾盘衣［肾盘衣科（Nephromataceae）］

Nephroma isidiosum (Nyl.) Gyeln., Ann. Crypt. Exot. 4: 126, 1932; Wu & Liu, Flora Lichenum Sinicorum 11: 122, 2012.

≡*Nephromium tomentosum* var. *isidiosum* Nyl., Notis. Sällsk. Faun. Fl. Fenn. Förh. II. 5: 180, 1882.

地衣体中小型叶状，紧贴基物呈圆形至不规则扩展，直径 4 ～ 7cm；裂片：浅裂至深裂，中部裂片相互紧密靠生至重叠，宽 1 ～ 1.5（～ 2）cm，边缘裂片离生至靠生，先端钝圆，边缘浅裂，波状起伏；上表面：深栗褐色至栗色，干燥时呈深棕色，光滑无绒毛，局部蜂窝状至网状脊，中央密集珊瑚状裂芽，无粉芽、小裂片及粉霜；下表面：深棕色至黑色，密布棕黑色短绒毛，假根稀疏，白色至淡灰色；髓层：白色；光合共生生物：蓝细菌；子囊盘未见；地衣特征化合物：皮层 K–、C–，髓层 K–、C–，含甲基三苔色酸盐及三苔色酸。

生于海拔 2900 ～ 3800m 的阴湿环境，常附生于云杉树干或腐木，稀见于岩面土层，稀见种。在我国分布于吉林、黑龙江、湖北、四川、云南、西藏。北美洲、欧洲、亚洲也有分布。

【标本引证】 西藏，林芝市至波密县途中，318 国道旁流石滩，王立松等 18-61235；四川，壤塘县，石里乡，王立松等 20-66671；云南，香格里拉市，天宝雪山，王立松等 18-60240。

14. 大柱衣［石蕊科（Cladoniaceae）］

Pilophorus acicularis (Ach.) Th. Fr., Stereoc. Piloph. Comm.: 41, 1857; Obermayer, Lichenologica 88: 506, 2004; Wang XY et al., Mycosystema, 30(6): 890, 2011.

=*Pilophoron aciculare* (Ach.) Nyl. Memoir. Soc. Sci. Nat. Cherbourg, 5: 96, 1857; Wei & Jiang, Lich. Xizang: 76, 1986.

≡*Baeomyces acicularis* Ach., Methodus, Sectio post. (Stockholmiæ): 328, tab. VIII, fig. 4 (1803).

地衣体颗粒状至鳞片状，灰绿色，早期消失；假果柄：直立，密集丛生，中空，高 1 ～ 3cm，单一或顶端二叉分枝，直径 0.5 ～ 1mm，表面灰褐色至暗绿褐色，具小鳞片状或颗粒状皮层；衣瘿：生于假果柄基部，棕色半球形；子囊盘：顶生，黑色，半球形，直径 1 ～ 2mm，具光泽；囊层基黑紫色；子囊：内含 8 个孢子；子囊孢子：无色，椭圆形单胞，20 ～ 26.5μm×4 ～ 5μm；分生孢子器：黑点状，生于假果柄顶端；地衣特征化合物：黑茶渍素和泽屋萜。

生于海拔 2500 ～ 4100m 的林下岩石表面，多见于沟边流水阴湿岩面，伴生种。在我国分布于湖北、四川、云南、西藏。北半球有分布。

【标本引证】 云南，丽江市，老君山，王立松 05-25082；四川，木里藏族自治县，王立松 83-2401。

15. 槽枝衣［梅衣科（Parmeliaceae）］

Sulcaria sulcata (Lév.) Bystrek ex Brodo & D. Hawksw., Opera Bot. 42: 156, 1977; Obermayer & Elixir, Bibiliotheca Lichenologica 86: 33-46, 2003.

=*Alectoria sulcata* (Lév.) Nyl., Mém. Soc. Imp. Sci. Nat. Cherbourg 5: 98, 1857; Zahlbr., in Handel-Mazzetii, Symb. Sinic. 3: 202, 1930.

≡*Cornicularia sulcata* Lév., in Jacquemont, Voyage dans l'Indie, Botan., 2: 179, 1844.

地衣体枝状，以基部柄固着基物，直立或半直立丛生，高 5 ～ 10cm，质硬；分枝：圆柱状，主枝直径达 3mm，不规则分叉，分枝腋呈锐角；侧生小分枝稀疏至稠密，与分枝呈直角；表面：灰白色至灰褐色，顶端有时黑色，主枝及分枝表面具纵向长裂隙状沟槽，露出白色的髓，无粉芽及裂芽；子囊盘：茶渍型，亚顶生，盘面直径 0.3 ～ 1cm，淡褐色至褐色，常被白色粉霜层；盘缘发育良好，常具缘毛型刺状小枝；子囊：内含 8 个孢子；子囊孢子：椭圆形，幼时无色单胞，成熟后褐色，2～ 3 胞，25 ～ 35 μm× 10 ～ 15μm；分生孢子器未见；地衣特征化合物：皮层 K+ 黄色，髓层 K–、C–、KC–、P+ 深黄色，含黑茶渍素及茶痂衣酸、绿树发酸、2- 甲氧基茶痂衣酸、橄榄陶酸。

生于海拔 1700 ～ 3700m 的湿润或半干旱环境，常见栎、杜鹃、柳和花楸树干附生，偶见高山松（*Pinus densata*）、云南松、云杉、冷杉和铁杉树干附生，建群种。在我国分布于浙江、安徽、湖北、四川、贵州、云南、西藏、陕西、台湾。东亚有分布。

【标本引证】 四川，泸定县，贡嘎山海螺沟三号营地，王立松 96-16186；云南，德钦县，梅里雪山笑农大本营，王立松 94-15014。

【用途】 民间食用和药用。

16. 槽枝衣 黄枝变型［梅衣科（Parmeliaceae）］

Sulcaria sulcata (Lév.) Bystrek ex Brodo & D. Hawksw. f. ***vulpinoides*** (Zahlbr.) D.Hawksw., Opera Bot. 42: 156, 1977; Wei & Jiang, Lich. Xizang: 65, 1986.

≡*Alectoria sulcata* f. *vulpinoides* Zahlbr., Symbolae Sinica 3: 202, 1932.

Type: CHINA, Yunnan, prope urbem Lidjiang, imprimis in monte Yülung-schan, "von Einheimischen" 3606, 1914-18 (W, holotype!).

GenBank No.: OR195098, OR208144, OR224606.

黄枝变型种与槽枝衣的不同之处在于：地衣体表面呈亮黄绿色，地衣特征化合物：含吴尔品酸和茶痂衣酸。

生于海拔 2000 ～ 3600m 的栎、杜鹃、柳或高山松树枝或树干，稀见种。中国横断山特有种。

【标本引证】 云南，香格里拉市，哈巴雪山，王立松 02-22167；云南，德钦县，梅里雪山雨崩村，王立松 94-15407；四川，木里藏族自治县，一区宁朗乡，王立松 83-2436。

2.1.5　常绿和落叶针叶林

常绿和落叶针叶林中大型枝状地衣丰富，中国特有种金丝带（*Lethariella zahlbruckneri*）、喜马拉雅山特有种喜马拉雅小孢发（*Bryoria himalayana*），以及世界广布种长丝萝（*Dolichousnea longissima*）是树冠标志性地衣，扁枝衣（*Evernia mesomorpha*）、横断山小孢发（*Bryoria hengduanensis*）常见于树干附生，林地主要由石蕊科、地卷科组成群落，其中由高冷丛枝牛皮叶（*Dendriscosticta gelida*）、扁枝衣、白腹地卷（*Peltigera leucophlebia*）、皮革肾岛衣（*Nephromopsis pallescens*）、聚筛蕊（*Cladia aggregata*）、喇叭粉石蕊（*Cladonia chlorophaea*）组成群系。

海拔 2800m 以下的铁杉（*Tsuga*）林附生苔藓植物高度发达，附生地衣少见（图 2.11）；喜马拉雅山脉北侧及以东地区的云南松（*Pinus yunnanensis*）、华山松（*Pinus armandii*）和高山松（*Pinus densata*）是地衣的主要附生树种，海拔在 1900 ～ 3600m，林内环境干燥，肾岛衣属（*Nephromopsis*）、哑铃孢属（*Heterodermia*）、双歧根属（*Hypotrachyna*）、大叶梅属（*Parmotrema*）、树花属（*Ramalina*）等是树干主要附生地衣类群，皱衣（*Flavoparmelia caperata*）、霜袋衣（*Hypogymnia pruinosa*）是云南松树干附生的常见种，条双歧根（*Hypotrachyna cirrhata*）、皮革肾岛衣、硬枝树花（*Ramalina conduplicans*）、肉刺树花（*R. roesleri*）主要附生于华山松树干（图 2.12）；林地环境干燥，地衣群落组成简单，聚筛蕊是云南松和华山松林地的标志地衣物种，常有宽杯石蕊（*Cladonia rappii*）伴生其中；东亚成分云南石耳（*Umbilicaria yunnana*）、皮革肾岛衣不仅在云南松和华山松附生，也附生于林下栎类、杜鹃等阳性次生灌丛枝。

在多云雾湿冷环境的常绿针叶林中，云杉（*Picea*）、冷杉（*Abies*）、刺柏（*Juniperus*）是大型地衣群落组成的最丰富的基物树种。长丝萝、喜马拉雅小孢发是海拔 3400 ～ 3800m 云杉、冷杉树冠层的标志性物种，其中云杉、冷杉树冠附生的长丝萝长达 3m 以上（图 2.13），树干和树枝主要由树发类地衣和梅衣科地衣组成群落，建群种横断山小孢发、高冷丛枝牛皮叶、扁枝衣、背孔袋衣（*Hypogymnia magnifica*）、酒石肉疣衣（*Ochrolechia tartarea*）、裂芽宽叶衣（*Platismatia erosa*），以及喜马拉雅山特有种绿丝槽枝衣（*Sulcaria virens*）是树干附生地衣群落的优势种；中国特有种金丝带主要附生于云杉、冷杉和红杉的树枝和树冠，在海拔 3700 ～ 4300m 组成青藏高原最独特的地衣生态景观（图 2.14）；柏木枯树干不仅有野果衣（*Ramboldia elabens*）、疣凸红盘衣（*Ophioparma araucariae*）、木生红盘衣（*O. handelii*）等壳状和鳞壳状地衣附生，也是大型地衣中蜡光袋衣（*Hypogymnia laccata*）和金丝属（*Lethariella* spp.）、赖氏肾岛衣（*Nephromopsis laii*）的主要基物树种；海拔 3900 ～ 4300m 落叶针叶林的大果红杉（*Larix potaninii* var. *macrocarpa*）是波氏小孢发（*B. poeltii*）、扁枝衣（*Evernia* spp.）的主要附生树种，其中红杉和柏木的枯木是顶杯衣（*Acroscyphus sphaerophoroides*）和金丝刷（*Lethariella caldonioides*）的附生基物（图 2.15）。林地的曲尾藓（*Dicranum* spp.）、毛梳藓（*Ptilium crista-castrensis*）、锦丝藓（*Actinothuidium hookeri*）等组成厚厚的

图 2.11　铁杉（*Tsuga*）林植被景观
拍摄于云南省贡山独龙族怒族自治县独龙江，海拔 2600m

图 2.12　华山松（*Pinus armandii*）树干附生地衣群落景观

拍摄于云南省大理市苍山，海拔 3200m

图 2.13　冷杉树冠长丝萝（*Dolichousnea longissima*）生态景观
拍摄于云南省香格里拉市，海拔 3800m

图 2.14　云杉和柏木树冠附生的中国特有种金丝带（*Lethariella zahlbruckneri*）
拍摄于西藏自治区类乌齐县，海拔 4340m

图 2.15　柏木枯树干附生顶杯衣（*Acroscyphus sphaerophoroides*）和金丝刷（*Lethariella caldonioides*）
王欣宇拍摄于西藏自治区察隅县，海拔 3800m

地被苔藓层，与苔藓共同组成地被群落的主要地衣有白腹地卷、黑穗石蕊（*Cladonia amaurocraea*）、林石蕊（*C. arbuscula*），仅局部裸露岩石可见叶羊角衣（*Baeomyces placophyllus*）、云南珊瑚枝（*Stereocaulon yunnanense*）零散群落，林下腐木附生建群种有喇叭粉石蕊、瘦柄红石蕊（*Cladonia macilenta*）以及地卷属（*Peltigera*）、肺衣属（*Lobaria*）中的多种，担子地衣中的绿色地衣小荷叶（*Lichenomphalia hudsoniana*）和伞形地衣小荷叶（*L.umbellifera*）在林下随倒木零散分布，其中绿色地衣小荷叶在海拔 4000m 冻土层有时形成数平方米的优势群落。

青藏高原西北部的新疆和青海南部山地针叶林内环境干燥，地衣群落组成稀疏，树干有袋衣（*Hypogymnia physodes*）、多毛猫耳衣（*Leptogium hirsutum*）以及小孢发属（*Bryoria*）、树花属（*Ramalina*）、松萝属（*Usnea*）等属的单一物种附生；林下高寒灌丛中的柳（*Salix*）及多种杜鹃（*Rhododendron* spp.）附生的库页岛肺衣（*Lobaria sachalinensis*）、蜂巢凹肺衣（*Lobarina scrobiculata*）是稀见的大型地衣，这两种地衣均不出现在喜马拉雅山脉及横断山地区；林地主要由瘦柄红石蕊（*Cladonia macilenta*）、喇叭石蕊（*C. pyxidata*）、伴藓大孢衣（*Physconia muscigena*）等组成零星地衣群落。

1. 顶杯衣［粉衣科（Caliciaceae）］

Acroscyphus sphaerophoroides Lév., Annls Sci. Nat., Bot., sér. 35: 262, 1846; Zahlbr., in Handel-Mazzetii, Symb. Sinic. 3: 34, 1930; Obermayer, Lichenologica 88: 485, 2004.

地衣体枝状，垫状丛生，高 3 ～ 6cm；果柄：圆柱状，无背腹性，不规则分枝，枝腋处略扁，可育果柄高 10 ～ 20mm，直径 1 ～ 2mm，顶端略加粗；不育果柄高 1 ～ 2mm，直径 0.5 ～ 1mm，顶端钝圆；表面：污白色、枯草黄色至淡橘黄色，光滑，无光泽，无粉芽及裂芽；髓层：中实，菌丝致密，橘黄色至深黄色；子囊盘：顶生，幼时仅露出黑点状盘面，直径 1 ～ 1.5mm，成熟后盘面有大量深褐色至黑色孢子溢出盘面，达 0.5mm；盘缘薄或宿存，黄褐色；子囊：消失，形成黑色或无色孢丝粉；子囊孢子：孢子由孢丝粉连接，对极式双胞，暗褐色，10 ～ 15μm×20 ～ 25μm；光合共生生物：共球藻；地衣特征化合物：含黑茶渍素、水杨苷、氯黑茶渍素、大黄酚、细皱青霉素、醌茜素、泽屋萜、大黄根酸、三苔色酸、松萝酸。

生于海拔 3800 ～ 4500m 的多云雾湿冷环境，附生于柏树（*Juniperus*）枯木桩和岩面；中国濒危（EN）物种、云南易危（VU）物种。在我国分布于四川、云南、西藏、新疆。墨西哥、英国、哥伦比亚、加拿大、美国、秘鲁、巴塔哥尼亚、不丹、日本和南非有分布记录。

【标本引证】 四川，康定市，杜鹃山，王立松 06-26047；西藏，察隅县，目若村至丙中洛途中，王立松等 14-46751；云南，香格里拉市，红山垭口，王立松等 18-60328。

2. 叶羊角衣 [羊角衣科 (Baeomycetaceae)]

Baeomyces placophyllus Ach., Method. Lich., 323, 1803.

地衣体中到大型，中央壳状、边缘叶状至鳞叶状，直径达 5 ～ 10（～ 20）cm；上表面：灰绿色、淡黄绿色至深绿色，中央具强烈皱褶或脊突，边缘裂片深裂，光滑，裂片宽 3 ～ 5mm；裂芽：白色圆饼状，直径 0.2 ～ 1mm，易脱落；果柄：高 5 ～ 6（～ 12）mm，直径 1.5 ～ 2.5（～ 4）mm，具纵向沟壑，皮层连续至龟裂，常具小鳞片，近子囊盘无皮层；子囊盘：盘面呈粉棕色至深红棕色，半圆形或盔状，光滑至脑纹状，具光泽，直径 1 ～ 4mm，单生或多个聚生；子囊：长棒状，内含 8 个孢子，顶器 I–；子囊孢子：无色，长卵圆形，单胞或偶见 2 胞，8 ～ 15μm×（3 ～）5 ～ 8μm；分生孢子器未见；地衣特征化合物：皮层 K+ 黄色、PD+ 橘黄色，含斑点酸。

生于海拔 3500 ～ 4500m 的高山及亚高山林下湿冷环境，土生及岩面薄土层生，建群种。在我国分布于浙江、云南、西藏、台湾。欧洲、北美洲、亚洲有分布。

【标本引证】 云南，大理市，苍山，王立松等 12-35091；云南，贡山独龙族怒族自治县，贡山独龙族怒族自治县至独龙江途中的垭口，王立松 15-48151 & 15-48880；西藏，察隅县，察瓦龙乡松塔雪山北坡，王立松 82-802。

3. 刺小孢发［梅衣科（Parmeliaceae）］

Bryoria confusa (D.D. Awasthi) Brodo & D. Hawksw., Opera Bot. 42: 155, 1977.

≡*Alectoria confusa* D.D. Awasthi, Proc. Indian Acad. Sci., Sect. B 72(4): 152, 1970; Wei & Jiang, Lich. Xizang: 63, 1986.

地衣体枝状，直立至半直立丛生，高 3 ～ 15cm；分枝：圆柱状，主枝直径 0.3 ～ 0.6mm，不规则分枝；表面：基部黑色，近顶端青绿色至深棕褐色，密生与主枝垂直的小刺状分枝；无粉芽及裂芽；假杯点稀疏，梭形凹陷，不明显，与地衣体同色；子囊盘：亚顶生或侧生，盘面淡棕色至深棕色，成熟后盘面屈膝状，有光泽，直径 0.5 ～ 1mm，无缘毛；子囊：内含 8 个孢子；子囊孢子：椭圆形，无色单胞，8μm×9μm；分生孢子器未见；地衣特征化合物：均为负反应，不含地衣酸类特征化合物。

生于海拔 1700 ～ 4500m 的湿冷环境，杜鹃（*Rhododendron*）、云杉（*Picea*）、冷杉（*Abies*）、栎（*Quercus*）、桦木（*Betula*）和红杉（*Larix*）树干和树枝附生，稀见于岩石表面；建群种。在我国分布于四川、湖北、云南、西藏、陕西、新疆、台湾。东亚有分布。

【标本引证】 四川，康定市，杜鹃山，王立松 06-26055；云南，香格里拉市，格咱乡大雪山垭口，王立松 04-23230；云南，维西傈僳族自治县，巴丁大队药材厂和维登公社老乌后山，王立松 82-827 & 82-222。

【用途】 民间食用。

4. 广开小孢发 [梅衣科 (Parmeliaceae)]

Bryoria divergescens (Nyl.) Brodo & Hawksw., Opera Bot. 42: 155, 1977.

≡*Alectoria divergescens* Nyl., Flora, Jena 69: 466, 1886; Zahlbr., in Handel-Mazzetii, Symb. Sinic. 3: 201, 1930.

Type: CHINA, Yunnan, in monte Tsang-chan, supra Dali Co. (as Ta-li), R. P. Delavay, 1885 (H-Nyl. 35972, holotype!).

GenBank No.: KU895851, HQ402705.

地衣体枝状，直立丛生，高 0.6 ～ 2.5cm ；分枝：主枝直径 4 ～ 8mm，不规则灌木状分枝，密生与主枝垂直的侧生小刺状分枝，刺状分枝单一至分叉，与主枝同色或顶端黑色；表面：基部黑色，常炭化，近中部和顶端呈淡棕色至深棕色，无粉芽及裂芽；假杯点：生于侧生刺状分枝，稀少至丰多，椭圆形，平坦至略凸起，淡褐色；子囊盘：亚顶生，幼时盘面凹陷，成熟后凸起呈屈膝状，棕色至暗红棕色，成熟后常被白色粉霜层，无光泽，直径 2 ～ 5mm ；幼时盘缘无缘毛型小刺，成熟后囊盘被及盘缘具缘毛型小刺，长 1 ～ 3mm，单一至简单分叉，与囊盘被同色；子囊：内含 8 个孢子；子囊孢子：椭圆形，无色单胞，7 ～ 10μm×3 ～ 4μm ；分生孢子器未见；地衣特征化合物：皮层 P–、K–、KC–、C–，髓层 P+ 橘红色、C–、KC–、K– ；含肺衣酸、富马原岛衣酸、原岛衣酸及伴富马原岛衣酸。

生于半干旱或湿润环境，主要附生于冷杉（*Abies*）树枝，偶见附生于云南油杉（*Keteleeria evelyniana*）、云南松（*Pinus yunnanensis*），中国易危（VU）物种，云南近危（NT）物种；海拔 1700 ～ 4300m。在我国分布于四川、云南、陕西、台湾，为中国特有种。

【标本引证】 四川，木里藏族自治县，丫拉九一三工段，王立松 83-1801 ；云南，大理市，苍山，王立松 06-26882。

5. 横断山小孢发 [梅衣科（Parmeliaceae）]

Bryoria hengduanensis L. S. Wang & H. Harada, Acta Phytotax. Geobot., Kyoto 54(2): 100, 2003.

Type: CHINA, Yunnan, Zhongdian Co., Wang Li-song 93-13673 (KUN-L 13927, holotype!; CMB-FL-13390, isotype!).

GenBank No.: KU895858, KU895859.

地衣体丝状悬垂，无柄，以基部固着基物，长 3 ～ 5（～ 15）cm，主枝直径 0.2 ～ 0.3mm；分枝：基部至中部不等二叉分枝，分枝腋为圆形或直角，近顶端等二叉分枝，分枝腋呈锐角，渐尖；表面：基部呈深褐色至暗褐色，中部至顶端呈污白色至淡黄褐色，无光泽；侧生小分枝稀疏，长 1 ～ 5mm，基部不缢缩，与主枝同色，顶端有时呈褐色至黑色；粉芽：稀见，灰白色至污白色，表面凸起呈球形，有时呈屈膝状，直径 1 ～ 1.5mm；假杯点：纵向线形，凹陷，螺旋生于衣体表面，与衣体同色；子囊盘及分生孢子器未见；地衣特征化合物：皮层 P+ 橘红色至红色、K–、C–、KC–，髓层 P± 黄色、C–、KC–、K+ 黄色，含松萝酸、富马原岛衣酸、原岛衣酸及伴富马原岛衣酸。

生于海拔 3000 ～ 4000m 的湿冷环境，常附生于长苞冷杉（*Abies georgei*），丽江云杉（*Picea likiangensis*），也见于杜鹃（*Rhododendron*）、黄背栎（*Quercus pannosa*）树干，常与袋衣属（*Hypogymnia* spp.）和长丝萝（*Dolichousnea longissima*）伴生，伴生种。横断山有分布。

【标本引证】 四川，西昌市，螺髻山，王立松 10-31423；云南，香格里拉市，王立松 93-13675。

6. 喜马拉雅小孢发
［梅衣科（**Parmeliaceae**）］

Bryoria himalayana (Motyka) Brodo & D. Hawksw., Opera Bot. 42: 155, 1977.

≡*Alectoria himalayensis* Motyka, Fragm. flor. geobot. (Kraków) 6(3): 450, 1960.

地衣体丝状悬垂，以基部柄固着基物，长 15 ～ 25cm，主枝直径 0.5 ～ 0.6mm，不规则分枝；分枝：中部向顶端不等二叉分枝，渐尖，分枝腋呈锐角；侧生小刺：密集，与主枝垂直呈 90°，长 1 ～ 2mm，与地衣体同色；表面：基部炭化呈黑色，近顶端呈深棕色至污白色，偶具微薄粉霜层；粉芽堆：稀见，侧生，盘状或屈膝状灰白色粉芽堆，直径 1 ～ 3mm；假杯点：梭形或裂隙状，与地衣体同色；子囊盘：侧生，幼时盘面凹陷，成熟后凸出，红棕色至暗棕色，直径 0.2 ～ 0.3mm；子囊：内含 8 个孢子；子囊孢子：椭圆形，无色单胞，9 ～ 10μm×4 ～ 5μm；分生孢子器未见；地衣特征化合物：髓层 P+ 红色、C–、KC–、K+ 黄色，含肺衣酸及富马原岛衣酸。

常见于海拔 2450 ～ 4400m 的林内冷杉（*Abies georgei*）树干，在阔叶林中也附生于粉紫杜鹃（*Rhododendron impeditum*）、花楸（*Sorbus* sp.）、竹子（*Bambusa* sp.）、蔷薇（*Rosa* sp.）及小檗（*Berberis* sp.）等树枝，偶见岩面生，为喜马拉雅地区特有种。在我国分布于四川、云南、西藏。印度、尼泊尔、不丹也有分布。

【标本引证】 四川，九龙县，汤古镇，王立松 96-39087；云南，香格里拉市，天宝雪山，王立松 09-39090；西藏，墨脱县，嘎瓦龙雪山，王立松等 14-46039。

7. 云南小孢发
［梅衣科（Parmeliaceae）］

Bryoria yunnana Li S. Wang & Xin Y. Wang, Phytotaxa 297(1): 38, 2017.

Type: CHINA. Yunnan, Dali Co., L. S. Wang 04-23414, 2004 (KUN-L, holotype!; H, isotype!).

GenBank No.: KU895888, KU895889.

地衣体枝状，基部平卧，向上直立成簇，高 2 ～ 3.5cm，主枝等二叉分枝，直径 0.2 ～ 0.4mm ；分枝：近顶端灌木状不规则分枝，分枝腋呈锐角或直角，渐尖；侧生小刺：稠密至稀疏，与主枝垂直，基部不缢缩，长 0.2 ～ 0.5mm，与地衣体同色；表面：基部炭化呈黑色，中部呈暗褐色，向上逐渐呈淡黄褐色至橄榄绿棕色，具光泽；无粉芽及裂芽；假杯点：椭圆形至菱形，微凸起，灰白色；子囊盘：亚顶生，无柄，盘面幼时凹陷，之后凸起，淡黄色至黄褐色，直径 0.5 ～ 2.5mm，盘缘无缘毛，果托常具假杯点；子囊：内含 8 个孢子；子囊孢子：椭圆形，无色单胞，12.5μm×7.5μm，薄壁；分生孢子器未见；地衣特征化合物：髓层 P+ 黄色至橘红色、K± 黄色、C–、KC± 黄色、CK–，含富马原岛衣酸和一未知成分。

生于海拔 2760 ～ 4300m 的湿冷环境，常见于冷杉、松和红杉树枝，稀见栎和杜鹃树干附生，常与广开小孢发和珊粉小孢发（*Bryoria smithii*）伴生，伴生种。分布于吉林、四川、云南、西藏、陕西、台湾。

【标本引证】 四川，稻城县，无名山垭口，王立松 13-38399 ；云南，德钦县，白马雪山，李建文 13-38967 ；西藏，芒康县，红拉山，王立松 14-45411 ；西藏，察隅县，目若村，王立松 14-47001。

8. 同色黄烛衣［黄烛衣科（Candelariaceae）］

Candelaria concolor (Dicks.) Arnold, Flora, Regensburg 62: 364, 1879; Wei & Jiang, Lich. Xizang: 106, 1986; Abbas & Wu, Lich. Xinjiang: 47, 1998.

≡*Lichen concolor* Dicks., Fasc. pl. crypt. Brit. (London) 3: 18, 1793.

地衣体小型叶状，不规则疏松扩展，直径 0.2 ～ 2cm；裂片：紧密靠生呈复瓦状至重叠，不规则细裂，顶端略上扬；上表面：光滑，鲜黄绿色至黄色，平滑无光泽；下表面：具下皮层，苍白至灰白色；粉芽：颗粒状粉芽堆生于裂片顶端下表面，黄色至黄绿色；假根：稠密，灰白色，单一，长 0.5 ～ 1.5mm；子囊盘及分生孢子器未见；地衣特征化合物：上皮层及髓层均为负反应，含水杨苷。

生于海拔 2700 ～ 3800m 的高山及亚高山湿润或半干旱环境，常见于云南松树干及岩面，伴生种。在我国分布于上海、江苏、浙江、安徽、湖北、云南、西藏。欧洲、北美洲、亚洲有分布。

【标本引证】 四川，小金县，日隆镇双桥沟四姑娘山，王立松 07-29137；西藏，类乌齐县，214 国道，公益林专业管护站旁，王立松等 16-52350。

9. 阿拉斯加斑叶［梅衣科（Parmeliaceae）］

Cetrelia alaskana (C.F. Culb. & W.L. Culb.) W.L. Culb. & C.F. Culb., Contr. U.S. natnl. Herb. 34: 492, 1968.
≡*Cetraria alaskana* C.F. Culb. & W.L. Culb., Bryologist 69: 200, 1966.

地衣体中型宽叶状，不规则扩展，直径 5 ～ 7cm；裂片：宽 1 ～ 1.5cm；无粉芽、裂芽或小裂片；上表面：黄褐色至淡褐色，散生白色假杯点，假杯点为圆形，很小，直径小于 0.5mm；下表面：中央黑色，假根黑色，很少，常很短且为乳头状，边缘呈栗棕色；子囊盘未见；地衣特征化合物：皮层 K–，髓层 K–、C–、P–、KC–，含黑茶渍素及植见酸。

生于海拔 3955m 的湿润及半干旱环境，石灰岩表面附生，伴生种。在我国分布于云南、西藏。美洲和亚洲等地有分布。

【标本引证】 四川，稻城县，木拉乡，王立松 22-73475。

10. 聚筛蕊［石蕊科（Cladoniaceae）］

Cladia aggregata (Sw.) Nyl., Recogn. Ram. 69: 167, 1870; Wei & Jiang, Lich. Xizang: 77, 1986.
≡*Lichen aggregatus* Sw., Prodr.: 147, 1788.

地衣体初生地衣体早期消失。果柄：圆柱状，中空，稠密直立丛生，无杯体，高 3 ～ 8cm，直径 0.5 ～ 3mm，鲜时呈青绿色、黄绿色至暗棕色，光滑而具光泽，干燥后呈黄褐色，易碎，分枝表面及枝腋间具圆形或椭圆形穿孔，无粉芽、裂芽；子囊盘：生于果柄顶端，黑棕色颗粒状；地衣特征化合物：果柄 K–、KC–、P–，含巴巴酸。

生于海拔 1500 ～ 3800m 的干旱环境，云南松、华山松林下或灌木林下土生，往往与苔藓混生，群落面积可达 5 ～ $10m^2$，建群种、优势种。在我国分布于浙江、安徽、福建、江西、河南、广西、海南、四川、贵州、云南、西藏、香港。欧洲、美洲、亚洲均有分布。

【标本引证】 四川，会理市，会理市至云南省皎平渡镇省道 213 旁，王立松等 19-62890；云南，香格里拉市，天池，王立松 04-23186；云南，贡山独龙族怒族自治县，其期至东哨房途中，王立松 00-19082；西藏，察隅县，王立松等 14-46399；西藏，墨脱县，格林村，王欣宇等 18-61989。

【用途】 食用，石蕊试剂原料。

11. 黑穗石蕊［石蕊科（Cladoniaceae）］

Cladonia amaurocraea (Flörke) Schaer., Monogr. Cladon. 1: 339, 1887; Abbas & Wu, Lich. Xinjiang: 52, 1998; Wei & Jiang, Lich. Xizang: 85, 1986.

≡*Capitularia amaurocraea* Flörke, Beitr. Naturk. 2: 334, 1810.

初生地衣体鳞片状，早期消失。果柄：直立，高 5 ～ 10cm，等二叉分枝，无杯或浅杯，杯缘具暗褐色芒刺，杯底及枝腋具圆形至裂隙状穿孔；表面：果柄呈黄绿色至灰绿色，顶端呈淡栗褐色，皮层连续或龟裂；无粉芽和小鳞芽；子囊盘：生于果柄顶端或杯缘，淡褐色；分生孢子器：生于果柄顶端，内含物红色；地衣特征化合物：果柄 C–、K–、KC+ 黄色、P–、UV–，含多糖及松萝酸、巴巴酸。

生于海拔 3600 ～ 4200m 的多云雾湿冷环境的林下土层，伴生种、建群种。在我国分布于河北、内蒙古、吉林、黑龙江、云南、西藏、新疆。欧洲、北美洲、亚洲均有分布。

【标本引证】 四川，乡城县，大雪山道班后山，王立松 02-21484；云南，德钦县，白马雪山垭口，王立松等 13-38569；云南，香格里拉市，天池，王立松 04-23186；西藏，昌都市，类乌齐县，卓格拉山，王立松 04-25578。

【用途】 药用，石蕊试剂和抗生素原料。

12. 林石蕊［石蕊科（Cladoniaceae）］

Cladonia arbuscula (Wallr.) Flot., Flechten Hirschberg-Warmbrunn: 94, 1839; Wei & Jiang, Lich. Xizang: 80, 1986.

≡*Patellaria foliacea* var. *arbuscula* Wallr., Naturg. Saulchen. Fl.: 169, 1829.

初生地衣体壳状，早期消失。果柄：直立丛生，高 8 ～ 10cm，分枝稠密，下部不规则分枝，上部三叉或四叉分枝，分枝顶端多少偏向一侧，无杯体，枝腋具穿孔；表面：浅黄绿色至浅黄色，顶端棕色，无皮层，具小疣；无粉芽和小鳞芽；子囊盘：未见；分生孢子器：生于枝顶端，内含物无色；地衣特征化合物：果柄 C–、K–、KC+ 黄色、P+ 红色、UV–，含松萝酸和富马原岛衣酸。

生于海拔 3600 ～ 4200m 的林下藓层，建群种。在我国分布于内蒙古、辽宁、吉林、黑龙江、贵州、四川、云南、西藏、陕西、台湾。欧洲、美洲、亚洲均有分布。

【标本引证】 云南，丽江市，老君山，王立松等 21-69937 & 08-29761。

【用途】 民间药用。

13. 喇叭粉石蕊［石蕊科（Cladoniaceae）］

Cladonia chlorophaea (Flörke ex Sommerf.) Spreng., Syst. Veg., Edn 164(1): 273, 1827; Abbas & Wu, Lich. Xinjiang: 53, 1998; Wei & Jiang, Lich. Xizang: 91, 1986.

≡*Cenomyce chlorophaea* Flörke ex Sommerf, Suppl. Fl. Lapp.: 130, 1826.

初生地衣体宿存，小鳞叶状，深裂，边缘上翘，上表面灰绿色至暗绿色，下表面白色；果柄：高 1 ～ 4cm，向顶端逐渐扩大呈完全杯体或撕裂状杯体，杯底不穿孔，杯缘再生新杯；表面：橄榄绿色至灰绿色，皮层不连续，龟裂或具瘤状突；粉芽：颗粒状，散生于杯缘或杯内；小鳞芽生于果柄基部；子囊盘：黄褐色，生于杯缘短果柄顶端；分生孢子器：顶生，内含物无色；地衣特征化合物：果柄 C–、K–、KC–、P+ 橘红色，含富马原岛衣酸。

生于海拔 3400 ～ 4200m 的高山及亚高山林下湿润环境的腐木及岩表土层，建群种。在我国分布于内蒙古、辽宁、吉林、黑龙江、浙江、安徽、福建、山东、湖北、四川、贵州、西藏、陕西、新疆、台湾。欧洲、美洲、澳大利亚、亚洲、非洲、南极洲均有分布。

【标本引证】 四川，康定市，杜鹃山，王立松 06-26049；云南，德钦县，白马雪山垭口，王立松 13-38457；云南，香格里拉市，天池，王立松 04-23186；西藏，墨脱县，德尔贡村，王欣宇等 18-62115。

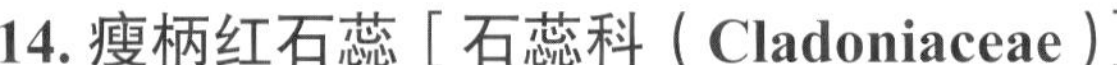

14. 瘦柄红石蕊［石蕊科（Cladoniaceae）］

Cladonia macilenta Hoffm., Deutschl. Fl., Zweiter Theil (Erlangen): 126, 1796; Abbas & Wu, Lich. Xinjiang: 57, 1998.

初生地衣体宿存，鳞叶状，浅裂至掌状深裂，上表面黄绿色，下表面白色，偶具粉芽；果柄：直立丛生，高 1 ～ 3cm，不分枝至顶端简单分枝，枝腋不穿孔，无杯体或偶具狭杯体；表面：淡灰绿色，皮层发育不良，密布粉芽；小鳞芽偶见果柄基部；子囊盘：顶生，红色，单生或聚合，有光泽；分生孢子器：生于初生地衣体上表面，内含物红色；地衣特征化合物：果柄 C–、K–、KC–、P–，含巴巴酸及松萝酸。

生于海拔 1800 ～ 4000m 的湿润环境的腐木及岩面薄土，伴生种。在我国分布于内蒙古、吉林、湖北、四川、云南、西藏、新疆、香港、台湾。世界广布。

【标本引证】 四川，九寨沟县，九寨沟，王立松 86-2538；云南，香格里拉市，天池，王立松 04-23186；西藏，墨脱县，德尔贡村，王欣宇等 18-62118。

【用途】 药用。

15. 宽杯石蕊［石蕊科（Cladoniaceae）］

Cladonia rappii A. Evans, Trans. Connecticut Acad. Arts Sci. 38: 297, 1952; Zahlbr., in Handel-Mazzetii, Symb. Sinic. 3: 134, 1930.

地衣体初生地衣体小型，鳞叶状，3 ～ 4mm×1 ～ 2mm，边缘锯齿状，上表面灰绿色，下表面白色；果柄：高 2 ～ 6cm，纤细，多层浅杯，杯缘犬齿状，杯宽 2 ～ 4mm，重生果柄自杯底中央发生；果柄表面：灰白色至淡绿色，皮层连续至斑块状或小疣状，无粉芽，基部偶见小鳞芽；子囊盘：杯缘生，褐色；地衣特征化合物：果柄 K–、KC–、P+ 红色、UV–，含富马原岛衣酸。

生于海拔 2400 ～ 4020m 的林缘土层，云南松林下建群种。在我国分布于内蒙古、江苏、浙江、安徽、福建、海南、贵州、云南、香港、台湾。美洲、欧洲、澳大利亚及东亚均有分布。

【标本引证】 云南，大理市，沙溪镇石宝山，王立松等 18-60480；云南，香格里拉市，尼西乡附近，王立松 09-31133；云南，丽江市，老君山，王立松 11-32141。

16. 高冷丛枝牛皮叶（新拟）[肺衣科（Lobariaceae）]

Dendriscosticta gelida Ant. Simon, Goward & T. Sprib., Taxon 71(2): 256-287, 2022.

Type: CHINA, Yunnan, Lijiang Co., Yulong Snow Mt. 3310m elev., on *Quercus*, Wang et al. 17-55766 (paratype in KUN).

GenBank No.: MT590785, MT590797.

地衣体为二型：绿藻共生型和蓝细菌共生型。

绿藻共生型：大型叶状，直径超过 20cm，革质；裂片：深裂，顶端阔圆，强烈波状起伏，宽 0.5 ～ 1.5cm ；上表面：鲜时中部呈鲜绿色至深绿色，边缘呈淡黄绿色，有光泽，干燥后呈灰褐色、深黄褐色至暗褐色，无光泽，无粉芽和裂芽，平坦至裂片中央脊皱，近边缘有细绒毛或白色结晶；下表面：中央密被褐色至近黑褐色绒毛，并稀疏散生假根，边缘无绒毛，灰白色至淡褐色；杯点：生于裂片下表面，众多，圆形，边缘微凸起，白色，直径 0.5 ～ 1.5mm ；子囊盘：双缘型，稀见至丰多，生于裂片上表面近中央处，幼时凸起呈疣状，成熟后为盘状，无柄，盘面平坦，深褐色至栗褐色，无粉霜，直径 5 ～ 10mm ；盘缘常锯齿；光合共生生物：绿藻；地衣特征化合物：髓层 K–、P–、KC–，无地衣酸类特征化合物。

高冷丛枝牛皮叶：绿藻共生型地衣体

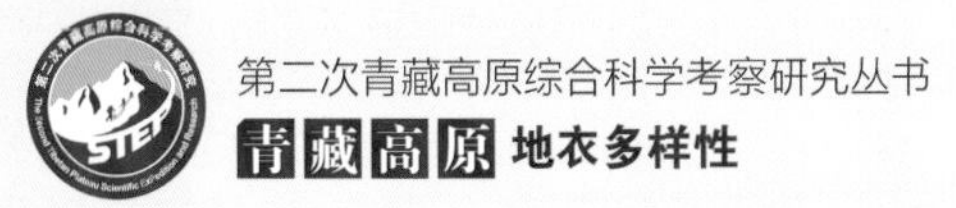

蓝细菌共生型：地衣体枝状，垫状丛生，高 2 ～ 3cm，主枝具背腹性，背面呈深棕色至褐色，腹面呈灰白色至淡褐色，无假根；光合共生生物：念珠蓝细菌；不含地衣酸类特征化合物。

生于海拔 2900 ～ 4300m，绿藻共生型地衣体常见于阔叶林内杜鹃、云杉、冷杉及柳树干；蓝细菌共生型生于松、旱冬瓜（*Alnus*）及柳树干及树枝，也见于岩石表面藓层，伴生种。在我国分布于四川、云南、西藏。欧洲、北美洲、印度均有分布。

【标本引证】 西藏，林芝市，扎西岗村，鲁朗景区附近，王立松等 16-51148；四川，道孚县，亚拉雪山，王立松等 16-52799；云南，丽江市，丽江高山植物园后山，王立松等 17-55766。

高冷丛枝牛皮叶：蓝细菌共生型地衣体

17. 淡假羊角衣（新拟）[霜降衣科（Icmadophilaceae）]

Dibaeis absoluta (Tuck.) Kalb & Gierl, Herzogia 9(3-4): 613, 1993.
≡*Baeomyces absolutus* Tuck., Amer. J. Sci. Arts, Ser. 2 28: 201, 1859.

地衣体壳状或膜状，连续，边缘不清晰，直径 3 ～ 15cm；表面：鲜时呈深绿色，干燥后呈灰白色至淡灰绿色，无光泽，无粉芽；果柄：短而不分枝，实心，表面具纵向脊，高 0.5 ～ 1mm，直径 0.2 ～ 0.5mm；子囊盘：顶生，盘状，盘面凹陷至微凸起，淡粉红色，无光泽，直径 1 ～ 4mm，盘缘脊皱或消失；子囊：内含 8 个孢子；子囊孢子：无色，单胞；地衣特征化合物：皮层 K+ 淡黄色、P+ 深黄色，含羊角衣酸和鳞片衣酸。

生于海拔 2200 ～ 2500m 的阴湿岩面，伴生种。在我国分布于安徽和云南。北美洲、南美洲、日本均有分布。

【标本引证】 云南，大理市，沙溪镇石宝山，王立松等 18-60477。

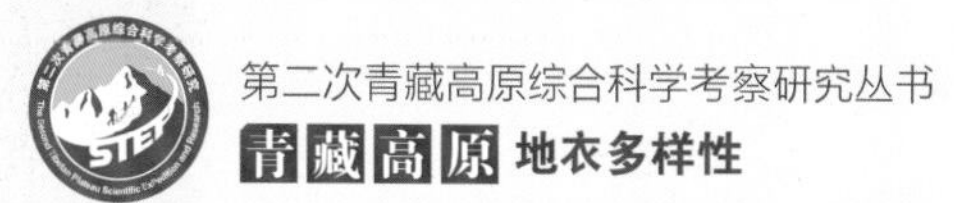

18. 长丝萝［梅衣科（Parmeliaceae）］

Dolichousnea longissima (Ach.) Articus, Taxon 53(4): 932, 2004.
≡*Usnea longissima* Ach., Lich. univ.: 626, 1810; H.Magn., Lich. Centr. Asia 1: 130, 1940.

地衣体丝状悬垂，柔软，以基部附着器固着基物，长 20 ～ 100（～ 300）cm，基

长丝萝生于冷杉（*Abies* sp.）树冠（海拔 3600m）

长丝萝具子囊盘地衣体（海拔 3600m）

部主枝直径 3 ～ 4mm，具环裂；分枝：中部主枝密生侧生分枝，侧生分枝通常等二叉分枝，分枝腋呈锐角，主枝与侧生分枝密生刺状小分枝，分枝腋呈直角，基部不缢缩；表面呈灰白色至淡黄绿色；髓层具韧性中轴；子囊盘：偶见，侧生，茶渍型，幼时盘面凹陷，成熟平坦，黄绿色至淡棕色，盘缘具缘毛型分枝；子囊：内含 8 个孢子；子囊孢子：椭圆形，无色单胞，10μm×6 ～ 7μm；地衣特征化合物：皮层 K+ 亮黄色，髓层 K–、C–、P–，含松萝酸、巴巴酸、鳞片衣酸、环萝酸、脂肪酸、4-*O*- 去甲氧基纳巴酸及麦角甾醇 -5b、8b- 过氧化物、长松萝酮 A、长松萝酮 B、黏霉醇和黑茶渍素。

生于海拔 3200～ 4100m 的多云雾环境，常附生于针叶林或阔叶林树干或树冠，偶附生于石面，建群种。在我国分布于内蒙古、黑龙江、吉林、湖北、四川、云南、西藏、陕西、甘肃、台湾。北半球有分布。

【标本引证】 四川，得荣县，西北部高山草甸，王立松 09-30956；云南，香格里拉市，天宝雪山，王立松等 18-59993 & 12-35044；西藏，芒康县，红拉山，王立松等 07-27911。

【用途】 药用，滇金丝猴、川金丝猴等野生动物饲料。

19. 柔扁枝衣
［梅衣科（Parmeliaceae）］

Evernia divaricata (L.) Ach., Lich. univ.: 441, 1810; H. Magn., Lich. Centr. Asia 1: 129, 1940; Wei & Jiang, Lich. Xizang: 66, 1986.

≡*Lichen divaricatus* L., Syst. Veg., Edn 12: 713, 1768.

地衣体扁枝状至棱柱状，柔软悬垂，长 5 ～ 20cm；表面：污白色至枯草黄色，无光泽，具不规则微弱网状脊，局部强烈；分枝：不等二叉分枝，主枝棱柱状至扁枝状，直径 0.5 ～ 1.5（～ 2）mm；侧生小分枝，稀疏，长 2 ～ 4mm；侧生小刺，稀疏至丰多，与主枝呈 90°，长 0.1 ～ 1mm，顶端黑色；无粉芽及裂芽；皮层：发育不良，常破裂或环裂露出白色髓层；髓层：疏松，白色绒絮状；子囊盘及分生孢子器未见；地衣特征化合物：髓层 K–、P–、C–、KC–，含柔扁枝衣酸、松萝酸。

生于海拔 2500 ～ 4300m 的多云雾环境，红杉（*Larix*）树干或林下灌木枝附生，横断山稀见种。在我国分布于四川、陕西、甘肃、新疆。北美洲、欧洲、亚洲均有分布。

【标本引证】 四川，道孚县，王立松等 07-28289；西藏，察隅县，察隅县至察瓦龙乡途中，王立松等 14-46873；新疆，巴音布鲁克草原，王珏等 12-35936。

【用途】 定香剂原料。

20. 扁枝衣［梅衣科（Parmeliaceae）］

Evernia mesomorpha Nyl. Lich. Scand. (Helsinki): 74, 1861; Wei & Jiang, Lich. Xizang: 66, 1986; Zahlbr., in Handel-Mazzetii, Symb. Sinic. 3: 199, 1930.

≡*Evernia prunastri* var. *thamnodes* Flot. Die merkw. Und selten. Flecht. Hirschberg. Warmbrunn. 5, 1839.

地衣体悬垂至亚悬垂，以基部疏松附着基物，长 5 ～ 10cm；表面：枯草黄色，无光泽，具强烈网状脊；分枝：基部至中部不等二叉分枝，近顶端等二叉分枝，分枝腋钝圆，顶端渐尖；主枝呈棱柱状至扁枝状，直径 1 ～ 3（～ 4）mm；侧生小分枝：稀疏，长 4 ～ 8mm，偶二叉分枝；裂芽：丰多，枯草黄色，常粉芽化呈白色粉芽堆，密布于网状脊表面，有时形成小疣状粉芽球；皮层：连续，发育良好，无环裂；髓层：菌丝疏松，白色绒絮状；子囊盘：稀见，侧生，无柄，盘缘发育不良，果托常具裂芽型粉芽堆；盘面幼时凹陷，红褐色，成熟后平坦，深棕色至暗褐色，具光泽，直径 0.5 ～ 5mm；子囊：内含 8 个孢子；子囊孢子：无色单胞，卵圆形，8.4 ～ 9μm× 5 ～ 5.6μm；分生孢子器未见；地衣特征化合物：髓层 K–、P–、KC± 淡黄色，含柔扁枝衣酸及松萝酸。

生于海拔 2500 ～ 4510m 的湿冷环境，常附生于冷杉、红杉、栎树干，高海拔地区也见岩面附生，建群种。在我国分布于内蒙古、吉林、黑龙江、四川、云南、西藏、陕西、新疆。北半球有分布。

【标本引证】 四川，稻城县至亚丁途中，王立松 02-22240；云南，大理市，苍山电视塔，王立松 06-26231；西藏，波密县，岗云杉林，石海霞等 14-46212。

【用途】 定香剂原料。

21. 皱衣［梅衣科（Parmeliaceae）］

Flavoparmelia caperata (L.) Hale, Mycotaxon 25(2): 604, 1986; Chen, Flora Lichenum Sinicorum 4: 69, 2015.

=*Parmelia caperata* (L.) Ach. Method. Lich.: 216, 1803; Zahlbr., in Handel-Mazzetii, Symb. Sinic. 3: 192, 1930; Wei & Jiang, Lich. Xizang: 47, 1986.

≡*Lichen caperatus* L., Sp. pl. 2: 1147, 1753.

地衣体大型叶状，紧贴或疏松附着基物，圆形扩展，直径 5 ～ 20cm；裂片：浅裂，相互紧密靠生至重叠，边缘波状起伏，顶端阔圆，宽 3 ～ 8mm；上表面：黄绿色至淡黄褐色，裂片中央强烈皱褶，散生至密集颗粒状粉芽形成的粉芽堆；下表面：光滑，黑色，边缘具狭窄棕色裸露带；假根：稀疏，黑色，单一；子囊盘未见；地衣特征化合物：含松萝酸及原岛衣酸。

生于海拔 820 ～ 3600m 的半干旱环境，附生于云南松（*Pinus yunnanensis*）树干及岩石表面，建群种。在我国分布于河北、内蒙古、辽宁、吉林、黑龙江、浙江、安徽、江西、山东、湖北、广州、四川、云南、西藏、陕西、新疆、宁夏、台湾。泛温带地区有分布。

【标本引证】 四川，康定市，折多山，王立松 10-31676；云南，元谋县，凉山乡，王立松 10-31601；西藏，波密县，318 国道旁流石滩，王立松等 18-61226；西藏，察隅县，王立松等 14-46450。

22. 蜡光袋衣
［梅衣科（Parmeliaceae）］

Hypogymnia laccata J.C.Wei & Jiang, Acta Phytotax. Sin. 18(3): 387, 1980; Wei XL, Flora Lichenum Sinicorum 6: 142, 2021.

Type: CHINA, Xizang, alt.4400m, Zong Y.C. & Liao Y.Z. no.506 (HMAS-L).

地衣体叶状，紧贴基物扩展，直径 8 ～ 20cm；裂片：狭叶型，中空呈袋状，相互紧密靠生至重叠，不规则分裂，宽 1 ～ 2.5（～ 3）mm，宽与厚度比 1 ∶ 1 ～ 3 ∶ 1；上表面：近边缘呈黄绿色，中部呈黄绿色或深棕褐色，具光泽，散布黑色斑块，平坦至强烈褶皱，偶具粉霜层，无粉芽和裂芽，穿孔生于近顶端和裂腋处，偶见下表面；髓层：腔内白色至棕黑色；子囊盘：茶渍型，幼时盘面呈杯状或漏斗状，成熟后平坦至微凹陷，淡棕色至深棕色，直径 3（～ 8）mm；盘缘薄，常呈撕裂状，果柄膨胀；分生孢子器黑色；分生孢子：杆状或双梭形，4.8 ～ 6.6μm×0.9 ～ 1.1μm；地衣特征化合物：髓层 K± 深红色、KC+ 橘红色、P+ 橘红色，含黑茶渍素及 2′-*O*-甲基袋衣酸、袋衣酸、袋衣甾酸、3- 羟基袋衣酸、原岛衣酸。

生于海拔 3900 ～ 4200m 的多云雾湿冷环境，常附生于柏（*Juniperus*）树干及木桩，偶见于岩石表面，伴生种。分布于四川、云南和西藏。

【标本引证】 四川，木里藏族自治县，巴松垭口，王立松 83-2106；云南，香格里拉市，翁水村大雪山，王立松 00-19982；云南，格咱乡，红山，王立松 09-31012。

23. 背孔袋衣［梅衣科（Parmeliaceae）］

Hypogymnia magnifica X.L.Wei & McCune, Bryologist, 113(1): 120-123, 2010; Wei XL, Flora Lichenum Sinicorum 6: 147, 2021.

Type: CHINA, Yunnan, Lijiang Co. L.S.Wang 00-20250 (KUN-L!).

GenBank No.: OR195101, OR208148.

地衣体叶状，紧贴或疏松附着基物，平铺至略下延扩展，直径 10 ～ 30cm ；裂片：狭叶型，中空呈袋状，相互疏松靠生至重叠，不规则羽状分裂，裂片宽 1 ～ 4（～ 5）mm，宽厚比为 0.7 ∶ 1 ～ 4.0 ∶ 1 ；上表面：无光泽，平坦至稍褶皱，白色至浅灰绿色，稀见黑色斑块，边缘至顶端呈栗褐色至黑色；无粉芽、裂芽和小裂片；穿孔：圆形或椭圆形，位于上表面近顶端或裂腋处，下表面穿孔较少，无明显孔缘；髓层：腔内白色；子囊盘：幼时凹陷呈杯状或漏斗状，成熟后盘面平坦至微凸起，具光泽，直径 2 ～ 10（～ 15）mm，盘缘撕裂状；子囊孢子：无色单胞，6.0 ～ 7.8μm× 4.6 ～ 5.2μm ；分生孢子器：黑点状，生于裂片近顶端；分生孢子：无色，4.5 ～ 6.1μm×0.8 ～ 1.1μm ；地衣特征化合物：皮层 K+ 黄色、C–、KC–、P+ 浅黄色，髓层 K–、C–、KC± 橘红色、P+ 橘红色，含黑茶渍素及袋衣甾酸、原岛衣酸、袋衣酸。

生于海拔 3500 ～ 3900m 的多云雾湿冷环境，冷杉（*Abies*）树干和枯木桩附生，伴生种。分布于四川和云南，仅见横断山分布。

【标本引证】 四川，木里藏族自治县，王立松 83-1693、83-1708 ；云南，剑川县，McCune 26714（OSC）。

24. 霜袋衣［梅衣科（Parmeliaceae）］

Hypogymnia pruinosa J.C.Wei & Jiang, Acta Phytotax. Sin. 18(3): 386, 1980; Wei & Jiang, Lich. Xizang: 36, 1986.

Type: CHINA, Xizang, Zong Y.C. & Liao Y.Z., no.215 (HMAS-L!).

GenBank No.: OR2018143, OR224605.

地衣体叶状，紧贴基物呈圆形扩展，直径 6（～ 10）cm，质稍硬；裂片：狭叶型，中空，膨胀，相互紧密靠生至重叠，不规则分裂，宽 0.5 ～ 2.5mm ；上表面：灰白色至灰绿色，平坦至强烈褶皱，偶有黑色斑块，具显著白色粉霜层；无粉芽，偶见裂芽及小裂片；穿孔：下表面生，偶见上表面近顶端和裂腋处，圆形至不规则撕裂状；髓层：中空，腔内上层白色，下层暗褐色；子囊盘：生于裂片上表面，盘面凹陷呈杯状或漏斗状，盘面栗褐色，直径 6 ～ 10mm，果柄膨胀；子囊孢子：无色单胞，6 ～ 8μm×4.5 ～ 5.4μm ；分生孢子器：黑点状生于裂片近顶端；分生孢子：杆状，4.8 ～ 6.1μm×0.8 ～ 1.1μm；地衣特征化合物：髓层 UV+ 白色、K–、KC+ 橘红色、P–，含黑茶渍素及树发酸。

生于海拔 3100 ～ 3500m 的干旱环境，云南松（*Pinus yunnanensis*）树干及树枝或木桩附生，建群种。分布于四川、云南和西藏，仅横断山有分布。

【标本引证】 四川，康定市，力丘林场，王立松 96-16307a ；四川，康定市，六巴乡，王立松 96-17480 ；云南，香格里拉市，建塘镇，王立松等 20-69272。

25. 条双岐根［梅衣科（Parmeliaceae）］

Hypotrachyna cirrhata (Fr.) Divakar, A. Crespo, Sipman, Elix & Lumbsch, Phytotaxa 132(1): 31, 2013.

=*Cetrariastrum cirrhatum* (Fr.) W.L. Culb. & C.F. Culb., Bryologist 84(3): 283, 1981; Wei & Jiang, Lich. Xizang: 54, 1986.

=*Everniastrum cirrhatum* (Fr.) Hale ex Sipman, Mycotaxon 26: 237, 1986; Chen, Flora Lichenum Sinicorum 4: 57, 2015.

≡*Parmelia cirrhata* Fr., Syst. orb. veg. (Lundae) 1: 283, 1825.

地衣体叶状，半直立或亚悬垂疏松附着基物，直径 5 ～ 15cm；裂片：狭叶型，宽 0.5 ～ 4mm，二叉式密集分裂，缘毛单一，长达 4mm；上表面：浅灰绿色至浅灰色，无粉芽及裂芽；下表面：中央部分黑色，近顶端呈棕色至浅棕色，光滑无假根或稀疏假根；子囊盘：稀见，直径 4 ～ 6mm；分生孢子器：黑色点状，直径 0.1 ～ 0.2mm；地衣特征化合物：上皮层 K+ 黄色、C–、KC–、P+ 黄色，髓层 K+ 黄色至暗红色、C–、KC–、P+ 黄色，含黑茶渍素及水杨嗪酸、原地衣硬酸、没食子酸、原岛衣酸。

生于海拔 1500 ～ 3600m 的干旱或半干旱环境阔叶林和针阔混交林内，常附生于尼泊尔桤木（*Alnus nepalensis*）、栎（*Quercus* spp.）、杜鹃（*Rhododendron* spp.）以及松（*Pinus* spp.）树干及树枝，偶见于岩面，建群种。在我国分布于吉林、福建、湖北、广西、四川、贵州、云南、西藏。南美洲、亚洲均有分布。

【标本引证】 西藏，墨脱县，80k 样地阔叶林，王欣宇等 18-61283；云南，福贡县，鹿马登乡，王立松 82-504；云南，丽江市，玉龙雪山甘海子，王立松 85-0115。

【用途】 民间食用、药用，以及日化香料原料。

26. 金丝刷［梅衣科（Parmeliaceae）］

Lethariella cladonioides (Nyl.) Krog, Norweg. J. Bot. 23: 93, 1976; Wei & Jiang, Lich. Xizang: 67, 1986.

=*Letharia cladonioides* (Nyl.) Hue, Expédit. Antarct. Franç.: 7, 1908; Zahlbr., in Handel-Mazzetii, Symb. Sinic. 3: 200, 1930.

≡*Chlorea cladonioides* Nyl., Syn. meth. lich. (Paris) 1(2): 276, 1860.

地衣体枝状，质硬，直立、匍卧丛生至亚悬垂，基部无柄，疏松固着基物，高 5 ～ 10（～ 20）cm；分枝：主枝圆柱状至棱柱状，直径 0.5 ～ 1mm，不规则二叉式稠密分枝，分枝腋钝圆，近顶端常弯曲呈弓形，渐尖；表面：基部污白色至淡褐色，向上逐渐呈黄色至土红色，无光泽，鲜时表面脊皱不明显，干燥后具强烈脊皱；粉芽：生于基部至中部分枝表面，粉芽堆稀见至丰多，圆形至不规则斑块状，暗橘黄色；髓层：具软骨质中轴；子囊盘：无柄侧生，幼时凹陷，成熟后平坦，盘面呈深棕色至黑色，有光泽，直径 2 ～ 5mm，盘缘偶见刺状小枝；子囊：内含 8 个孢子；子囊孢子：卵圆形，无色单胞，8.4 ～ 9μm×5 ～ 5.6μm；光合共生生物：绿球藻；地衣特征化合物：皮层 K+ 紫色、CK+ 深棕色、C–、P–；髓层 K–、P–，含黑茶渍素及降斑点酸、茶痂衣酸。

生于海拔 3100 ～ 5800m 的多云雾湿润环境，常见于柏、红杉及杜鹃枯枝干，偶见于岩面；中国易危（VU）物种，云南易危（VU）物种。在我国分布于四川、云南、西藏、陕西、甘肃，为喜马拉雅地区特有种。

【标本引证】 四川，乡城县，乡城大雪山道班，杨建昆 81-2290；云南，德钦县，梅里雪山索拉垭口，王立松 00-19749；西藏，日喀则市，绒达寺，臧穆 76-418（b）；青海，班玛县，玛可河林场，王立松等 20-67867。

【用途】 民间药用、染料及藏香原料。

27. 卷梢白皮衣（新拟）［蜈蚣衣科（Physciaceae）］

Leucodermia boryi (Fée) Kalb, Phytotaxa 235(1): 34. 2015.

=*Heterodermia boryi* (Fée) Kr.P. Singh & S.R.Singh, Geophytology 6(1): 33, 1976; Wei & Jiang, Lich. Xizang: 109, 1986.

≡*Borrera boryi* Fée, Essai Crypt. Exot. (Paris): XCII, tab. II, fig. 23, 1824.

地衣体叶状，疏松匍匐或悬垂于基物，直径 5 ～ 10（～ 20）cm；裂片：狭叶型，长 5 ～ 15cm，宽 0.2 ～ 1mm，二叉分裂，近顶端上扬呈钩状；上表面：灰白色至青灰色，平滑，无粉芽或散生粉芽化细裂芽；下表面：凹陷成狭窄沟槽状，无皮层，白色，仅边缘有皮层，并具稀疏缘毛型长假根；假根：单一或瓶刷状分枝，基部白色，近顶端淡褐色至黑色；子囊盘：生于裂片上表面近顶端，无柄，幼时杯状，成熟后平坦，灰褐色至深褐色，被白色粉霜，直径 1 ～ 5mm；盘缘锯齿状或有小裂片；子囊：内含 8 个孢子；子囊孢子：褐色，椭圆形，对极式双胞，成熟后孢室具小囊孢；地衣特征化合物：髓层 K+ 黄色、C–、P+ 淡黄色，含泽屋萜。

生于海拔 2600 ～ 3500m 的半干旱环境，常附生于松及杜鹃树干和枯木，也见于灌木枝及岩面藓层，建群种。在我国分布于吉林、黑龙江、安徽、湖北、四川、贵州、云南、西藏、陕西、台湾。印度、斯里兰卡、尼泊尔、日本、韩国、菲律宾、中非、中美洲和南美洲均有分布。

【标本引证】 云南，丽江市，丽江高山植物园，王立松等 11-32407 & 17-55853。

28. 绿色地衣小荷叶 [蜡伞菌科（Hygrophoraceae）]

Lichenomphalia hudsoniana (H. S. Jenn.) Redhead, Lutzoni, Moncalvo & Vilgalys, Mycotaxon 83: 38, 2002.

=*Coriscium viride* (Ach.) Vain., Acta Soc. Fauna Flora fenn. 7(no. 2): 189, 1890; Zahlbr., in Handel-Mazzetii, Symb. Sinic. 3: 32, 1930; Wei & Jiang, Lich. Xizang: 115, 1986.

≡*Hygrophorus hudsonianus* H.S. Jenn.. Mem. Carn. Mus., III 12: 2, 1936.

地衣体鳞叶型，疏松或紧贴基物，单生、靠生至复瓦状，圆形或椭圆形，直径 2 ～ 11mm；上表面：鲜绿色、黄绿色至暗绿色，中央平坦或微下凹，边缘上扬；下表面：白色，无脉纹及假根，由菌丝紧密交织疏松贴生基物；担子果：伞形，小至中型；菌盖：黄色或淡黄色，乳黄色，表面平坦或中央浅凹，边缘锯齿状或波状略下延，有明显条纹，光滑或具白色绒毛，直径 8 ～ 45mm；菌褶：轻微下延或中等下延，与菌盖同色，易与菌盖分离；菌柄：与菌盖同色，中空，基部膨大，常有白色绒毛和菌斑，高 1 ～ 6cm，直径 1 ～ 3mm；髓层菌丝：1 ～ 5μm 宽，无锁状联合和囊状体；担子：棒状，25 ～ 50μm×6 ～ 11μm，生 4 个担孢子；担孢子：卵圆形或近圆形，透明，偶见滴状斑，7 ～ 11μm×4 ～ 5μm；光合共生生物：胶球藻；地衣特征化合物：地衣体与担子果皆为负反应。

生于海拔 3500 ～ 4260m 的高寒山地多云雾湿润环境，附生于土壤、苔藓、树干或腐木，伴生种。在我国分布于四川、云南、西藏。欧洲、北美洲地区也有分布。

【标本引证】 四川，康定市，杜鹃山，王立松 06-26099；云南，剑川县，老君山镇，王立松等 13-38763；西藏，林芝市，鲁朗镇色季拉山口，王立松等 07-28373。

29. 伞形地衣小荷叶［蜡伞菌科（Hygrophoraceae）］

Lichenomphalia umbellifera (L.) Redhead, Lutzoni, Moncalvo & Vilgalys, Mycotaxon 83: 38, 2002.
=*Omphalina umbellifera* (L.) Quél., Enchir. fung. (Paris): 44, 1886; Obermayer, Lichenologica 88: 504, 2004.
≡*Agaricus umbelliferus* L., Sp. pl. 2: 1175, 1753.

地衣体胶粒型，鲜绿色或暗绿色，直径 35 ～ 90μm；担子果：伞形；菌盖：乳白色、黄白色至橙黄色，表面平坦或边缘略下延，中央下凹，成熟后偶见漏斗状，直径 5 ～ 20mm，褶棱呈放射状；菌褶：延生，白色或淡黄色，稀疏至中等密集，边缘光滑，弧形或弓形，不分裂或偶二叉分裂；菌柄：高 8 ～ 30mm，圆柱形，红褐色，中实或中空，半软骨质，基部常膨大，有白色的绒毛，周围常有白色的菌斑；髓层：菌丝直径 1 ～ 6.5μm，无锁状联合和囊状体；担子：圆柱形，20 ～ 60μm×4.5 ～ 8.5μm，顶端常生 2 个担孢子，偶尔 4 个；担孢子：卵圆形或椭圆形，光滑，壁薄，非淀粉质，8 ～ 9μm×5 ～ 7.5μm；光合共生生物：胶球藻；地衣特征化合物：地衣体与担子果皆为负反应。

生于海拔 1500 ～ 4200m 的湿润环境，山地土壤、苔藓或者腐木生，伴生种。在我国分布于四川、云南、西藏。欧洲和北美洲地区也有分布。

【标本引证】 四川，九龙县，伍须海，王立松 07-29193；云南，大理市，苍山，王立松等 12-34741；西藏，墨脱县，苏永革 1337。

30. 库页岛肺衣［肺衣科（Lobariaceae）］

Lobaria sachalinensis Asahina, J. Jap. Bot. 23: 68, 1949.

地衣体大型叶状，疏松贴生基物，边缘裂片上扬呈莲座状扩展，直径达 10 ～ 15cm；裂片：深裂，宽 5 ～ 10mm，边缘钝圆或截形；上表面：橄榄绿色、灰绿色至淡黄绿色，弱光泽，具强烈网状脊，裂片中央常有白色粉霜层；裂芽：生于网脊，稀疏至稠密，圆柱状至珊瑚状；下表面：边缘淡褐色，向心变暗褐色，密被同色绒毛及散生假根，长约 3mm；子囊盘：稀见，圆形，无柄，盘缘完整，盘面红棕色，直径约 4mm；子囊孢子：梭形，无色，15 ～ 25μm×8.5 ～ 9μm；分生孢子器：罕见，埋生；分生孢子：杆状，4μm×1μm；光合共生生物：绿球藻，厚约 35μm；地衣特征化合物：地衣体 K–、髓层 KC–、P–，含网脊衣酸及三萜类。

生于海拔 3804m 的阴湿环境中柳（*Salix*）灌木树干，稀见种。在我国分布于吉林、青海（新记录）。库页岛、日本也有分布。

【标本引证】 青海，班玛县，玛可河林场，王立松等 20-67877。

31. 蜂巢凹肺衣（新拟）［肺衣科（Lobariaceae）］

Lobarina scrobiculata (Scop.) Nyl. ex Cromb., Monogr. Lich. Brit. 1: 270, 1894; Abbas & Wu, Lich. Xinjiang: 133, 1998.

≡*Lichen scrobiculatus* Scop., Fl. Carniol. Ed., 2: 384, 1772.

地衣体中至大型叶状，疏松附生基物，边缘裂片上扬，直径 5 ～ 10cm；裂片：浅裂，顶端阔圆，宽 4 ～ 6mm；上表面：青灰色、灰褐色至暗褐色，微弱网状脊至强烈网状脊；粉芽：颗粒状，裂片中部粉芽堆呈球形，边缘粉芽堆呈唇形，青灰色；下表面：被绒毛和稀疏假根，绒毛灰白色至深褐色，局部无绒毛；子囊盘未见；共生光合生物：念珠蓝细菌；地衣特征化合物：皮层 K–、KC+ 黄色，髓层及粉芽 P+ 橘红色、K+ 黄色变橘红色、KC± 淡红色、C–，含斑点酸、伴斑点酸、降斑点酸、松萝酸及亚蜂窝肺衣素。

生于海拔 1300 ～ 3809m 的柳（*Salix* sp.）灌木枝或林下藓层，稀见种。在我国分布于青海（新记录）、新疆、台湾。欧洲、非洲、亚洲、北美洲、澳大利亚也有分布。

【标本引证】 新疆，喀纳斯，王立松 12-35972；青海，班玛县，玛可河林场，王立松等 20-67881 & 20-67884。

32. 平孔叶衣
［梅衣科（Parmeliaceae）］

Menegazzia primaria Aptroot, M.J. Lai & Sparrius, Bryologist 106(1): 159, 2003.

地衣体叶状，紧贴基物呈圆形扩展，直径 4 ～ 10cm；裂片：狭叶型，中空，相互紧密靠生，不规则二叉分裂，裂腋钝圆，宽 1 ～ 2mm；上表面：灰色至灰绿色，微凸起，边缘局部深棕色，无粉霜、白斑、粉芽及裂芽；穿孔：生于裂片上表面，稀疏至丰多，圆形至椭圆形，直径约 0.5mm，边缘平滑；下表面：深棕色至黑色，具皱褶，中央部分皮层撕裂或缺失；子囊盘：无柄，盘面红棕色至深棕色，全缘；子囊：内含 1 ～ 2 个孢子；子囊孢子：无色单胞，35 ～ 40μm×25 ～ 30μm，孢子壁厚约 5μm；分生孢子器：丰多，黑点状；分生孢子：梭形，无色，5 ～ 7μm×0.4 ～ 0.6μm；地衣特征化合物：上皮层 K+ 黄色，髓层 K+ 黄色、P+ 红色，含黑茶渍素及斑点酸。

生于海拔 1800 ～ 3500m 的半干旱环境，花楸、栎树，以及松树树干及枯树干附生，伴生种。中国横断山地区和台湾地区有分布。

【标本引证】 四川，盐源县，火炉山，王立松 83-1281；云南，丽江市，丽江高山植物园，王立松 09-31221。

33. 皮革肾岛衣［梅衣科（Parmeliaceae）］

Nephromopsis pallescens (Schaer.) Y.S. Park, Bryologist 93(2): 122, 1990.
≡*Cetraria pallescens* Schaer., in Moritzi, Syst. Verz.: 129, 1846.

地衣体中到大型叶状，以基部疏松附着基物，莲座状扩展，质硬，直径 7 ～ 15（～ 20）cm；裂片：相互靠生或重叠，深裂至浅裂，裂腋半圆形，宽 1 ～ 2cm，边缘强烈波状起伏，上扬，顶端钝圆至齿状；上表面：淡黄色至黄绿色，弱光泽，具强烈皱褶，无粉芽及裂芽；下表面：淡黄色、黄褐色至白色，具强烈褶脊，皱脊上具白色点状假杯点，假根稀疏，白色至淡褐色；子囊盘：密集至稀疏，生于裂片上表面中央及近边缘，小型，圆形至肾形，盘面凸起呈盔状，淡棕褐色，直径 0.5 ～ 2mm；地衣特征化合物：皮层 K–，髓层 K–、KC–、P–，含松萝酸。

生于海拔 1600 ～ 3700m 的多云雾以及半干旱环境，常见华山松、云南松、高山松、栎树树干及枯木桩附生，建群种。在我国分布于四川、云南、西藏、台湾。亚洲地区有分布。

【标本引证】 西藏，墨脱县，仁青崩样地至县城途中，王欣宇等 18-61608；四川，米易县，麻陇彝族乡北坡山，王立松 83-1035（A）；云南，宾川县，鸡足山，王立松 20-66418。

【用途】 民间食用。

34. 赖氏肾岛衣
［梅衣科（Parmeliaceae）］

Nephromopsis laii (A. Thell & Randlane) Saag & A. Thell, in Randlane, Saag & Thell, Bryologist 100(1): 111, 1997; Obermayer, Lichenologica 88: 503, 2004.

≡*Cetrariopsis laii* A.Thell & Randlane, in Randlane, Thell & Saag, Cryptog. Bryol.-Lichénol. 16(1): 46, 1995.

地衣体中到大型叶状，革质，疏松或紧密附着基物，圆形扩展，直径 8 ～ 15cm；裂片：相互紧密靠生至重叠，边缘强烈波状起伏，顶端钝圆或锯齿状，宽 1 ～ 3cm；上表面：黄绿色，有光泽，具褶皱，无粉芽及裂芽；下表面：淡褐色至黄褐色，边缘色淡，密生网状脊皱，假杯点生于脊皱凸起上，白色圆点状，有稀疏假根；髓层：白色；子囊盘：密生于地衣体中部裂片边缘，盘面为圆形至肾形，棕褐色至暗褐色，具光泽，直径 0.3 ～ 5cm；地衣特征化合物：髓层 K–、C–、KC–、P–；含松萝酸、原地衣硬酸及地衣硬酸。

生于海拔 3500 ～ 3800m 的湿冷环境，常附生于柏（*Juniperus*）树干，伴生种。在我国分布于辽宁、吉林、黑龙江、云南、台湾。俄罗斯、日本、越南、印度也有分布。

【标本引证】 云南，维西傈僳族自治县，维登乡后山，王立松 82-351；云南，香格里拉市，天宝雪山，王立松等 17-55293。

35. 酒石肉疣衣［肉疣衣科（Ochrolechiaceae）］

Ochrolechia tartarea (L.) A. Massal., Ric. auton. lich. crost. (Verona): 30, 1852.

≡*Lichen tartareus* L., Sp. pl. 2: 1141, 1753.

地衣体壳状，厚质，紧贴基物不规则生长，直径 5 ～ 8cm；表面：浅灰色、浅灰绿色至灰白色，龟裂至连续，具小球状疣突，下地衣体不明显，白色；子囊盘：丰多，幼时内陷并呈闭合状，成熟后贴生、散生或聚生，盘面圆形，凹陷至平坦，肉红色至浅橘色，无粉霜层，直径 5 ～ 8mm；果壳：较厚，光滑至轻微粗糙，与地衣体同色；子囊孢子：无色单孢，卵圆形，40 ～ 70μm× 20 ～ 40μm；地衣特征化合物：地衣体 C+ 玫瑰红色、K+ 淡黄色、KC+ 红色、P–，子囊盘面 C+ 红色至橘红色、K–、KC+ 红色、P–，含三苔色酸。

生于海拔 3000 ～ 4000m 的多云雾湿润环境，树干、岩石、藓层或腐木附生，建群种。在我国分布于吉林、安徽、湖北、四川、云南、陕西、甘肃。北美洲、欧洲和亚洲地区均有分布。

【标本引证】 四川，康定市，木格措景区千瀑峡，王立松等 16-53138。

36. 疣凸红盘衣（新拟）[盾叶衣科（Ophioparmaceae）]

Ophioparma araucariae (Follmann) Kalb & Staiger, Biblthca Lichenol. 58: 193, 1995; Zhang YY, Lichenologist 50(8): 95, 2018.

≡*Haematomma araucariae* Follmann, Bol. Univ. Chile 7: 44, 1965.

地衣体壳状，紧贴基物不规则扩展，直径 5 ～ 10cm；上表面：灰白色至浅黄色，频繁龟裂呈疣突状；子囊盘：贴生，圆形至不规则盘状，盘面红色，平坦至轻微凸起，无粉霜，直径 0.5 ～ 4mm，盘缘完整，与地衣体同色，成熟后消失；子实上层：橙色，K+ 蓝色后紫色，随后颜色消退；子实层：基部无色，顶部橙色，厚 37 ～ 60μm；侧丝：单一，均匀分隔；子囊：红盘衣型，子囊顶器 I+ 蓝色，内含 8 个孢子，纵向平行排列；子囊孢子：无色，具 3 次横向分隔，7 ～ 50μm×2.5 ～ 3.5μm；地衣特征化合物：皮层 K+ 黄色、C–，髓层 K+ 黄色、C–，含地茶酸及白赤星衣素。

生于海拔 3600 ～ 4550m 的多云雾环境，柏树（*Juniperus*）树干附生，稀见种。在我国分布于云南、西藏。南美洲、亚洲地区均有分布。

【标本引证】 西藏，察隅县，察隅县至察瓦龙乡途中，王立松等 14-46869；云南，德钦县，索拉垭口，王立松等 12-35987。

37. 木生红盘衣［盾叶衣科（Ophioparmaceae）］

Ophioparma handelii (Zahlbr.) Printzen & Rambold, Herzogia 12: 24, 1996.

≡*Lecidea handelii* Zahlbr., in Handel-Mazzetti, Symb. Sin. 3: 111, 1930.

Type: CHINA, Yunnan Prov., alt. ca. 3800m, on barks of *Abies*, 12. Aug., 1914, v. Handel-Mazzetti 753 (W—holotypus!, E—isotype).

GenBank No.: KY131766, KY131765, KY 131764.

地衣体壳状至鳞片状，紧贴基物扩展，直径 5 ～ 15cm；鳞片：幼时平坦、离生，之后凸起紧密靠生；上表面：光滑，无光泽，淡绿色至灰绿色，久置标本灰黄色至棕色；子囊盘：贴生，圆形至不规则形；盘面鲜红色、暗红色至砖红色，平坦至显著凸起，直径 1.4 ～ 3.2mm；子实上层：橙色，K+ 先蓝色后紫色，随后颜色消退；子实层：基部无色，顶部橙色，厚 50 ～ 85μm；侧丝：单一，均匀分隔；子囊：红盘衣型，子囊顶器 I+ 蓝色，内含 8 个孢子；子囊孢子：卵圆形，无色单胞，9 ～ 16.5μm × 5 ～ 9μm；地衣特征化合物：含白角衣素及黄梅衣酸、原黄梅衣酸、脱氧黄梅衣酸。

生于海拔 3400 ～ 4500m 的多云雾环境，附生于柏（*Juniperus*）、红杉（*Larix*）及冷杉（*Abies*）树干，也见腐木或烧过的木桩附生，稀见种；云南濒危（EN）物种。在我国分布于四川、云南、西藏。亚洲地区有分布。

【标本引证】 西藏，察隅县，目若村至丙中洛镇途中，王立松等 14-46741；云南，德钦县，梅里石村至索拉垭口，王立松等 12-35713。

38. 犬地卷［地卷科（Peltigeraceae）］

Peltigera canina (L.) Willd., Flora Berol. Prodr.: 347, 1787; Wei & Jiang, Lich. Xizang: 16, 1986; Wu & Liu, Flora Lichenum Sinicorum 11: 130, 2012.

≡*Lichen caninus* L., Sp. pl.: 1149, 1753.

地衣体大型叶状，疏松附生基物，圆形至不规则扩展，直径达 10 ～ 20（～ 30)cm；裂片：相互靠生至重叠，浅裂或深裂，波状上扬，顶端边缘略下卷，宽 1 ～ 2.5cm；上表面：蓝褐色至灰褐色，干燥后呈灰色、灰棕色至黄褐色，中央光滑无绒毛，边缘密布白色细绒毛；下表面：边缘苍白色至淡黄褐色，近中央渐变淡棕色至棕色，具狭窄而稍隆起的同色网状脉纹，密生单一至毛笔状同色假根，长 2 ～ 4（～ 7）mm；子囊盘：生于裂片顶端，直立型，半管状或扁圆形，盘面呈深棕色、棕褐色至黑色，平滑，无粉霜，直径 4 ～ 10mm；盘缘全缘或齿裂；子囊：椭圆形至棒状，内含 8 个孢子；子囊孢子：无色至淡棕色，针形至近纺锤形或近杆状，4 ～ 8 胞，30 ～ 90μm×3.4 ～ 5.1μm；光合共生生物：蓝细菌；地衣特征化合物：皮层 K–、C–、KC–、P–，髓层 K–、C–、P–，不含地衣酸类特征化合物。

生于海拔 400 ～ 4400m 的干燥及湿润环境，藓土层，也见岩面薄土和朽木附生，有时群落面积超过 $10m^2$，建群种。在我国分布于河北、山西、内蒙古、辽宁、吉林、黑龙江、浙江、安徽、福建、湖北、四川、贵州、云南、西藏、陕西、新疆、台湾。欧洲、北美洲、亚洲地区均有分布。

【标本引证】 四川，会理市，龙肘山电视塔，王立松 97-17957；云南，香格里拉市，碧塔海，王立松 94-14995；西藏，察隅县，察瓦龙乡松塔雪山北坡，王立松 82-781。

【用途】 民间药用。

39. 分指地卷［地卷科（Peltigeraceae）］

Peltigera didactyla (With.) J.R. Laundon, Lichenologist 16(3): 217, 1984; Wu & Liu, Flora Lichenum Sinicorum 11: 136, 2012.

≡*Lichen didactylus* With., Bot. Arr. Veg. Gr. Brit. (London) 2: 718, 1776 ('Didactylos').

地衣体小型叶状，单生至多裂片聚生，直径（2～）4～10（～15）cm；裂片：浅裂，宽 0.5～1（～1.5）cm，长 2～3cm，顶端钝圆至猫耳状，上扬；上表面：棕褐色至青灰色，近边缘被白色细绒毛，粗糙或平滑，无光泽；粉芽堆：生于裂片上表面中央或近边缘，圆饼状，直径 1～3mm，灰白色至浅灰色，局部粉芽堆脱落；下表面：边缘淡棕色至棕色，近中央棕色至棕黑色，具隆起网状脉；假根：生于网状脉上，淡色至黑色，浓密，单一至柔毛状分枝，长 1～3mm；子囊盘：生于裂片顶端，直立，马鞍形，有时翻卷呈半管状，盘面深棕色至棕褐色，直径 2～6mm，盘缘具齿裂或缺刻；子囊：椭球形至棒状，内含 8 个孢子；子囊孢子：无色至淡棕色，窄纺锤形至针形，4～8 胞，（40.8～）51～71.4（～81.6）μm×3.4～6.8μm；光合共生生物：蓝细菌；地衣特征化合物：皮层 K–、C–，髓层 K–、C–、P–，不含地衣酸类化合物。

生于海拔 2540～4000m 的湿润土层及石表土层，偶见树基部附生，伴生种。在我国分布于河北、内蒙古、辽宁、吉林、黑龙江、浙江、福建、湖北、四川、贵州、云南、西藏、陕西、新疆、台湾。北美洲及南美洲、欧洲、亚洲、非洲、大洋洲地区均有分布。

【标本引证】 四川，丹巴县，格达梁子，王立松 10-31663；云南，香格里拉市，建塘镇，王立松等 20-69296。

40. 白腹地卷［地卷科（Peltigeraceae）］

Peltigera leucophlebia (Nyl.) Gyeln., Mag.Bot. Lap. 24: 79, 1926; Abbas & Wu, Lich. Xinjiang: 138, 1998; Wei & Jiang, Lich. Xizang: 16, 1986.

≡*Lichen aphthosus* var. *leucophlebia* Nyl., Syn. meth lich.: 323, 1860.

地衣体大型叶状，疏松附生基物，圆形至不规则扩展，直径10～20cm；裂片：深裂，周缘裂片波状起伏，宽2～3cm，顶端上扬；上表面：鲜绿色至暗绿色，具光泽，干燥后呈灰绿色至棕黄色，边缘被微薄绒毛，具饼状至疣状黑色外生衣瘿，直径达2mm；无粉芽、裂芽及小裂片；下表面：边缘呈白色至淡褐色，近中央渐变为深棕色，脉纹宽而不明显，假根黑色，稀疏，单一至束状，长达4mm；子囊盘：生于裂片顶端，直立型，盘面呈红棕色、深棕色至黑色，平滑，直径7～15mm，下表面淡色，无皮层或具颗粒状皮层；子囊：长棒状，内含8个孢子；子囊孢子：窄纺锤形至针形，平行4～8胞，无色至淡棕色，70～80μm×3.4～8.5μm；光合共生生物：绿藻，外生衣瘿含蓝细菌；地衣特征化合物：皮层K–、C–，髓层K–、C–、P–，含细衣素、甲基三苔色酸盐、三萜类及三苔色酸。

生于海拔2800～4400m的湿润环境，云冷杉林下常与苔藓伴生或岩面薄土层附生，建群种。在我国分布于内蒙古、吉林、黑龙江、湖北、四川、云南、西藏、青海、陕西、甘肃、新疆。北美洲、欧洲、亚洲地区均有分布。

【标本引证】 四川，康定市，力丘河至沙德镇途中，王立松 96-16404；云南，德钦县，梅里雪山垭口，王立松 94-15253；西藏，芒康县，318 国道，盐井镇至如美镇途中 50km 处，王立松等 16-50609；青海，大通回族土族自治县，张胜邦 21-1。

41. 小地卷［地卷科（Peltigeraceae）］

Peltigera venosa (L.) Hoffm., Descr. Adumb. Lich., 1: 31, 1789; Abbas & Wu, Lich. Xinjiang: 140, 1998; Wu & Liu, Flora Lichenum Sinicorum 11: 164, 2012.

≡*Lichen venosus* L., Sp. pl.: 1148, 1753.

地衣体小型叶状，俯卧型，裂片单生或多裂片聚生；裂片：扇形，浅裂，边缘强烈波状起伏，顶端上扬，直径约 2cm；上表面：鲜绿色至青绿色，干燥后呈灰绿色至黄绿色，无绒毛，平滑或局部稍粗糙，具光泽，无粉芽或裂芽；下表面：白色至深棕色，具棕色至深棕色脉纹，并有瘤状外生衣瘿和同色假根；子囊盘：生于裂片顶端，平卧型，盘面黑棕色，圆形至椭圆形，1.5 ～ 3mm；子囊：长棒状，直径 74.8 ～ 85μm×10.2 ～ 17μm，内含 8 个孢子；子囊孢子：窄纺锤形至针形，平行 4 ～ 8 胞，无色至淡棕色，30.6 ～ 51（～ 68）μm×5.1 ～ 10.5μm；光合共生生物：绿藻，藻层厚 44.2 ～ 68μm；衣瘿含蓝细菌；地衣特征化合物：皮层 K–、C–、P–，髓层 K–、C–、P–，含细衣素、甲基三苔色酸盐、三苔色酸、菲利吡酸 A 和菲利吡酸 B。

生于海拔 2270 ～ 4270m 的阴湿环境，稀见种。在我国分布于内蒙古、四川、云南、西藏、陕西、新疆。北美洲、欧洲、亚洲地区均有分布。

【标本引证】 四川，乡城县，县道 XV29km 处，马文章 18-9844；西藏，昌都市，王立松等 07-28165。

42. 矮柱衣［石蕊科（Cladoniaceae）］

Pilophorus curtulum Kurok. & Shibuichi, J. Jap. Bot. 45(3): 78, 1970; Wang XY et al., Mycosystema, 30(6): 892, 2011.

初生地衣体鳞片状至颗粒状，直径小于 0.2mm，相互紧密靠生，表面呈灰褐色至灰白色，具黑色衣瘿；假果柄：直立丛生，高 2 ～ 4mm，直径 0.3 ～ 1mm，中实，单一；皮层鳞片状，连续至龟裂，灰褐色；衣瘿：生于初生地衣体鳞片间，深棕色至黑色，盘状；子囊盘：生于假果柄顶端，半球形，直径 0.2 ～ 1mm，黑色，有光泽；囊层被黑紫色，囊层基炭色；子囊：内含 8 个孢子；子囊孢子：椭圆形，无色单胞，21.5 ～ 25μm×7 ～ 10μm；分生孢子器：黑色圆点状，生于初生地衣体上；地衣特征化合物：化学型 I 含黑茶渍素和泽屋萜，化学型 II 含异松萝酸及未知成分。

生于海拔 3400 ～ 4000m 的岩石表面，伴生种。在我国分布于云南。喜马拉雅地区及日本均有分布。

【标本引证】 云南，禄劝彝族苗族自治县，轿子雪山，王立松 96-16727；云南，剑川县至鹤庆县途中，王立松 05-24732；云南，香格里拉市，普达措国家公园碧塔海，王立松等 20-66382。

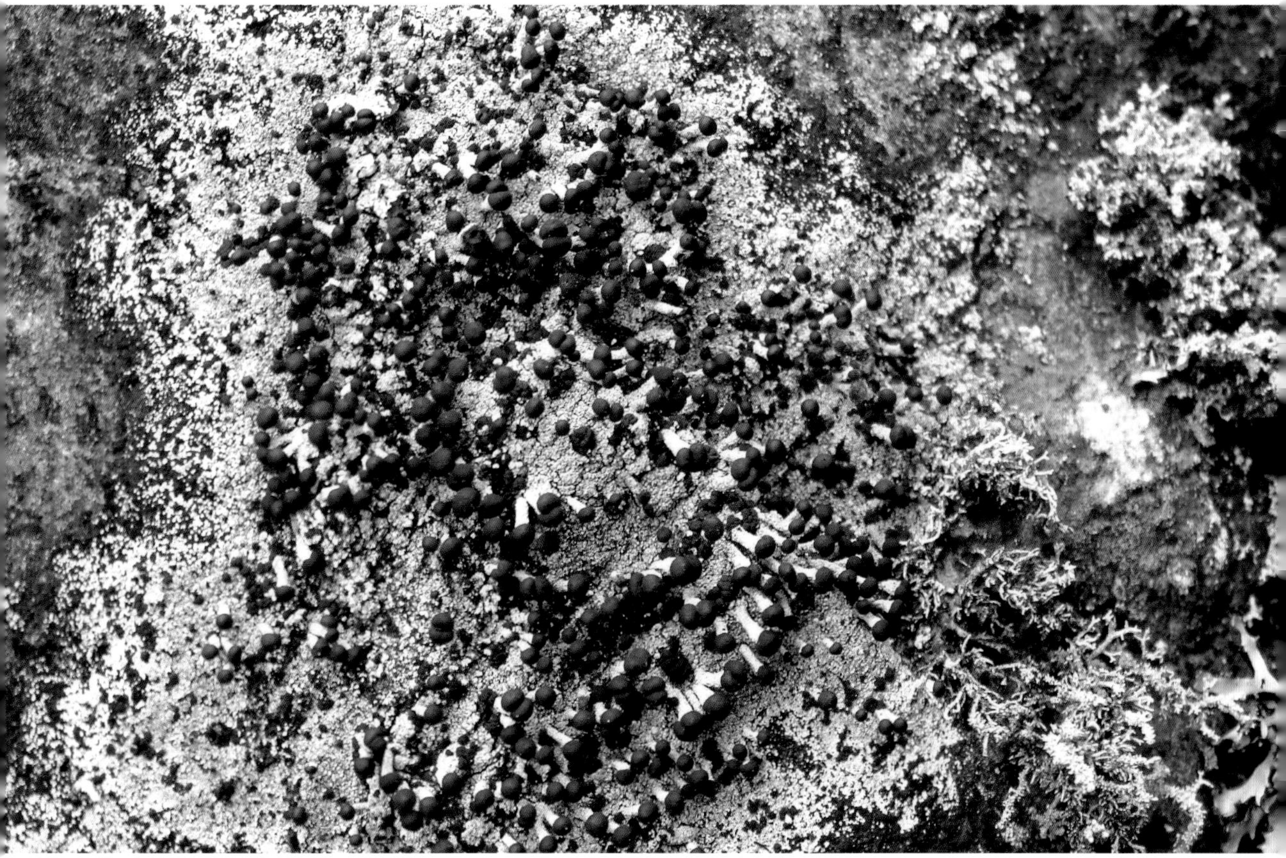

43. 突瘿茶渍［褐边衣科（Trapeliaceae）］

Placopsis cribellans (Nyl.) Räsänen, J. Jap. Bot. 16(2): 90, 1940.
≡*Lecanora cribellans* Nyl., Lich. Japon.: 42, 1890.

地衣体壳状至鳞壳状，紧贴基物呈圆形扩展，直径2～10cm；鳞片相互紧密靠生，边缘分离，宽0.5～1.5mm；上表面：灰白色至青灰色，散生颗粒状至圆球状小裂芽，无粉芽；衣瘿：圆饼状贴生，暗红褐色至灰褐色，直径1～2mm，表面具脑纹状褶皱和纵向放射状龟裂；子囊盘：幼时呈疣状凸起，成熟后为圆盘状，无柄，盘面呈肉红色至粉红色，幼时凹陷，成熟后平坦，无明显粉霜，直径1～3mm；幼时盘缘肥厚，成熟后变薄，全缘，微内卷；子囊：内含8个孢子；子囊孢子：椭圆形，无色单胞，12～17μm×7～9μm；地衣特征化合物：髓层K–、P± 红色、C+ 红色、KC+ 红色，含三苔色酸。

生于海拔3100～4400m的湿冷环境岩石表面，伴生种。在我国分布于吉林、云南、西藏、台湾。欧洲、北美洲、亚洲、澳大利亚均有分布。

【标本引证】 云南，香格里拉市，格咱乡，小雪山垭口，王立松等12-34942；云南，香格里拉市，格咱乡红山，王立松等18-60089；西藏，巴宜区，318国道，王立松等19-65854。

44. 裂芽宽叶衣
［梅衣科（Parmeliaceae）］

Platismatia erosa W.L. Culb. & C.F. Culb., Contr. U.S. natnl. Herb. 34: 526, 1968; Wei & Jiang, Lich. Xizang: 50, 1986.

地衣体中到大型叶状，薄质，疏松平铺或悬垂于基物，直径 10 ～ 15（～ 30）cm；裂片：深裂，边缘强烈波状起伏，顶端钝圆至撕裂状，宽达 2cm；上表面：灰绿褐色至浅棕色，具强烈网状脊，珊瑚状裂芽密生于网脊，并有不规则细微白色假杯点；下表面：具明显网状凹凸，中央部分黑色，近边缘呈淡棕褐色，具不规则白色斑点；假根：稀疏，单一；子囊盘：稀见，缘生，无柄，盘面凹陷，淡褐色至红褐色，直径 1 ～ 2cm，果托表面有网纹状假杯点；地衣特征化合物：皮层和髓层 K–、C–、KC–、P–，含黑茶渍素及皱梅衣酸。

生于海拔 3200 ～ 4300m 的阴湿环境，杜鹃树干、云杉及岩石表面附生，伴生种。在我国分布于湖北、云南、西藏、台湾。东亚地区有分布。

【标本引证】 四川，乡城县，王立松 81-21010；云南，禄劝彝族苗族自治县，轿子雪山，王立松 08-29706。

45. 硬枝树花［树花衣科（Ramalinaceae）］

Ramalina conduplicans Vain., Ann. bot. Soc. Zool.-Bot. Fenn. Vanamo 1(3): 35, 1921.

地衣体棱柱状至扁枝状，以基部柄固着基物，灌木状丛生，质硬，高 3 ～ 10cm；分枝：不规则稠密分枝，无背腹性，中实，主枝直径 1 ～ 5cm，具强烈纵向棱脊，顶端渐尖，侧生小分枝稀疏，顶端有小刺状分枝或小瘤；表面：淡黄绿色、青绿色至枯草黄色，无粉芽及裂芽；假杯点：表面生，点状至线形，白色，微凸起；子囊盘：近顶生至亚顶生，具短柄；盘面呈淡肉红色、灰绿色至污白色，幼时平坦，成熟后凸起，被粉霜层；盘缘不明显，与地衣体同色；子囊：棒状，内含 8 个孢子；子囊孢子：无色双胞，椭圆形至梭形，12 ～ 14（～ 17）μm×4 ～ 6μm；地衣特征化合物：皮层 K ± 淡黄色，髓层 K–、C–，含同石花酸、石花酸及水杨嗪酸。

生于海拔 1200 ～ 3814m 的干旱及半干旱环境，常见华山松（*Pinus armandii*）、尼泊尔桤木（*Alnus nepalensis*）树干及杜鹃、栎灌丛枝附生，建群种。在我国分布于吉林、黑龙江、广西、四川、云南、西藏、新疆、台湾。东亚有分布。

【标本引证】 四川，会理市，龙肘山电视塔，王立松 97-17946。

【用途】 云南大部分地区民间食用，也用于香料原料。

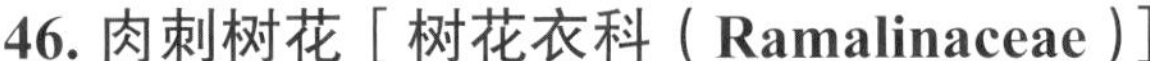

46. 肉刺树花［树花衣科（Ramalinaceae）］

Ramalina roesleri (Hochst. ex Schaer.) Hue., Rev. Bot. Bull. Mens., 6: 151, 1887.

≡*Ramalina farinacea* var. *roesleri* Hochst. ex Schaer., Enum. critic. lich. Europ. (Bern): 9, 1850.

地衣体枝状，以基部柄固着于基物，灌丛状直立丛生，质地柔软，高 1 ～ 4cm；分枝：稠密不规则分枝，主枝近圆柱形，直径 0.1 ～ 1（～ 2）mm，局部中空，膨胀，具穿孔，顶端渐尖，侧生有小刺状分枝；表面：淡灰绿色，枯草黄色至淡黄褐色，近基部呈棕黑色，光滑，稍具光泽；粉芽：顶生、亚顶生或表面生，粉芽颗粒状，集聚呈白色球形粉芽堆；无假杯点；子囊盘未见；地衣特征化合物：髓层 P–、K–、C–、KC–，含石花酸。

生于海拔 1700 ～ 4200m 的阴湿环境中的树干及灌木枝，偶见岩面生，伴生种。在我国分布于吉林、黑龙江、浙江、山东、湖北、云南、西藏、陕西。喜马拉雅地区、北欧、北美洲均有分布。

【标本引证】 四川，平武县，王朗国家级自然保护区，王立松 10-31759；四川，康定市，雅加埂，王立松 10-31813；云南，剑川县，老君山镇，王立松等 13-38730；云南，香格里拉市，天宝雪山，王立松 07-28937。

47. 野果衣［果衣科（Ramboldiaceae）］

Ramboldia elabens (Fr.) Kantvilas & Elix, Lichenologist 39(2): 139, 2007.

≡*Lecidea elabens* Fr., K. svenska Vetensk-Akad. Handl., ser. 3: 256, 1822. Abbas & Wu, Lich. Xinjiang: 85, 1998.

地衣体鳞片状至疣状，直径 5 ～ 8cm；鳞片：相互紧密靠生，灰白色，中央鳞片直径约 1mm，边缘鳞片 0.2 ～ 0.5mm，无粉芽及粉霜；子囊盘：密集，单生至靠生，盘面黑色，光滑，无光泽，直径 0.5 ～ 1mm；子囊：含 8 个孢子；子囊孢子：卵圆形，无色单胞，5 ～ 9μm×4μm；光合共生生物：绿球藻；地衣特征化合物：髓层 K± 浅黄色、P+ 橘红色、C–，含黑茶渍素及富马原岛衣酸。

生于海拔 2800 ～ 4200m 的杜鹃及柏灌木枝、枯枝及枯树干，伴生种。在我国分布于云南、新疆。欧洲、亚洲、澳大利亚、北美洲和中美洲均有分布。

【标本引证】 云南，香格里拉市，尼汝村，王立松等 20-66281 & 21-60057。

48. 异脐鳞［茶渍科（Lecanoraceae）］

Rhizoplaca subdiscrepans (Nyl.) R. Sant. Lichens of Sweden and Norway (Stockholm): 278, 1984.
≡*Squamaria chrysoleuca* var. *subdiscrepans* Nyl., Syn. Meth. Lich. (Parisiis) 2: 61, 1869.

地衣体鳞片状，紧贴基物不规则扩展；鳞片：离生至聚生，幼时强烈凸起，直径 0.3 ～ 1mm，边缘鳞片与中央同等大小或稍大，偶略分叉；上表面：无光泽，灰绿色，灰黄绿色至白色；下表面：浅棕色至黑棕色；子囊盘：散生至聚生，基部窄，盘面橙色，凹陷，具粉霜，直径 0.5 ～ 3mm；侧丝：均匀分隔，直径约 2μm，顶端透明不膨大；子实层：48 ～ 65μm；子囊：茶渍型，内含 8 个孢子；子囊孢子：椭圆形，无色单胞，7 ～ 12μm×3.5 ～ 4.5（～ 5）μm；分生孢子器：稀见，孔口黑色，分生孢子丝状，19 ～ 26μm×0.7μm。

生于海拔 2400 ～ 3750m 的干旱或半干旱环境，常见于云南松林下岩石表面，伴生种。在我国分布于云南、西藏、陕西。欧洲、北美洲和亚洲地区均有分布。

【标本引证】 云南，大理市，沙溪镇石宝山，王立松等 18-60468；西藏，工布江达县，318 国道旁路边石坡，王立松等 16-50939。

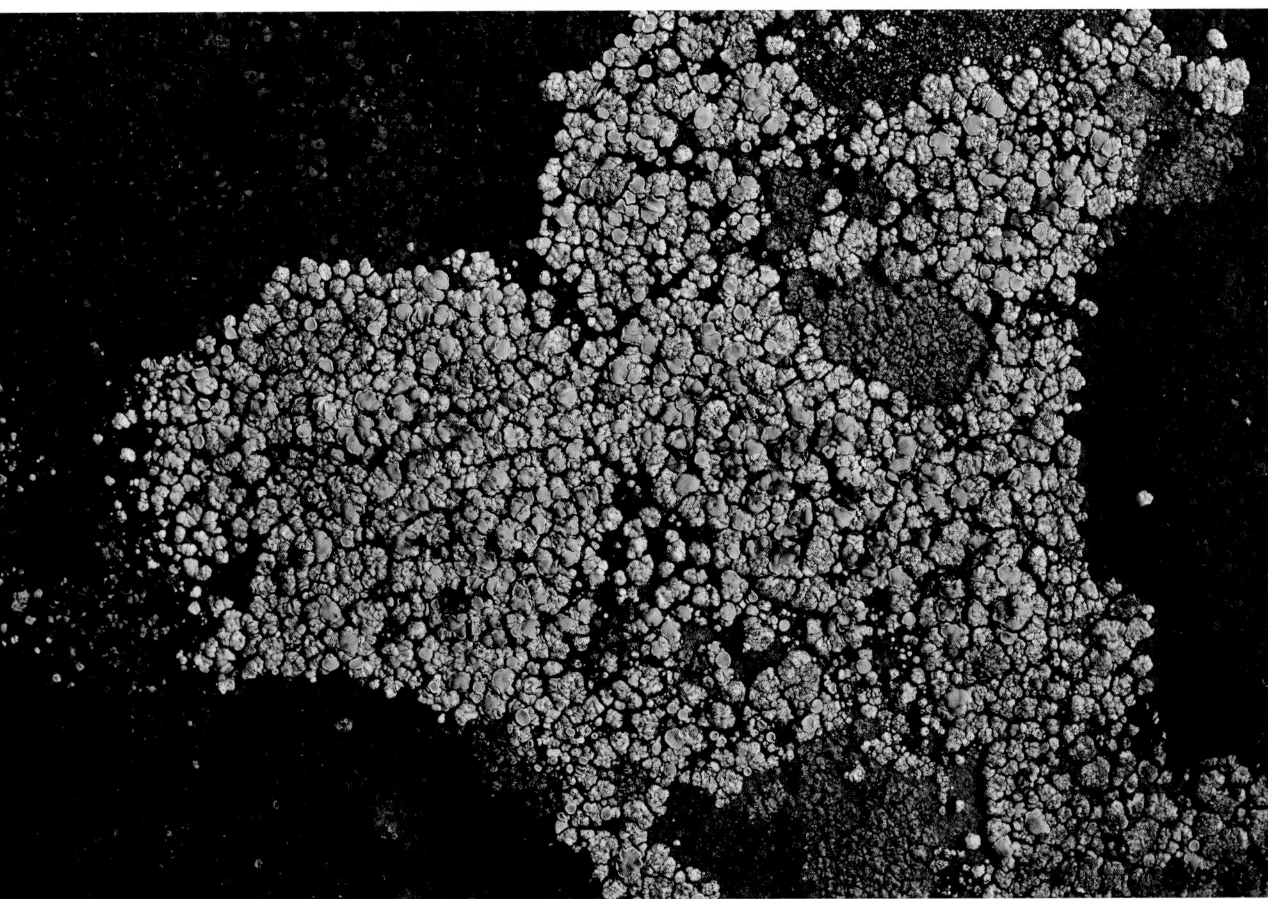

49. 宽果散盘衣［地卷科（Peltigeraceae）］

Solorina platycarpa Hue, in Bull. Soc. Bot. France 54: 419, 1907; Wu & Liu, Flora Lichenum Sinicorum 11: 167, 2012.

地衣体小型叶状，相互靠生或离生，集聚群落可达 30cm^2；裂片：浅裂，质薄易碎，边缘阔圆，直径 3 ～ 6（～ 8）cm；上表面：橄榄绿色，干燥后呈黄褐色至褐色，光滑至局部粗糙，无绒毛、裂芽、粉芽及小裂片，弱光泽，边缘局部被稀薄粉霜；下表面：淡色至棕色，无脉纹或不明显，假根稀疏，单一，长 3 ～ 5mm，与下表面同色；子囊盘：每个裂片一至多个子囊盘聚生，半埋生至贴生，盘面近圆形，略凸起或与裂片上表面等平，棕色至暗褐色，直径 2 ～ 6mm，无粉霜层，具光泽；子囊：内含 4 个孢子；子囊孢子：椭圆形至近球形，褐色双胞，分隔不缢缩或稍缢缩，34 ～ 45.5（～ 50）μm×10.4 ～ 20.4（～ 24.6）μm；光合共生生物：绿藻，内生衣瘿内含蓝细菌；地衣特征化合物：皮层 K–、C–，髓层 K–、C–、P–，不含地衣酸类特征化合物。

生于海拔 2000 ～ 3400m 的云南松林下背阴土层或岩石表面藓层，伴生种。在我国分布于四川、云南、陕西。日本也有分布。

【标本引证】 四川，天全县，二郎山，王立松 10-31609；四川，丹巴县，格达梁子，王立松 10-31667；云南，大理市，苍山，王立松 12-35119；云南，香格里拉市，格咱乡小雪山碧融峡谷，王立松 00-20062。

50. 球盘球粉衣［球粉衣科（Sphaerophoraceae）］

Sphaerophorus globosus (Huds.) Vain., Résult. Voy. Belgica, Lich.: 35, 1903.
≡*Lichen globosus* Huds., Fl. Angl.: 460, 1762.

地衣体枝状，直立或半直立密集丛生，高 2 ～ 3cm，质硬；分枝：不规则稠密分枝，柱状至扁枝状，背腹性不明显，直径 0.5 ～ 1mm；表面：基部呈污白色、淡黄褐色，局部有时呈暗红褐色，光滑，无光泽，无粉芽和裂芽；髓层：中实，白色；子囊盘：顶生，握拳状，早期有托缘包被，之后裂开呈不规则裂缝状，露出黑色盘面，盘面下倾，直径 1 ～ 2mm；子囊退化呈膜质；孢子：圆形至椭圆形，单胞，淡黄绿色，7 ～ 7.5μm×7μm；地衣特征化合物：髓层 P± 黄色、K–、IKI+ 蓝色、KC± 红色，含次地茶酸及鳞片衣酸。

生于海拔 3700 ～ 4500m 的多云雾湿润环境，杜鹃和柏木树干附生，伴生种。在我国分布于四川、云南。日本、欧洲和美洲均有分布。

【标本引证】 四川，康定市，木格措景区，王立松 06-26087、16-51933 & 16-51949；云南，丽江市，老君山，王立松等 18-60550；云南，香格里拉市，翁水村大雪山，王立松 00-19931。

51. 云南珊瑚枝［珊瑚枝科（Stereocaulaceae）］

Stereocaulon yunnanense (Hue) Asahina, Fauna and Flora of Nepal Himalaya, 1952-53: 50, 1955.
Type: Yunnan, summit of Mt.Cangshan, above Dali, alt. 4000m, collected by Delavay in 1884, no. 664 in PC.
GenBank No.: PP902524, PP889763, PP889761.

初生地衣体消失。假果柄：高 3 ～ 5cm，灌丛状丛生，不规则分枝，表面呈烟灰色，无绒毛及粉芽；叶状枝：珊瑚状，生于假果柄基部，叶状枝长达 3 ～ 4mm，向顶端渐短，1 ～ 2mm；衣瘿：小囊状，黄褐色至灰褐色；子囊盘：顶生，盘面呈黑褐色至红褐色，半球形，直径 1 ～ 3mm；子囊：内含 8 个孢子；子囊孢子：无色长针形，10 ～ 28 胞，80 ～ 168μm×4.2 ～ 6μm；地衣特征化合物：假果柄 K+ 黄色、P+ 红色，含黑茶渍素、斑点酸及降斑点酸。

生于海拔 3000 ～ 4065m 的阴湿环境林下及林缘石灰岩表面，建群种。在我国分布于云南、西藏、陕西、台湾。

【标本引证】 云南，禄劝彝族苗族自治县，轿子雪山，王立松 06-26988；西藏，波密县，嘎瓦龙雪山，王立松等 14-46003。

52. 绿丝槽枝衣
［梅衣科（Parmeliaceae）］

Sulcaria virens (Taylor) Bystrek ex Brodo & D. Hawksw., Opera Bot. 42: 154, 1977.

≡*Alectoria virens* Tayl., Hook. Lond. J. Bot. 6: 188, 1847; Zahlbr., in Handel-Mazzetii, Symb. Sinic. 3: 202, 1930.

地衣体枝状，以基部柄固着基物，丝状悬垂，长 10 ～ 25（～ 30）cm，分枝：基部分枝圆柱状至扁枝状，直径 0.2 ～ 0.5（～ 4）mm，向上等二叉分枝，分枝腋较宽，侧生小刺状分枝稀疏，与主枝呈直角；表面：淡黄绿色至柠檬黄色，光滑，无光泽，具狭长裂隙状沟槽，往往露出白色髓；无粉芽、裂芽和假杯点；子囊盘和分生孢子器未见；地衣特征化合物：皮层 K–，髓层 K–、P+ 红色，含黑茶渍素及吴尔品酸、去甲环萝酸。

生于海拔 3190 ～ 4050m 的多云雾湿冷环境，主要附生于杜鹃、丽江云杉和冷杉树干，也生于高山松和云南松树冠，偶见岩石表面生；喜马拉雅山特有种；中国易危（VU）物种，云南易危（VU）物种。在我国分布于四川、云南、西藏、台湾。印度、尼泊尔、斯里兰卡均有分布。

【标本引证】 云南，丽江市，老君山，王立松等 18-60710；云南，贡山独龙族怒族自治县，独龙江至贡山独龙族怒族自治县途中，王立松等 15-48105；西藏，察隅县，慈巴沟国家级自然保护区，严志坚 CBG008。

【用途】 民间药用。

53. 麦黄缘毛肾岛衣［梅衣科（Parmeliaceae）］

Tuckneraria laureri (Kremp.) Randlane & A. Thell, Acta Bot. Fenn. 150: 149, 1994.
≡*Cetraria laureri* Kremp., Flora, Regensburg 34: 673, 1851; Wei & Jiang, Lich. Xizang: 59, 1986.

地衣体中小型叶状，质薄，平卧至半直立扩展，直径 4 ～ 8cm；裂片：深裂，宽 2 ～ 8mm，边缘强烈波状起伏，顶端钝圆或缺刻，具稀疏缘毛型假根，假根褐色；上表面：污白色、淡黄色至黄绿色，平坦至褶皱，枕状粉芽堆缘生，无裂芽；下表面：边缘与上表面同色，中央栗色，有皱脊，脊上密生白色至褐色凸起假杯点；假根：稀疏，基部褐色，顶端白色，单一；子囊盘未见；地衣特征化合物：髓层 K+ 淡黄色、P–、C–、KC–，含松萝酸、地衣硬酸及原地衣硬酸。

生于海拔 2500 ～ 4200m 的半干燥环境，常附生于云南松树干、枯木生及岩面，伴生种。在我国分布于云南、西藏。亚洲、欧洲地区均有分布。

【标本引证】 四川，九龙县，伍须海，王立松 07-29204；四川，丹巴县，格达梁子，王立松 10-31650；云南，剑川县，石宝山，王立松等 11-32540。

54. 花黄髓衣 [梅衣科 (Parmeliaceae)]

Vulpicida pinastri (Scop.) J.-E. Mattsson & M.J. Lai, Mycotaxon 46: 428, 1993; Abbas & Wu, Lich. Xinjiang: 101, 1998.

=*Cetraria pinastri* (Scop.) Rohl. Deutschl. Flora, 3(2): 113, 1813; Wei & Jiang, Lich. Xizang: 59, 1986.

≡*Lichen pinastri* Scop., Fl. carniol., Edn 2 (Wien) 2: 382, 1772.

地衣体小至中型叶状，紧贴基物呈圆形扩展，直径 2 ～ 5cm；裂片：羽状至不规则分裂，顶端钝圆或缺刻，宽 1 ～ 3mm，边缘微上卷；上表面：亮黄绿色至硫黄色，具褶皱，弱光泽，沿裂片边缘具枕状硫黄色粉芽堆，伴有稀疏缘毛，缘毛单一，无裂芽、假杯点或白斑；下表面：淡黄色至硫黄色，具稀疏假根；假根：单一，褐色至黑色；子囊盘未见；地衣特征化合物：皮层和髓层均为负反应，含吴尔品酸及泽屋萜。

生于海拔 1300 ～ 4320m 的多云雾环境中的腐木及岩石，伴生种。在我国分布于内蒙古、吉林、黑龙江、云南、西藏。北美洲、欧洲、亚洲地区均有分布。

【标本引证】 云南，香格里拉市，小雪山垭口，王立松等 13-38389；新疆，喀纳斯，王立松等 12-35958。

55. 卷叶石黄衣（新拟）[黄枝衣科（Teloschistaceae）]

Xanthoria ulophyllodes Räsänen, Die Flecht. Estl. 1: 105, 1931.

地衣体中小型叶状，紧贴基物呈圆形扩展，直径 3.5 ～ 15cm；裂片：深裂，相互紧密靠生，顶端钝圆至缺刻，宽 0.3 ～ 1.5mm；上表面：平坦至略凸起，亮橘红色至暗橘红色，光滑，粉芽堆生于裂片表面或边缘，枕状或唇形，与地衣体同色；髓层：白色；下表面：白色，具白色至黄色短假根；子囊盘：稀见，具柄，盘面橘黄色，直径约 3mm；盘缘发育良好，常具粉芽和缘毛；子囊：棒状，内含 8 个孢子；子囊孢子：椭圆形，无色，对极式双胞型，13 ～ 16μm×6 ～ 8μm；中隔厚 3 ～ 5μm；分生孢子器埋生；分生孢子：杆状，2 ～ 3μm×1 ～ 1.5μm；地衣特征化合物：皮层 K+ 紫色、C–，KC–、P–，含石黄酮、石黄醛及远裂亭。

生于海拔 1300 ～ 3800m 的干旱及干冷环境，附生于栒子（*Cotoneaster*）灌木枝及岩石表面，伴生种。在我国分布于云南、西藏、新疆。北美洲、欧洲、亚洲地区均有分布。

【标本引证】 云南，香格里拉市，香格里拉高山植物园，王立松 13-38311；西藏，林芝市，王立松等 19-66242；西藏，丁青县，尺牍镇，317 国道旁石坡，王立松等 16-52981；新疆，喀纳斯，王立松等 12-35955。

2.2　高山灌丛

高山灌丛下主要由梅衣科中的小孢发属、袋衣属、褐梅衣属、肺衣属、地卷属以及石蕊属组成群落，其中由繁鳞石蕊（*Cladonia fenestralis*）、鹿石蕊（*Cladonia rangiferina*）、白边岛衣（*Cetraria laevigata*）、光肺衣（*Lobaria kurokawae*）等组成群系。

海拔 3900 ～ 4500m 是矮高山栎（*Quercus monimotricha*）、鬼箭锦鸡儿（*Caragana jubata*）、粉紫杜鹃（*Rhododendron impeditum*）、山生柳（*Salix oritrepha*）灌丛植被带（图 2.16），灌木枝上由袋衣属（*Hypogymnia*）、猫耳衣属（*Leptogium*）、肺衣属（*Lobaria*）、肾盘衣属（*Nephroma*）、褐衣属（*Melanelia*）、肾岛衣属（*Nephromopsis*）等组成地衣群落，密枝小孢发（*Bryoria fastigiata*）是密枝杜鹃（*Rhododendron fastigiatum*）专性附生的中国特有地衣，偶见网衣属（*Lecidea*）、茶渍属（*Lecanora*）、鸡皮衣属（*Pertusaria*）等壳状地衣附生，建群种瑞士肾盘衣（*Nephroma helveticum*）是柳灌木枝的主要附生地衣；灌木林下藓层及岩面主要有石蕊属（*Cladonia*）、地卷属（*Peltigera*）、肺衣属（*Lobaria*）、岛衣属（*Cetraria*）、珊瑚枝属（*Stereocaulon*），其中石蕊属和珊瑚枝属物种组成最丰富，繁鳞石蕊、鹿石蕊、雀石蕊（*C. stellaris*）、白边岛衣、光肺衣组成的群落面积可达 10m^2 以上（图 2.17），并有云南石蕊（*Cladonia yunnana*）、硫石蕊（*Cladonia sulphurina*）和地茶（*Thamnolia vermicularis*）等伴生。

图 2.16　高山灌丛植被及流石滩生态景观

张雁云拍摄于云南省德钦县白马雪山，海拔 4300m

图 2.17　高山灌丛杜鹃（*Rhododendron* spp.）林地雀石蕊（*Cladonia stellaris*）地衣群落
拍摄于云南省德钦县，海拔 4200m

1. 密枝小孢发［梅衣科（Parmeliaceae）］

Bryoria fastigiata Li S. Wang & H. Harada, J. Hattori Bot. Lab. 100: 866, 2006.

Type: CHINA, Yunnan, Zhongdian Co., Wang Li-song 04-23181, 2004 (KUN-L 19023, Holotype!; CBM, isotype!).

GenBank No.: HQ402706, KU895852.

地衣体枝状，直立至亚悬垂，以基部柄固着基物，高 1 ～ 1.5（～ 2）cm；分枝：主枝直径 0.2 ～ 0.5mm，分枝腋与主枝呈锐角，短分枝腋与主枝呈直角；表面：基部呈深黑色，中部呈暗黑色，近顶端呈淡棕色，无光泽和侧生小刺，无粉芽及裂芽；假杯点：生于分枝近顶端，不明显，梭形下陷，淡棕色至黑色；子囊盘：常见，亚顶生或侧生，无缘毛；盘缘发育良好，盘面幼时凹陷，成熟后平坦或凸起呈盔状，红棕色至暗棕色，直径 0.5 ～ 2（～ 5）mm；子囊：内含 8 个孢子；子囊孢子：椭圆形，无色单胞，5 ～ 6μm×3.5 ～ 4μm；分生孢子器未见；地衣特征化合物：皮层 P+ 黄色、K–、KC–、C–，髓层 P+ 橘红色、C–、KC–、K–，含伴富马原岛衣酸及富马原岛衣酸。

生于海拔 3200 ～ 4450m 的多云雾湿冷环境，附生于密枝杜鹃灌木枝，稀见种，云南易危（VU）物种。分布于四川、云南和西藏（新记录），目前仅见横断山有分布。

【标本引证】 四川，木里藏族自治县，巴松垭口，王立松 83-2103；云南，德钦县，白马雪山垭口，王立松 93-13522；西藏，芒康县，芒康县至如美镇途中的拉乌山，王立松等 16-53323；西藏，林芝市，鲁朗镇色季拉山口，王立松等 07-28384。

2. 硬枝小孢发［梅衣科（Parmeliaceae）］

Bryoria rigida P. M. Jørg. & Myllys, Lichenologist 44(6): 777, 2012.
Type: CHINA, Yunnan, Dali, L. S. Wang 06-26208, 2006(KUN-L, holotype!; H, isotype!).
GenBank No.: KU895882, KU895883.

地衣体直立丛生，高 5 ～ 8cm，质地硬，易碎；分枝：主枝等二叉分枝，直径 0.8mm，侧生小分枝稠密，长 1.5 ～ 5mm，基部略缢缩，分枝腋垂直或呈 50° ～ 70° 锐角，第三级分枝发育良好，不规则分叉，侧生小刺丰多，长 0.2 ～ 1.5mm，分枝腋呈直角；表面：基部至中部呈黑色，常炭化，近顶端呈黄绿色、鹿褐色至橄榄绿色，具光泽；假杯点：稀疏至丰多，主枝表面假杯点呈狭长裂隙状，深褐色至黑色，表面平坦至凹陷，直径 0.2 ～ 0.7mm，分枝顶端表面假杯点圆形至椭圆形，灰白色，弹坑状，直径 0.1 ～ 0.3mm；无粉芽及裂芽；子囊盘及分生孢子器未见；地衣特征化合物：皮层和髓层 P+ 橘红色、K−、C−、KC−，含富马原岛衣酸、原岛衣酸、奎史酸及伴富马原岛衣酸。

生于海拔 2700 ～ 4500m 的高山多云雾湿冷环境，杜鹃灌木、苍山冷杉（*Abies delavayi*）、箭竹（*Sinarundinaria nitida*）树干及林下岩面薄土层附生，常与繁鳞石蕊（*Cladonia fenestralis*）、聚筛蕊（*Cladia aggregata*）混生。分布于中国云南和印度。

【标本引证】 云南，大理市，苍山电视塔，王立松 06-26208；西藏，墨脱县，嘎瓦龙雪山，王立松等 14-46052；四川，泸定县，贡嘎山，王立松 07-41547；四川和西藏新记录。

3. 白边岛衣［梅衣科（Parmeliaceae）］

Cetraria laevigata Rass., Bot. Zh. SSSR 28: 79, 1943; Wei & Jiang, Lich. Xizang: 58, 1986.

地衣体叶状，直立或半直立丛生，高 3 ～ 5cm；裂片：狭叶型，宽 2 ～ 4mm，边缘内卷成半管状，密生棕色至黑色刺状短缘毛；上表面：淡黄褐色、栗色至黑色，有光泽，基部有时呈暗红色，无粉芽和裂芽；下表面：与上表面同色，边缘两侧具明显线条状白色假杯点；子囊盘：极少见，生于裂片顶端，肾盘形，直径 0.3 ～ 1.5cm，盘面呈淡褐色，盘缘具黑色刺状缘毛；地衣特征化合物：髓层 K+ 黄色、P+ 橘红色，含富马原岛衣酸。

生于海拔 3700 ～ 4500m 的湿冷环境，杜鹃、冷杉混交林及灌木林下藓层或石隙间；建群种。该种在青藏高原冷杉与杜鹃灌木林下组成标志性地衣群落，群落面积达数平方米。分布于内蒙古、吉林、黑龙江、陕西、新疆、云南、西藏、台湾。

【标本引证】 四川，康定市，杜鹃山，王立松 06-26052；四川，九龙县，鸡丑山，王立松 07-29234；云南，香格里拉市，红山，王立松 09-30989；西藏，亚东县，东嘎拉，臧穆 9989。

【用途】 民间食用。

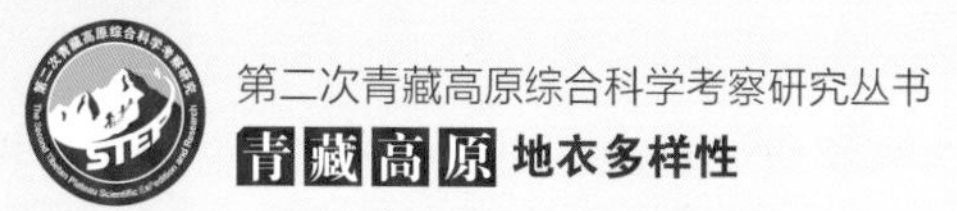

4. 繁鳞石蕊［石蕊科（Cladoniaceae）］

Cladonia fenestralis Nuno, J. Jap. Bot. 50(10): 291, 1975; Wei & Jiang, Lich. Xizang: 89, 1986.

初生地衣体早期消失。果柄：中空，直立丛生，高 5 ～ 10（～ 15）cm，不分枝或二叉分枝，渐尖或偶具狭杯，有时杯缘重生果柄，枝腋不穿孔；表面：淡黄绿色至暗绿色，常具不规则纵向裂隙或穿孔，皮层网纹状龟裂，无粉芽；鳞芽：小鳞片状，密生于整个果柄；子囊盘和分生孢子器生于果柄顶端，棕色；地衣特征化合物：果柄 K–、KC–、P+ 红色，含富马原岛衣酸。

生于海拔 3600 ～ 4200m 的杜鹃（*Rhododendron* spp.）、红杉（*Larix* sp.）林下湿冷环境，聚生群落面积可达 10 ～ 20m^2，建群种。在我国分布于安徽、湖北、四川、贵州、云南、西藏、陕西、台湾、新疆。东南亚地区也有分布。

【标本引证】 云南，德钦县，白马雪山垭口，王立松 13-38425；云南，香格里拉市，天池，王立松 04-23186；西藏，察隅县，目若村，王立松等 14-46962。

【用途】 食用及药用（王立松和钱子刚，2012）。

5. 喇叭石蕊［石蕊科（Cladoniaceae）］

Cladonia pyxidata (L.) Hoffm., Deutschl. Fl., Zweiter Theil (Erlangen): 121, 1796; Zahlbr., in Handel-Mazzetii, Symb. Sinic. 3: 133, 1930; Wei & Jiang, Lich. Xizang: 90, 1986; Abbas & Wu, Lich. Xinjiang: 58, 1998.
≡*Lichen pyxidatus* L., Species Plantarum 2: 1151, 1753.

初生地衣体宿存，鳞叶状，边缘浅裂，近顶端略上扬，上表面灰绿色至暗绿色，下表面白色。果柄：逐渐扩大高脚杯状，高 1 ~ 3cm，灰褐色至暗绿色，皮层龟裂或疣突，近杯缘皮层常脱落，无粉芽和小鳞芽，杯底不穿孔，杯缘有时反复再生 1 ~ 2 层；子囊盘：杯缘生，褐色；分生孢子器：杯缘生，内含物无色；地衣特征化合物：果柄 K–、KC–、P+ 红色，含富马原岛衣酸。

生于海拔 2500 ~ 4000m 的林下湿润环境，树基部、腐木或岩表土附生，伴生种。在我国分布于河北、内蒙古、辽宁、吉林、黑龙江、浙江、安徽、福建、江西、山东、贵州、云南、西藏、新疆、台湾，为世界广布种。

【标本引证】 四川，康定市，杜鹃山，王立松 06-26049；云南，香格里拉市，天池，王立松 07-28879；西藏，八宿县，八宿至然乌途中 318 国道旁高山草甸，王立松等 18-61185。

【用途】 药用，石蕊试剂原料。

6. 鹿石蕊［石蕊科（Cladoniaceae）］

Cladonia rangiferina (L.) Weber ex F.H. Wigg., Prim. Fl. Holsat. (Kiliae): 90, 1780; Wei & Jiang, Lich. Xizang: 78, 1986.

≡*Lichen rangiferinus* L., Species Plantarum 2: 1153, 1753.

初生地衣体早期消失。果柄：灌木状丛生，直立，高 10 ～ 12cm，主轴明显，不等长多叉稠密分枝，顶端三、四叉分枝，斜向一侧，枝腋具圆形穿孔，无杯体；表面：无皮层，主枝灰白色至暗灰绿色，基部呈黑色或污褐色，近顶端呈深棕色，无粉芽和小鳞芽；子囊盘：小型，红棕色，生于小枝顶端；分生孢子器：黑褐色，生于小枝顶端，内含物无色；地衣特征化合物：果柄 K+ 黄色、KC–、P+ 橘红色，含黑茶渍素及富马原岛衣酸。

生于海拔 3000 ～ 4300m 的林地湿润环境，常见于冷杉、杜鹃及高山灌木林下土层，伴生种、建群种。在我国分布于内蒙古、辽宁、吉林、黑龙江、浙江、安徽、山东、湖北、四川、云南、西藏、陕西、台湾。南美洲、南极洲、北半球均有分布。

【标本引证】 四川，泸定县，贡嘎山，王立松 07-29086；云南，德钦县，白马雪山垭口，王立松 13-38578；云南，香格里拉市，天宝雪山，王立松 09-31054。

【用途】 民间食用和药用，野生动物饲料和石蕊试剂原料。

7. 雀石蕊［石蕊科（Cladoniaceae）］

Cladonia stellaris (Opiz) Pouzar & Vězda, Preslia 43: 196, 1971; Abbas & Wu, Lich. Xinjiang: 50, 1998.
≡*Cenomyce stellaris* Opiz, Böh. Phänerogam. Cryptogam. Gewächse (Prague): 141, 1823.

初生地衣体壳状，早期消失。果柄：高 5 ～ 15cm，灌木状不规则稠密分枝，近顶端三、四叉至多叉分枝呈球形；表面：灰白色至浅棕色，无皮层，无杯体、粉芽和小鳞芽；子囊盘：稀见，暗褐色，顶生；分生孢子器：顶生，内含物红色；地衣特征化合物：果柄 K–、KC+ 黄色、P–，含松萝酸和珠光酸。

生于海拔 3800 ～ 4200m 的湿冷、多云雾环境的灌木林下或高山草甸，聚生群落面积可达 5 ～ $10m^2$，建群种。在我国分布于内蒙古、吉林、黑龙江、云南、陕西、甘肃和新疆。北半球均有分布。

【标本引证】 云南，德钦县，白马雪山垭口，王立松 13-38576 & 15-49701。

【用途】 药用，抗生素原料。

8. 硫石蕊［石蕊科（Cladoniaceae）］

Cladonia sulphurina (Michx.) Fr., Lich. Eur. Reform. (Lund): 237, 1831; Abbas & Wu, Lich. Xinjiang: 60, 1998.

≡*Scyphophorus sulphurinus* Michx., Fl. Boreali-Americ. 2: 328, 1803.

初生地衣体宿存，鳞片状，缘裂，直径约 10mm；果柄：高达 8cm，单一或不规则分枝，先端无杯体或具浅杯体，枝腋不穿孔；表面：黄绿色，具裂隙状穿孔，基部皮层不连续，粉末状粉芽密布整个果柄；小鳞芽：稀疏，基部生；子囊盘：红色，生于果柄顶端或杯缘；分生孢子器：生于果柄顶端，内含物红色；地衣特征化合物：果柄 K–、PD–、UV+ 白色，含松萝酸、鳞片衣酸、玫红石蕊酸。

生于海拔 2900～4200m 的阴湿环境腐木，伴生种。在我国分布于吉林、新疆。欧洲、亚洲、澳大利亚、北美洲、南美洲、南极洲均有分布。

【标本引证】 云南，德钦县，白马雪山垭口，王立松等 13-38582；云南，丽江市，老君山，王立松等 17-55918 & 18-60511。

9. 云南石蕊
［石蕊科（Cladoniaceae）］

Cladonia yunnana (Vain.) Abbayes, Candollea 16: 202, 1958; Wei & Jiang, Lich. Xizang: 84, 1986.

≡*Cladonia transcendens* var. *yunnana* Vain., in Hue, Nouv. Arch. Mus. Hist. Nat., Paris, 3 sér. 10: 262, 1898; Zahlbr., in Handel-Mazzetii, Symb. Sinic. 3: 171, 1930.

Type: CHINA, Yunnan, Mt. Tsang-shan (as "Tsang-chan"), R. P. Delavay s.n., 1883 (TUR-V. No.14169).

GenBank No.: OR208147, OR195100, OR224608.

初生地衣体鳞叶状，掌状深裂，上表面为黄绿色，下表面为白色，宿存。果柄：高 2 ~ 4cm，顶端呈狭窄杯状，杯缘完整或呈齿状，有重生小果柄；表面：黄绿色至暗黄褐色，基部具皮层，有时龟裂；粉芽：颗粒状，密生于果柄上部，杯体内侧无粉芽；小鳞芽：偶见，生于果柄基部；子囊盘和分生孢子器：红色，生于杯缘或重生小果柄顶端；地衣特征化合物：果柄 K–、KC+ 黄色、P–、UV+，含松萝酸和鳞片衣酸。

生于海拔 2500 ~ 4200m 的阴湿环境腐木及土层，伴生种。在我国分布于湖北、云南、西藏、台湾。亚洲地区均有分布。

【标本引证】 云南，丽江市，老君山，王立松等 21-69857 & 14-44077；云南，维西傈僳族自治县，犁地坪，王立松 07-28811。

10. 多毛猫耳衣［胶衣科（Collemataceae）］

Leptogium hirsutum Sierk, Bryologist 67: 267, 1964.

地衣体中小型叶状，疏松贴生基物，湿润时柔软胶质状，直径 3 ～ 8cm；裂片：浅裂，宽 0.5 ～ 2cm，边缘强烈波状，顶端和边缘常下卷；上表面：铅灰色、蓝褐色，密生疣状突或珊瑚状裂芽，裂芽呈褐色至深黑色，近边缘有绒毛；下表面：密生白色绒毛，直达裂片边缘；子囊盘未见；地衣特征化合物：均为负反应。

生于海拔 2476m 的湿润环境的岩石表面，伴生种。在我国分布于湖北、四川、云南、陕西。北美洲地区也有分布。

【标本引证】 四川，金川县，观音桥镇，王立松等 20-67643；云南，香格里拉市，尼汝村，王立松等 20-66270。

11. 光肺衣［肺衣科（Lobariaceae）］

Lobaria kurokawae Yoshim., Journ. Hattori Bot. Lab. 34: 297, 1971; Wu & Liu, Flora Lichenum Sinicorum 11: 67, 2012.

地衣体大型叶状，疏松附生基物，直径达 20（～ 50）cm；裂片：浅裂至深裂，相互疏松靠生呈覆瓦状，顶端截形或微凹，裂腋圆或钝圆；上表面：鲜时呈青绿色至黄绿色，有光泽，久置标本呈深褐色，无光泽，网状脊强烈，无粉芽及裂芽，偶见不规则小裂片；下表面：淡黄褐色，凸起部分光滑，间沟中密生黑紫色或黄褐色短绒毛，并疏生同色假根；子囊盘：稀见，亚茶渍型，生于网脊，短柄或无柄，盘面栗褐色，初为杯状，成熟后平坦，直径 2 ～ 3（～ 4）mm；子囊孢子：无色，成熟孢子纺锤形，平行 4 胞，24 ～ 30μm×6 ～ 8μm；分生孢子器：埋生于裂片近边缘，孔口黑点状；分生孢子：杆状，6 ～ 7μm×1μm；光合共生生物：念珠蓝细菌；地衣特征化合物：皮层 K–，髓层 K–、P–、KC–，含三萜类及革菌酸。

生于海拔 3200 ～ 4200m 的阴湿环境，针阔混交林岩面藓层或地上，常形成超过 10m^2 的林地群落，建群种。在我国分布于浙江、安徽、福建、江西、湖北、广西、四川、云南、西藏、陕西、台湾。日本及喜马拉雅地区（印度、尼泊尔和锡金）有分布。

【标本引证】 云南，德钦县，白马雪山垭口，王立松等 13-38540；西藏，波密县，嘎瓦龙雪山，王立松等 14-46078；四川，康定市，木格措景区杜鹃峡，王立松等 16-52667。

12. 瑞士肾盘衣［肾盘衣科（Nephromataceae）］

Nephroma helveticum Ach., Lich. Univ.: 523, 1810; Wu & Liu, Flora Lichenum Sinicorum 11: 120, 2012.

地衣体中小型叶状，疏松附生基物，直径 5 ～ 10cm；裂片：深裂，相互疏松至紧密靠生，顶端上扬；上表面：青绿色至棕褐色，干燥后呈淡棕色、灰棕色至黑棕色，光滑无绒毛至被小绒毛，常具小裂片或扁平至圆形裂芽，边缘具篦齿状小裂片；下表面：棕黑色至黑色，无绒毛至浓密小绒毛，有稀疏短假根，假根单一；子囊盘：生于裂片顶端下表面，盘面上扬，圆形至肾形，红棕色，具光泽，6 ～ 8μm× 4 ～ 7mm，盘缘明显，边缘齿状或小裂片；子囊：内含 8 个孢子；子囊孢子：椭圆形、卵形至近纺锤形，平行 4 胞，（13.6 ～）23.8 ～ 30.6μm×（3.4 ～）6.8 ～ 11.9μm；分生孢子器：边缘生，黑色；光合共生生物：蓝细菌；地衣特征化合物：皮层 K–、C–、KC–、P+ 橙黄色，髓层 K–、C–，含甲基三苔色酸盐及三苔色酸。

生于海拔 3200 ～ 4200m 的多云雾湿润环境，常附生于柳（*Salix* sp.）或栎（*Quercus* sp.）树干或灌木枝上，稀见岩面生，建群种。在我国分布于内蒙古、辽宁、吉林、黑龙江、浙江、安徽、福建、江西、湖北、广西、四川、贵州、云南、西藏、陕西、台湾。北美洲、欧洲、非洲、亚洲、大洋洲均有分布。

【标本引证】 西藏，波密县，嘎瓦龙雪山，王立松等 14-46075；云南，香格里拉市，尼汝村，王立松等 20-66286；四川，平武县，王朗国家级自然保护区，王立松 10-31770。

13. 雪黄肾岛衣（新拟）[梅衣科（Parmeliaceae）]

Nephromopsis nivalis (L.) Divakar, A. Crespo & Lumbsch, Fungal Diversity 84: 113, 2017.

=*Cetraria nivalis* (L.) Ach., Methodus, Sectio post. (Stockholmiæ): 294, 1803; Abbas & Wu, Lich. Xinjiang: 91, 1998.

≡*Lichen nivalis* L., Sp. pl. 2: 1145, 1753.

地衣体狭叶型，直立至匍匐集聚丛生，质地硬，高 2 ～ 4cm；裂片：背腹性不明显，不规则分裂，顶端掌状分裂，边缘多缺刻，不内卷，顶端轻微卷曲，宽 1.5 ～ 6mm；上表面：具不规则网脊状，黄绿色至黄棕色，基部呈橙黄色；下表面：色淡，有圆形微凸起假杯点；子囊盘未见；分生孢子器：缘生，暗褐色点状；地衣特征化合物：K–、KC+ 黄色、P–，含松萝酸及原地衣硬酸。

生于海拔 2500 ～ 4570m 的湿冷环境，常见于高山林线附近灌木林下及高山草甸土层，稀见种。在我国分布于内蒙古、黑龙江、西藏、新疆。北美洲、南美洲、欧洲、亚洲均有分布。

【标本引证】 云南，德钦县，白马雪山垭口，王立松等 13-38583；新疆，巴音布鲁克，王立松等 12-35940。

14. 白平大孢衣［蜈蚣衣科（Physciaceae）］

Physconia leucoleiptes (Tuck.) Essl., Mycotaxon 51: 94, 1994.
≡*Parmelia pulverulenta* ß *leucoleiptes* Tuck., Proc. Amer. Acad. Arts & Sci. 1: 224, 1848.

地衣体中型叶状，疏松附生基物，圆形至不规则扩展，直径 6 ～ 7cm；裂片：狭叶型，羽状至不规则深裂，相互紧密靠生至重叠覆瓦状，宽 1 ～ 2mm；上表面：鲜绿色、灰褐色至棕色，平坦至略凹陷，裂片末端具粉霜；粉芽：生于中央裂片边缘及顶端，颗粒状，集聚呈淡黄绿色唇形粉芽堆；下表面：边缘白色至灰白色，近中央深棕色或黑色；假根：黑色，羽状分枝；子囊盘：稀见，直径 4mm，盘缘厚，具小裂片及裂片顶端有唇形粉芽堆；子囊：长棒状，内含 8 个孢子；子囊孢子：大孢蜈蚣衣型，褐色双胞，28 ～ 31μm×16 ～ 18μm，孢壁等厚；分生孢子器未见；地衣特征化合物：皮层均为负反应，髓层 K–、C–、KC–（偶 C+ 玫瑰红色、KC+ 红色），P–；粉芽 K+ 淡黄色、C–、KC+ 黄色至橘红色、P–，含黑麦酮酸 A。

生于海拔 1600 ～ 2700m 的阴湿环境，岩石或树干附生，伴生种。在我国分布于北京、辽宁、吉林、黑龙江、江西、河南、四川、云南、陕西、新疆。北美洲地区也有分布。

【标本引证】 西藏，波密县，318 国道波密至林芝段，王立松等 16-52054。

2.3 草甸

早期对青藏高原草甸中的地衣研究甚少，大多数地衣生于草甸中的岩石和土层，其中青藏高原东南部的高山草甸水分条件较好，土壤和岩石附生地衣种类丰富，甚至有大型叶状和枝状地衣出现，但群落组成稀疏、分布间隔较大；而东部和北部荒漠草地受干旱、盐化等影响，地衣物种组成相对简单，但群落面积大、分布连续。

2.3.1 高山草甸

高山草甸中的地衣群落由耐寒的亚枝状和鳞壳状地衣建群种组成，主要有黄条厚枝衣（*Allocetraria ambigua*）、藓生双缘衣（*Diploschistes muscorum*）、高山鳞型衣（*Gypsoplaca alpina*）群系。

藏东南海拔 4200 ～ 4800m 是高山草甸及与流石滩相邻的地区，地衣组成多样，如有双缘衣属（*Diploschistes*）、褐根蜈蚣衣属（*Phaeorrhiza*）、鳞网衣属（*Psora*）、网衣属（*Lecidea*）、微孢衣属（*Acarospora*）、鳞型衣属（*Gypsoplaca*）等。黄条厚枝衣、杏黄岛衣（*Cetraria endochrysea*）、王岛衣（*C. wangii*）是高山草甸冻土层建群种。藓生双缘衣、泡鳞型衣（*Gypsoplaca bullata*）、西藏图沃衣（*Teuvoa tibetica*）、红鳞网衣（*Psora decipiens*）是壳状和鳞壳状地衣建群种，常聚生于鼠兔、旱獭等动物的洞穴口附近组成群落（图 2.18），对维护草甸水土流失有一定生态学意义。除了近年在高山草甸冻土层发现的新种高山鳞型衣、泡鳞型衣和中国新记录多鳞褐根蜈蚣衣（*Phaeorrhiza nimbosa*）、平卧褐根蜈蚣衣（*P. sareptana*）外，调查还发现，金黄树发（*Alectoria ochroleuca*）、光亮小孢发（*Bryoria nitidula*）和金丝刷（*Lethariella cladonioides*）附生于垫状植物雪灵芝（*Arenaria brevipetala*），是高山草甸罕见的地衣附生草本植物现象。

图 2.18　高山草甸冻土层微孢衣属（*Acarospora*）、双缘衣属（*Diploschistes*）群落

拍摄于四川省理塘县，海拔 4200m

1. 金黄树发［梅衣科（Parmeliaceae）］

Alectoria ochroleuca (Hoffm.) Mass., Sched. Crit. Lich. Ital.: 47, 1855; Obermayer, Lichenologica 88: 485, 2004. ≡*Usnea ochroleuca* Hoffm., Descr. Adunbr. Pl. Lich. 2(1): 7, 1791.

地衣体枝状，灌木状直立、匍匐至亚垂悬丛生，高 5 ～ 8cm；主枝圆柱状，直径 1 ～ 2mm，分枝呈二叉至不规则分枝，渐尖；表面：主枝基部至中部呈枯草黄色，分枝顶端呈深褐色至黑色，光滑，无粉芽及裂芽；假杯点：白色斑块状，显著凸起呈椭圆形至不规则形，直径超过 1mm；髓层：菌丝疏松，菌丝表面具疣突；子囊盘未见；地衣特征化合物：皮层 K–、P–、C–、KC+ 黄色，髓层 K–、P–、C–、KC+ 黄色、CK+ 金黄色，含松萝酸、环萝酸及树发酸。

生于海拔 4000 ～ 5000m 的多云雾湿冷环境，常见于高山草甸冻土及流石滩岩石表面，偶见于粉紫杜鹃（*Rhododendron impeditum*）和柏（*Juniperus*）灌木枝生，青藏高原稀见种。在我国分布于内蒙古、黑龙江、西藏、云南。尼泊尔、印度、日本、韩国、北美洲、新西兰、欧洲地区均有分布。

【标本引证】 云南，德钦县，白马雪山，王立松等 09-31079 & 15-49667；西藏，亚东县，臧穆 44。

2. 黄条厚枝衣［梅衣科（Parmeliaceae）］

Allocetraria ambigua (C. Bab.) Kurok. & M.J. Lai, Bull. natn. Sci. Mus., Tokyo, B 17(2): 62, 1991; Wang RF., Mycotaxon 130: 585, 2015.

≡*Cetraria ambigua* C. Bab., Hooker's J. Bot. Kew Gard. Misc. 4: 244, 1852; Wei & Jiang, Lich. Xizang: 56, 1986.

地衣体狭叶状至亚枝状，半直立至匍卧簇生，高 1 ～ 4cm；裂片：具明显背腹性，二叉或不规则分枝，宽 2 ～ 3mm；上表面：淡黄色或黄绿色，光滑，无粉芽及裂芽，有浅白斑纹；下表面：淡黄色或污白色，光滑至皱褶，边缘具点状或线状假杯点；髓层：白色，局部淡黄色；子囊盘：稀见，侧生或顶生，盘面棕红色，凹陷，直径约 1.5cm；分生孢子器：黑点状凸起，裂片边缘生或生于边缘小刺顶端；分生孢子：丝状，一端略膨大，10 ～ 17μm×0.5 ～ 1.5μm；地衣特征化合物：皮层 K–、P–、C–、KC+ 黄色，髓层 K–、P–、C–、KC–，含松萝酸、地衣硬酸、原地衣硬酸及黑麦酮酸。

生于海拔 3000 ～ 5000m 的多云雾湿冷环境，常见于高山杜鹃灌丛下，以及高山草甸冻土层，伴生种。在我国分布于四川、云南、西藏、陕西和甘肃。印度、尼泊尔也有分布。

【标本引证】 云南，德钦县，白马雪山，王立松等 12-34821 & 18-60379；西藏，八宿县，然乌至察隅途中，王立松等 14-46567。

3. 高原珠节衣［珠节衣科（Arthrorhaphidaceae）］

Arthrorhaphis alpina (Schaer.) R. Sant., Lichenologist 12(1): 106, 1980; Obermayer, Lichenologica 88: 488, 2004.

≡*Lecidea flavovirescens* var. *alpina* Schaer., Lich. helv. spicil. 4-5: 162, 1833.

地衣体鳞片状，单生至相互紧密靠生，厚质，群落直径 3 ～ 10cm；鳞片：直径 0.2 ～ 1mm，上表面明显凸起，粗糙至细颗粒状，具网纹状龟裂，亮黄绿色至淡黄绿色，皮层常脱落露出白色髓层；子囊盘：生于鳞片边缘，幼时盘面凹陷，成熟后明显凸起呈盔状，炭黑色，无明显盘缘，直径 0.3 ～ 1mm；子实上层：绿褐色至淡绿褐色；子囊：含 6 ～ 8 个孢子；子囊孢子：针状，5 ～ 8 胞，37 ～ 40μm×3 ～ 5μm。地衣体特征化合物：髓层含草酸钙晶体。

生于海拔 3900 ～ 4800m 的冻土或苔藓层，伴生种。在我国分布于四川、云南、西藏。尼泊尔也有分布。

【标本引证】 四川，壤塘县，海子山，20-67705；云南，香格里拉市，东旺乡葫芦海，王立松等 21-70048；西藏，左贡县，新德村，王立松等 14-45646。

4. 杏黄岛衣［梅衣科（Parmeliaceae）］

Cetraria endochrysea (Lynge) Divakar, A. Crespo & Lumbsch, Fungal Diversity 84: 111, 2017.

=*Allocetraria endochrysea* (Lynge) Kärnef. & Thell, *Nova Hedwigia* 62: 507, 1996; Wang RF., Mycotaxon 130: 587, 2015.

≡*Dactylina endochrysea* Lynge, Skrift. Svalbard Ishavet (Oslo) 59, V.Supplement: 62, 1933.

Type: Yunnan, Delavay from Lijiang, alt. 4000m in 1886, preserved in H & isotype in O.

GenBank No.: OR208154, OR224622.

地衣体亚枝状至柱状，直立或匍卧辐射簇生，分枝松散，无明显背腹性，高 1.5 ～ 4cm，直径 1 ～ 2mm；表面：黄色或绿黄色，近顶端二叉或不规则分叉，淡褐色，近分枝腋附近具点状白斑；髓层：中实，菌丝疏松，杏黄色；上皮层：假栅栏组织，厚 30 ～ 40μm；子囊盘：稀见，顶生，茶渍型，盘面棕红色至棕褐色，直径达 1cm；分生孢子器：常见于分枝腋附近，黑点状；分生孢子：丝状无色，一端略膨大，10 ～ 20μm×0.5 ～ 1.5μm；地衣特征化合物：含杜福定素、桥环柯因及松萝酸、地衣硬酸、原地衣硬酸。

生于海拔 4200 ～ 4400m 的高山草甸冻土及苔藓层，稀见种。分布于四川和云南。

【标本引证】 四川，康定市，折多山，王立松 07-28989；四川，小金县，巴郎山，王立松 07-29035；四川，九龙县，鸡丑山，王立松 07-29230；云南，香格里拉市，红山，王立松等 09-31014；云南，德钦县，白马雪山垭口，王立松等 13-38451 & 13-38542。

5. 赖氏岛衣［梅衣科（Parmeliaceae）］

Cetraria laii (Bab.) Divakar, A. Crespo & Lumbsch, Fungal Diversity 84: 111, 2017.

=*Allocetraria stracheyi* (Bab.) Kurok. & Lai, Bull. Natn. Sci. Mus. Tokyo, Ser.B, 17(2): 62, 1991; Wang RF., Mycotaxon 130: 589, 2015.

≡*Evernia stracheyi* Bab., Hook., Journ. Bot. 4: 244, 1852.

地衣体叶状至亚枝状，匍卧至亚直立丛生，高 4 ～ 5cm；裂片：狭叶型，厚质，具明显背腹性，背面略凸起，二叉至不规则分叉，宽 0.6 ～ 4mm；上表面：淡黄色、暗黄色或黄绿色，光滑，边缘具裂芽型小裂片或乳突；下表面：淡黄色、暗黄色或淡褐色，强烈褶皱，边缘具斑点状至亚线形假杯点，偶具简单分枝假根；髓层：淡黄色或黄色，稀白色；子囊盘：稀见，茶渍型，生于裂片边缘，盘面凹陷，棕褐色，直径约 0.6cm；分生孢子器：黑点状，生于裂片边缘乳突或小刺顶端；分生孢子：丝状，一端略膨大，10 ～ 17μm×0.5 ～ 1.5μm；地衣特征化合物：皮层及髓层 K–、C–、KC–、P–，皮层含松萝酸，髓层含地衣硬酸、原地衣硬酸、黑麦铜酸 A 和黑麦铜酸 C 及黄肾盘衣色素。

生于海拔 4200 ～ 4750m 的高山草甸冻原藓层，伴生种。在我国分布于四川、陕西、新疆、云南、西藏、台湾。印度、尼泊尔也有分布。

【标本引证】 四川，德格县，马尼干戈镇雀儿山，王立松等 07-28271；四川，康定市，折多山，王立松 02-21061；云南，德钦县，白马雪山垭口，王立松等 13-38449。

6. 王岛衣［梅衣科（Parmeliaceae）］

Cetraria wangii (R. F. Wang, X. L. Wei & J. C. Wei) Divakar, A. Crespo & Lumbsch, Fungal Diversity 84: 111, 2017.

≡*Allocetraria yunnanensis* R. F. Wang, X. L. Wei & J. C. Wei, Lichenologist 47(1): 33, 2015.

Type: CHINA, Yunnan Province, Deqin County, Meli Village, Meili Snow Mountain, on soil, alt. 4800m, 10 Sept. 2012, R. F. Wang YK12012(HMAS- L128218-holotype!).

GenBank No.: MB809069.

地衣体狭叶状，半直立至匍匐簇生，高 1 ～ 1.5cm；裂片：具背腹性，宽 1 ～ 3mm，不规则分裂，末端圆钝或截形，边缘常具撕裂状小裂片；上表面：光滑，黄绿色或黄色，具光泽；下表面：乳白色至暗褐色，皱褶微弱至强烈，无明显光泽，边缘具白色斑点状或亚线形假杯点及稀疏黑色假根；髓层：淡黄色至黄色；子囊盘：亚顶生，茶渍型，盘面红棕色，平坦至凹陷，直径 0.4 ～ 0.6mm，盘缘薄至消失，成熟后常呈撕裂状；子囊：窄棒状，30 ～ 45μm×10 ～ 15μm，内含 8 个孢子；子囊孢子：无色单胞，椭圆形至球形，5 ～ 9μm；分生孢子器：生于裂片边缘，黑点状凸起；分生孢子：无色丝状，一端略膨大，12 ～ 18μm×1 ～ 2.5μm；地衣特征化合物：皮层 K–、KC+ 黄色，髓层 K–、C–、KC–、PD–，含地衣硬酸、原地衣硬酸、黑麦酮酸及松萝酸。

生于海拔 4000 ～ 4800m 的高山湿冷环境，灌木林下或岩面薄土层生，稀见种。分布于云南西北部。

【标本引证】 四川，德格县，马尼干戈镇雀儿山，王立松等 07-28238 & 07-28242。

7. 藓生双缘衣［文字衣科（Graphidaceae）］

Diploschistes muscorum (Scop.) R. Sant., Lichenologist 12(1): 106, 1980; Abbas & Wu, Lich. Xinjiang: 34, 1998.

=*Diploschistes bryophilus* (Ehrh.) Zahlbr., Hedwigia 31: 34, 1892; Wei & Jiang, Lich. Xizang: 12, 1986.

≡*Lichen muscorum* Scop., Fl. carniol., Edn 2 (Wien) 2: 365, 1772.

地衣体壳状，龟裂，紧贴基物生长，直径 5 ～ 15cm；上表面：灰绿色至灰白色，凸凹不平呈疣状或脑纹状，有或无粉霜层；子囊盘：埋生或半埋生，单个或多个聚生，盘面黑色，具白色粉霜层，直径 1 ～ 1.8mm；子囊：棒状，内含 4 个孢子；子囊孢子：卵圆形，无色至棕色，具 4 ～ 6 次横向分隔，1 ～ 2 次纵向分隔，18 ～ 32μm× 6 ～ 15μm；地衣特征化合物：K+ 黄色变红色、C+ 红色、P–，含茶渍衣酸和双缘衣酸。

生于海拔 3600 ～ 4600m 的高山草甸冻土或苔藓层，常与石蕊属（*Cladonia*）地衣伴生，建群种。在我国分布于湖北、四川、云南、西藏、宁夏、香港、新疆。北半球广分布。

【标本引证】 四川，得荣县，茨巫乡，王立松 09-30883；云南，德钦县，白马雪山垭口，王立松 13-38498；西藏，察隅县，王立松等 07-28169 & 18-62427。

8. 泡鳞型衣（新拟）[鳞型衣科（Gypsoplacaceae）]

Gypsoplaca bullata H.X. Shi & Li S. Wang, in Shi, Wang, Zhou, Liu, Zhang, Yang, Timdal & Wang, Mycol. Progr. 17(7): 786, 2018.

Type: CHINA, Xizang, Zuogong Co., Wang Lisong et al. 16-54559 (KUN-L holotype!).

GenBank No.: KY397900, KY397931.

地衣体泡鳞状，疏松或紧贴基物生长，鳞片相互紧密靠生，群落直径 3 ～ 6cm，鳞片直径约 10mm ；上表面：凸起呈疣状至脑纹状，浅绿色、黄绿色至深棕色，无光泽和粉霜，具不规则细裂隙；下表面：白色至浅棕色，具与下表面同色假根束；子囊盘：幼时内陷或呈小疣状，成熟后凸起呈饼状内嵌或半埋生，盘面平滑，红棕色，无粉霜；髓层：菌丝疏松至中空，有草酸钙结晶；子囊：棒状，内含 8 个孢子；子囊孢子：无色单胞，椭圆形，12.5 ～ 15μm×7.5 ～ 10μm ；光合共生生物：绿球藻，藻层不连续；地衣特征化合物：皮层 K–、C–、PD–，含柯氏副茶渍素。

生于海拔 3400 ～ 4200m 的高原冻土层，伴生种。仅青藏高原有分布。

【标本引证】 西藏，巴青县，拉西镇，317 国道旁石坡，王立松等 16-53953 ；西藏，左贡县，左贡县至八宿县途中，318 国道 3626 里程碑处，王立松等 16-54551 ；西藏，八宿县，业拉山，王立松等 16-51854 ；西藏，尼木县，吞巴镇，王立松等 19-65104。

9. 平卧褐根蜈蚣衣［蜈蚣衣科（Physciaceae）］

Phaeorrhiza sareptana (Tomin) H. Mayrhofer & Poelt, Nova Hedwigia 30: 792, 1978.
≡*Rinodina nimbosa* f. *sareptana* Tomin, Notul. Syst. Inst. cryptog. Horti Bot. petropol. 2: 80, 1923.

地衣体鳞片状或近叶状，疏松至紧贴基物扩展，直径 8 ～ 15cm；鳞片：相互紧密靠生，边缘浅裂，宽 1 ～ 3mm；上表面：平滑至褶皱，淡黄棕色至赭棕色，具粉霜层；下表面：深棕色，假根稀疏，长约 7mm；子囊盘：网衣型，贴生，盘面呈深棕色至黑色，平坦至凹陷，常被白色粉霜，直径 0.2 ～ 0.6mm，盘缘全缘，与地衣体同色；子囊：茶渍型，内含 8 个孢子；子囊孢子：棕色双胞，薄壁型，成熟后中隔处缢缩，17 ～ 22μm×7.5 ～ 10μm；分生孢子器未见；地衣特征化合物：髓层 K± 淡橙色、C± 淡橙色、P–，含瓦拉酸及醌茜素、泽屋萜、呫吨酮。

生于海拔 2000 ～ 5170m，常见于高山草甸冻土层，以及土表或腐烂草本植物根系附生，伴生种。在我国分布于云南、西藏、陕西、甘肃。欧洲、北美洲、南极洲均有分布。

【标本引证】 云南，德钦县，白马雪山，王立松等 15-49533；西藏，八宿县，德姆拉山口，王立松等 14-46605；甘肃，肃南裕固族自治县，肃南裕固族自治县至祁连县途中，王立松等 18-59813。

10. 西藏图沃衣（新拟）[大孢衣科（**Megasporaceae**）]

Teuvoa tibetica (Sohrabi & Owe-Larss.) Sohrabi, Lichenologist 45(3): 357, 2013.

≡*Aspicilia tibetica* Sohrabi & Owe-Larss., Mycol. Progr. 9(4): 492, 2010.

Type: CHINA. Xizang: Himalaya Range, 135km SSW of Lhasa, SSE of Pomo Tso (=Puma Yumco), near the pass into the Kuru valley, way from the pass-road to the glacier, 28°28′N, 090°37′E, alt. 5100–5300m, Kobresiameadows and slopes covered with rock debris, on soil, 18. VII.1994, Obermayer 04386 (GZU, holotype!; H, isotype!).

GenBank No.: OR195106, OR208151, OR224613.

地衣体壳状，紧贴基物扩展，直径 3 ～ 7cm；上表面：粗糙，具不规则裂隙或凹陷，白色至浅灰色，有时边缘呈棕色至浅棕色，无光泽，具粉霜层；下表面：白色至黄色，无下皮层；子囊盘：茶渍型，埋生，盘面平坦至凹陷，棕色黑色至暗黑色，直径 0.3 ～ 1mm，常具灰白色粉霜层，盘缘明显，与地衣体同色；子实上层：棕色至橄榄色，N+ 橄榄色变绿色，K+ 褐色变绿棕色，具薄而不均晶体层；子实层：高 70 ～ 100μm，弱 I+ 蓝色变黄色至黄绿色或呈栗色；子实下层：白色，I+ 蓝色；子囊：平茶渍型，内含 8 个孢子；子囊孢子：无色单胞，球形至椭球形，10 ～ 14μm×5.5 ～ 9μm；分生孢子器埋生；分生孢子：杆状，4 ～ 7μm×1.5μm。

生于海拔 4600 ～ 5400m 的高山草甸冻土层，偶见石生，伴生种。在我国分布于四川、西藏，青藏高原北部也有分布。

【标本引证】 西藏，八宿县，业拉山垭口，王立松等 18-61029 & 18-61036；青海，玛多县，花石峡镇，王立松等 20-67081。

11. 雪地茶［霜降衣科（Icmadophilaceae）］

Thamnolia subuliformis (Ehrh.) W.L. Culb., Brittonia 15: 144, 1963; Obermayer, Lichenologica 88: 512, 2004; Wei & Jiang, Lich. Xizang: 96, 1986.

≡*Lichen subuliformis* Ehrh., Beitr. Naturk. 3: 82, 1788.

地衣体枝状，中空，常扭曲或弯曲成弓形，单生或稠密丛生，高 1 ~ 9cm，直径（0.3 ~）1 ~ 4mm，单一或简单分枝，顶端渐尖，局部有时具刺状短分枝，与主枝呈锐角或直角；表面：灰白色至乳白色，无光泽，平滑，偶凹陷或穿孔，无粉芽和裂芽，近基部呈深灰色或淡褐色，标本久储不变色；子囊盘未见；地衣特征化合物：UV+、K+ 淡黄色、C–、KC–、P+ 黄色，含羊角衣酸及鳞片衣酸。

生于海拔 3600 ~ 5200m 的高山草甸、石缝以及岩面土层，云南省近危（NT）物种。在我国分布于吉林、黑龙江、湖北、四川、云南、西藏、陕西、甘肃、新疆。欧洲、北美洲、亚洲等地区均有分布。

【标本引证】 四川，康定市，折多山，王立松 06-26091；云南，德钦县，白马雪山，王立松等 16-54589；西藏，八宿县，帕隆 4 号冰川入口处草原，王欣宇等 19-379；青海，玛多县，花石峡镇，王立松等 20-67093。

【用途】 民间传统药用。

2.3.2 荒漠草地

荒漠草地主要由耐旱鳞壳状及壳状地衣组成优势群落，这些地衣紧贴岩石生长，具有极其耐寒旱的生物学特征，由脑纹柄盘衣（*Anamylopsora undulata*）、甘肃鳞茶渍（*Squamarina kansuensis*）、糙聚盘衣（*Glypholecia scabra*）等组成群系。

本次考察沿祁连山南坡、柴达木盆地南缘至阿尔金山、藏北羌塘高原、喀喇昆仑山，中巴经济走廊、可可西里、帕米尔高原和西天山区的荒漠草地开展地衣调查与研究（图 2.19），沿途气候干旱，沙质地及盐化草甸土附生地衣极少见，主要由岩面附生的地衣组成群落。

图 2.19 青藏高原荒漠草地景观

拍摄于西藏自治区阿里地区，海拔 4200m

荒漠微孢衣（*Acarospora schleicheri*）、节微孢衣（*A. nodulosa*）、脑纹柄盘衣、甘肃鳞茶渍、光亮橙果衣（*Gyalolechia fulgens*）、高藏鳞网衣（*Psora altotibetica*）等是组成干旱和极干旱荒漠区沙土层地衣群落的优势种，其中甘肃鳞茶渍、脑纹柄盘衣在中低海拔组成延绵数千米的地衣生物结皮生态群落（图 2.20）；海拔 3600 ～ 5000m 的流石滩岩面附生的糙聚盘衣、方斑网衣（*Lecidea tessellata*）、垫脐鳞（*Rhizoplaca melanophthalma*）、双色脐鳞（*R. phaedrophthalma*）、糟糠土黄衣（*Golubkovia trachyphylla*）、鳞饼衣（*Dimelaena oreina*）、藏鳞饼衣（*D. tibetica*）、蜂窝橙衣（*Caloplaca scrobiculata*）群落高度发达，其中鳞饼衣、糟糠土黄衣、蜂窝橙衣单种直径常超过 100cm，中国特有种包氏微孢衣（*Acarospora bohlinii*）、岩生柄盘衣（*Anamylopsora hedinii*）、丽多瘤胞衣（*Diplotomma venustum*）也主要在本地区分布。

图 2.20　地衣生物结皮生态景观

甘肃鳞茶渍（*Squamarina kansuensis*）、脑纹柄盘衣（*Anamylopsora undulata*）等组成地衣群落面积达数平方千米

拍摄于甘肃省，海拔 1700m

1. 深棕微孢衣（新拟）[微孢衣科（Acarosporaceae）]

Acarospora badiofusca (Nyl.) Th. Fr., Nova Acta R. Soc. Scient. upsal., Ser. 3 3: 190, 1861 [1860].
≡*Lecanora badiofusca* Nyl., Herb. Mus. Fenn.: 110, 1859.

地衣体鳞片状至壳状，紧贴基物扩展，鳞片相互紧密靠生呈龟裂，直径 3 ～ 6cm；鳞片：厚质，圆形、菱形至不规则疣凸状，直径 0.2 ～ 0.4mm；上表面：淡棕褐色至深棕色，凸凹不平，具光泽和不规则裂隙，无粉霜；下表面：淡褐色至黑色；子囊盘：生于鳞片中央，圆形至不规则弹坑状，盘面凹陷，栗褐色至暗褐色，有裂隙，无粉霜，盘缘微凸起，与地衣体同色，直径 0.2 ～ 1mm；髓层：白色，藻层均匀；子囊：长棒状，内含超过 100 个孢子；子囊孢子：无色单胞，椭圆形，3 ～ 5μm× 1 ～ 3μm；分生孢子器未见；地衣特征化合物：均为负反应。

生于海拔 4100 ～ 4400m 的高海拔干冷环境的岩石表面，稀见种，中国新记录。在我国分布于青海。欧洲、北美洲均有分布。

【标本引证】 青海，久治县，年保玉则国家地质公园，王立松等 20-67824；青海，杂多县，扎青乡，王立松等 20-68580。

2. 包氏微孢衣［微孢衣科（Acarosporaceae）］

Acarospora bohlinii H. Magn., Lich. Centr. Asia 1: 80, 1940; Abbas & Wu, Lich. Xinjiang: 36, 1998; Obermayer, Lichenologica 88: 484, 2004.

Type: CHINA: Gansu, Bohlin no.68a in S. (S. L29931 !) .

GenBank No.: OR224615, OR224616.

地衣体壳状至鳞壳状，紧贴基物辐射扩展，直径 2 ～ 10（～ 20）cm；鳞片：中央鳞片为圆形至菱形，相互紧密靠生，边缘鳞片游离扩展，顶端钝圆至截形；上表面：明显凸起，栗褐色至深褐色，有强烈脊皱，无光泽和粉霜层；子囊盘：圆形，每个鳞片生有 1 ～ 2个子囊盘，盘面呈深红褐色至深褐色，无粉霜层；子实上层：红褐色，厚 10 ～ 27μm；子实层：无色，厚 70 ～ 90μm，遇 I+ 深蓝色或绿色；侧丝：顶端褐色；子囊：长棒状，45 ～ 58μm×13 ～ 20μm，内含超过 100 个孢子；子囊孢子：无色单胞，3 ～ 4.5μm×1.7 ～ 2.5μm；分生孢子：椭圆形；地衣特征化合物：均为负反应。

分布于海拔 1500 ～ 5000m 的高寒干旱环境的岩面表面。该种海拔分布范围较大，是中国西部及青藏高原岩石表面常见种之一，为中国特有种。分布于内蒙古、云南、西藏、青海、甘肃、宁夏、新疆。

【标本引证】 西藏，巴青县，雅安镇，317 国道旁草甸，王立松等 16-53261；青海，治多县，日阿东拉垭口，王立松等 20-67241；青海，乐都区，银安城等 17-57090；甘肃，酒泉市，鱼儿红乡，王立松等 18-59533。

3. 节微孢衣［微孢衣科（Acarosporaceae）］

Acarospora nodulosa (Dufour) Hue, Nouv. Arch. Mus. Hist. Nat., Paris, 5 sér. 1: 160, 1909; Obermayer, Lichenologica 88: 484, 2004.

≡*Parmelia nodulosa* Dufour, in Fries, Lich. Eur. Reform. (Lund): 185, 1831.

地衣体鳞片状至壳状，紧贴基物扩展，直径 2 ～ 8（～ 15）cm；鳞片：相互紧密靠生呈龟裂状，圆形至不规则形，直径 3 ～ 6.5mm；上表面：灰白色，具较厚白色粉霜层；子囊盘：圆形，幼时埋生，成熟后凸起，无柄，盘面幼时凹陷，成熟后平坦至明显凸起，深棕色至黑色，无粉霜或具粉霜，直径 0.5 ～ 1.5mm；子囊：棒状，内含约 100 个孢子；子囊孢子：卵圆形，无色单胞，2.5 ～ 4.5μm×2 ～ 3μm，通常具 1 ～ 3 个油滴；分生孢子器：球形；分生孢子：杆状，2 ～ 3μm×1 ～ 1.4μm；光合共生生物：绿球藻；地衣特征化合物：地衣体和髓层 K+ 红色，含结晶及降斑点酸。

生于海拔 1500 ～ 5000m 的干旱土表或岩面薄土层，建群种。在我国分布于云南、西藏、青海、甘肃。西班牙、法国、意大利、土耳其、澳大利亚、非洲、北美洲地区均有分布。

【标本引证】 云南，德钦县，奔子栏镇，王立松等 06-26691；西藏，达孜区，邦堆乡，202 省道旁石坡，王立松等 16-51774；青海，乌兰县，乌兰县至德令哈市途中，王立松等 18-59300；甘肃，玉门市，魔山地质公园，王立松等 18-58662 & 18-59677。

4. 垫微孢衣［微孢衣科（Acarosporaceae）］

Acarospora pulvinata H.Magn., Lich. Centr. Asia 1: 77, 1940; Abbas & Wu, Lich. Xinjiang: 38, 1998.
Type: Gansu, Bohlin no. 32b in S. !.
GenBank No.: OR228905，OR228904.

地衣体鳞片状，鳞片相互紧密靠生呈垫状，直径 3 ～ 5cm；鳞片：近圆形，直径 0.5 ～ 4mm，边缘略上卷；上表面：浅棕色或深栗褐色，平坦至微凸起，有裂隙，具白色粉霜镶边；子囊盘：埋生，每个鳞片 1 ～ 8 个聚生，盘面呈黑色或深褐色圆点状；子囊：棒状，内含超过 100 个孢子；子囊孢子：无色单胞，椭圆形，4 ～ 6μm× 2.3 ～ 3.0μm；地衣特征化合物：上皮层及髓层 K+ 红色，含三苔色酸。

生于海拔 1900 ～ 3200m 的干旱环境的花岗岩表面，伴生种。分布于青海、甘肃、新疆、内蒙古，为中国特有种。

【标本引证】 西藏，桑珠孜区，曲美乡，王立松等 19-65161；青海，海西蒙古族藏族自治州，茶叶沟保护站，王立松等 18-58401；青海，乌兰县，乌兰县至茶卡镇途中，王立松等 18-59239；甘肃，酒泉市，玉门市至鱼儿红乡途中，王立松等 18-58575。

5. 荒漠微孢衣［微孢衣科（Acarosporaceae）］

Acarospora schleicheri (Ach.) A. Massal., Ric. auton. lich. crost. (Verona): 27, 1852; Abbas & Wu, Lich. Xinjiang: 38, 1998; Obermayer, Lichenologica 88: 484, 2004.

≡*Urceolaria schleicheri* Ach., Lich. univ.: 332, 1810.

地衣体鳞片状，聚生至离生，群落直径 5 ～ 15（～ 30）cm；鳞片：圆形至不规则形，直径 0.3 ～ 2.7（～ 3.2）mm，边缘鳞片较小、离生，近中央鳞片稍大，紧密靠生；上表面：平坦至微凸起，金黄色至柠檬黄色，粗糙或光滑，无光泽，具显著粉霜层；子囊盘：圆形或近圆形，直径 1 ～ 3mm，盘面呈栗褐色至暗褐色，幼时埋生并具粉霜，成熟后盘面凸起呈盔状，粉霜消失或宿存；囊盘被不明显；子实上层：黄褐色，厚 10 ～ 18μm；子实层：透明，厚 80 ～ 130μm，I+ 蓝色；侧丝：分枝分隔，直径 1 ～ 2.5μm；子囊：棒状，内含超过 100 个孢子；子囊孢子：椭圆形至近球形，3 ～ 7μm×2 ～ 4.5μm；地衣特征化合物：UV+ 橘红色，显色均为负反应，含地图衣酸。

生于海拔 1600 ～ 5000m 的干冷环境的钙化或沙化土壤表面或高原冻土层，建群种。在我国分布于四川、云南、西藏、新疆、青海、甘肃。亚洲、欧洲、北非和北美洲均有分布。

【标本引证】 四川，德格县，雀儿山垭口，王立松 16-54763；云南，德钦县，梅里石村至索拉垭口，王立松 12-35339；西藏，达孜区，邦堆乡，202 省道旁石坡，王立松 16-51703；青海，海西蒙古族藏族自治州，乌兰县至德令哈市途中，王立松 18-58292；甘肃，张掖市，临泽县至肃南裕固族自治县途中，王立松 18-59714。

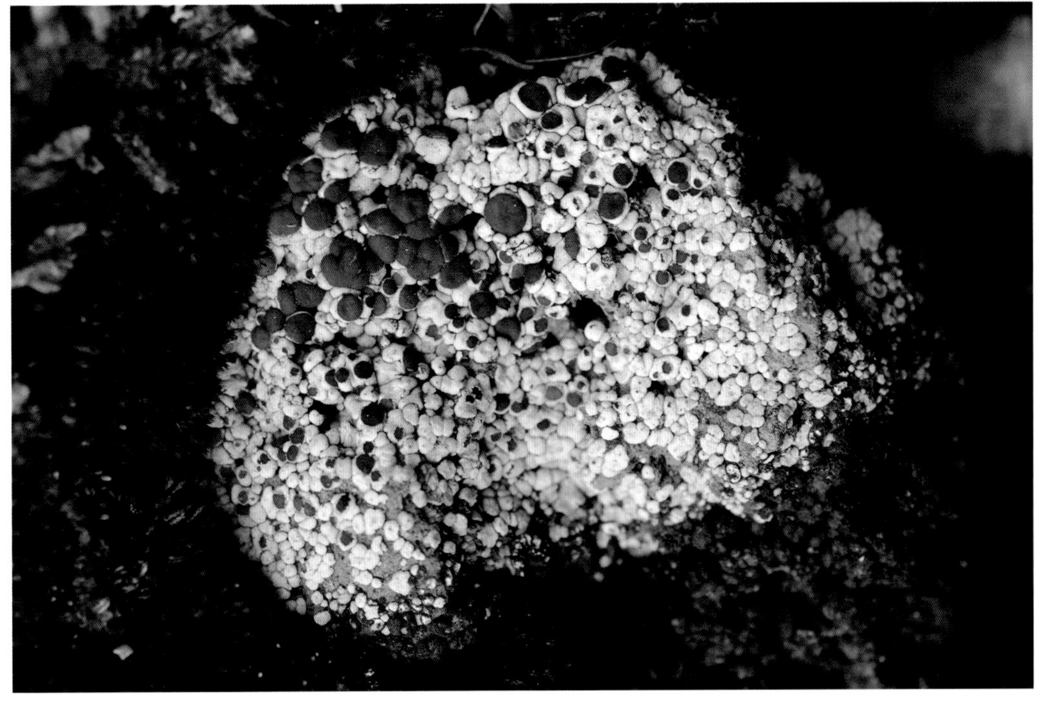

6. 岩生柄盘衣（新组合）[羊角衣科（Baeomycetaceae）]

Anamylopsora hedinii (Magn.) Li L. Juan & Li S. Wang, com. nov.

≡*Lecidea hedinii* H. Magn., Lich. Cent. Asia 1: 56, 1940.

Type: B. Bolin 72, CHINA, Kansu, "Ehr-tao-ch'uan (Nan-shan)", alt. 3000m, 2 Jan. 1932 (S-holotype !).

GenBank No.: MN545151, MN545152.

本种鉴别特征在于地衣体中央网状龟裂，边缘鳞片状或小裂片状，上表面呈黄褐色至赭色，无粉霜至边缘略带白色粉霜层，石生。Magnusson（1940）以 *Lecidea hedinii* 发表于甘肃省的南山，之后 Timdal（1991）将其异名到 *Anamylopsora pulcherrima* 种下，一些新标本采自于该种的模式产地，其形态特征与 *L. hedinii* 的模式一致，系统发育分析显示与 *A. pulcherrima* 亲缘关系较近，为独立分化枝而不同于 *A. pulcherrima*。

地衣体鳞片状，质厚，鳞片紧密靠生至重叠呈垫状，直径达 20（～ 50）cm；鳞片：菱形、三角形至不规则形，直径 1 ～ 2.5mm，边缘鳞片放射扩展，宽约 5mm，顶端略上扬，常有白色粉霜镶边，鳞片厚达 0.5 ～ 1.2mm；上表面：黄褐色至棕黄色，无粉芽及裂芽，有光泽；下表面：无皮层，具长 5 ～ 10mm 菌丝束；子囊盘：网衣型，陷生于鳞片间隙间，幼时单一，成熟后多个集聚，盘面棕黑色至黑色，无粉霜，直径 0.4 ～ 2mm；子囊：长棒状，子囊壁具淀粉鞘，内含 8 个孢子；子囊孢子：无色单胞，椭圆形至圆形，（7 ～）10 ～ 12（～ 13）μm×（6 ～）7 ～ 8（～ 10）μm；分生孢子器：生于鳞片边缘，黑色，分生孢子杆状，无色，3 ～ 5μm× 1μm；光合共生生物：共球藻；皮层 K+ 橘红色，含树发酸及坝巴醇酸。

生于海拔 2800 ～ 4200m 的干旱环境的石灰岩表面，伴生种、建群种，为中国特有种。该种在青藏高原西部干旱区岩石表面形成标志性优势群落。

【标本引证】 青海，共和县，黑马河镇，109 国道旁，王立松等 18-59182 &18-59199；甘肃，张掖市，肃南裕固族自治县至祁连县途中，王立松等 18-59827；甘肃，酒泉市，鱼儿红乡，王立松等 18-59559。

7. 脑纹柄盘衣（新组合）[羊角衣科（Baeomycetaceae）]

Anamylopsora undulata (Magn.) Li J. Li & Li S. Wang, com. nov.

≡*Lecidea undalata* Magnusson, Lich. Cent. Asia 1: 60, 1940.

Type: B. Bolin 72, CHINA, Prov. Kansu, "Yű-her-hung", alt. 2700-2800m, 5 Feb. 1932 (S-holotype !).

-*Anamylopsora pulcherrima* (Vain.) Timdal, Mycotaxon 42: 250, 1991.

=*Anamylopsora pruinosa* D.L. Liu & X.L. Wei, MycoKeys 41: 107-118, 2018.

GenBank No.: MN545149, MN545147.

本种鉴别特征在于地衣体为鳞片状，上表面呈灰褐色，具明显白色粉霜层，地衣体较厚，下表面有稀疏假根附着于土层。Magnusson（1940）以 *Lecidea undalata* 发表于甘肃省鱼儿红乡，之后 Timdal（1991）将其异名到 *Anamylopsora pulcherrima* 种下。Zuo 等（2018）在宁夏发表了新种 *Anamylopsora pruinosa*，并讨论了此新种不同于 *A. pulcherrima* 的形态特征及其与 *L. undulata* 的相似特征，由于缺乏 *L. undulata* 的新材料进行 DNA 序列分析比对，被作为新种发表。新标本采自于 *L. undulata* 的模式产地，其形态特征与 *L. undulata* 的模式一致，系统发育分析显示与 *A. pulcherrima* 亲缘关系较近，并形成独立分化枝而不同于 *A. pulcherrima*，但与 *A. pruinosa* 嵌套在同一分化枝，因此 *A. pruinosa* 为 *L. undulata* 的异名。

地衣体鳞片状，紧贴基物，相互紧密靠生呈脑纹状，群落面积达 $10m^2$ 以上；鳞片：圆形至不规则形，直径 2 ～ 5mm，边缘起伏略上翘；上表面：灰白色至淡黄褐色，凸凹不平，具不规则裂隙和粉霜层，无粉芽及裂芽；下表面：无皮层，具长达 4 ～ 6.5mm 的菌丝束；子囊盘：网衣型，生于鳞片边缘，幼时单一，成熟后常多个聚集，盘面呈棕黑色至黑色，无粉霜，直径 0.5 ～ 2mm ；子囊：棒状，子囊壁周围具淀粉鞘，内含 8 个孢子；子囊孢子：无色单胞，椭圆形至圆形，（7 ～）8 ～ 12μm×（8 ～）10 ～ 13μm ；分生孢子器：生于鳞片边缘或上表面，棕黑色或黑色；分生孢子：杆状，无色，尺寸为 3.75 ～ 5μm×1.25 ～ 2.5μm ；光合共生生物：共球藻；地衣特征化合物：皮层 K+ 橘红色，含树发酸及坝巴醇酸。

生于海拔 1700 ～ 3050m 的干旱荒漠化沙土表面。该种模式标本的产地是甘肃省鱼儿红乡。在青藏高原东部与黄土高原过渡带的荒漠化沙土表面形成数十米至数百米地衣结皮群落，是极端干旱环境中地衣优势群落和抗旱代表种之一。分布于青海、甘肃、宁夏，为中国特有种。

【标本引证】 青海，德令哈市，可鲁克湖边，王立松等 18-59321 & 18-59337 ；甘肃，玉门市，魔山地质公园，王立松等 18-59593 & 18-59599。

8. 丽黑瘤衣（新拟）[粉衣科（Caliciaceae）]

Buellia elegans Poelt, Nova Hedwigia 25(1-2): 184, 1974.

地衣体鳞片状辐射扩展，鳞片长 1 ～ 2cm、宽 0.3 ～ 1cm，无下地衣体；上表面：灰白色，平坦至微凸起，具白色钙质结晶；下表面：白色，无皮层；子囊盘：习见，幼时内陷，成熟后贴生，盘面黑色，平滑至轻微凸起，无光泽和粉霜，直径 0.3 ～ 1mm；子实层：无色，高 70 ～ 85μm，I+ 蓝色，囊层基深棕色；子囊：杆孢衣型，内含 8 个孢子；子囊孢子：黑瘤衣型，幼时无色，成熟后棕灰色至深棕色，13 ～ 22μm×6 ～ 10μm；分生孢子器：未见；地衣特征化合物：皮层 K+ 黄色、C–、P–、UV+ 橘红色，皮层含黑茶渍素，髓层 P ± 橘红色至红色、K ± 红色，含降斑点衣酸。

生于海拔 3000 ～ 4000m 的高山草甸或荒漠土壤表面，伴生种。分布于欧洲、北美洲的高海拔地区以及北极。

【标本引证】 西藏，达孜区，邦堆乡，202 省道旁石坡，王立松等 16-51770；青海，乌兰县，乌兰县城至茶卡镇途中戈壁滩，王立松等 18-59244。

9. 莲座美衣［黄枝衣科（Teloschistaceae）］

Calogaya decipiens (Arnold) Arup, Frödén & Søchting, Nordic Jl Bot. 31(1): 38, 2013.

=*Caloplaca decipiens* (Arnold) Blomb. & Forssell, Cat. Lich. Univers. 7: 226, 1931; Abbas & Wu, Lich. Xinjiang: 145, 1998.

≡*Physcia decipiens* Arnold, Flora, Regensburg 50: 562, 1867.

地衣体鳞片状，紧贴基物呈圆形至不规则扩展，直径 3 ～ 8cm；鳞片：相互紧密靠生，周缘游离扩展，宽 0.2 ～ 0.5mm；上表面：橙黄色至黄绿色，显著凸起，具白色粉霜层；粉芽：密生，颗粒状，生于鳞片边缘或顶生，唇形或球状粉芽堆，与地衣体同色；下表面：灰白色，无皮层；子囊盘未见；地衣特征化合物：K+ 红变紫色、C−、P−，含石黄酮、大黄素、石黄醛、咕吨灵及远裂亭。

生于海拔 4621m 的干冷环境岩面，稀见种。在我国分布于江苏、山东、青海、新疆。欧洲、北非、亚洲、澳大利亚、北美洲地区均有分布。

【标本引证】 青海，玛多县，吉玛雪山垭口，王立松等 20-68167。

10. 蜂窝橙衣［黄枝衣科（Teloschistaceae）］

Caloplaca scrobiculata H. Magn., Lamb's Index Nom. Lich.: 135, 1940; Abbas & Wu, Lich. Xinjiang: 147, 1998; Obermayer, Lichenologica 88: 491, 2004.

Type: CHINA, Gansu, Yeh-ma-ta-chiian, alt. ca. 3000m, Birger Bohlin 43b (S-L2585, S).

GenBank No.: OR195105, OR208150, OR224612.

地衣体壳状，紧贴基物呈圆形或环形辐射扩展，连续或分离，群落直径可达 50cm；裂片：凸起，相互紧密靠生，宽 0.2 ～ 1mm；上表面：亮橙黄色至橘黄色，有褶皱，粉霜常生于皱脊上；子囊盘：无柄，圆形至不规则菱形，盘面微凸起，与地衣体同色，无粉霜层，直径 0.2 ～ 0.8mm，无盘缘；子囊：棒状，内含 8 个孢子；子囊孢子：椭圆形，无色双胞，隔壁不增厚，15 ～ 19μm×6 ～ 8μm；分生孢子：3 ～ 5μm×1 ～ 1.5μm；地衣特征化合物：地衣体和子囊盘 K+ 紫红色、C–、P–。

生于海拔 4200 ～ 5000m 的高山和极高山干旱山区岩面，为青藏高原北部标志性地衣群落，建群种。在我国分布于西藏、甘肃、新疆。中亚地区也有分布。

【标本引证】 西藏，江达县，同普乡，317 国道旁石坡，王立松等 16-51548；西藏，拉萨，纳木错湖畔石坡，王立松等 16-53812；西藏，八宿县，业拉山垭口，王立松等 18-61032；青海，玛沁县，雪山乡，王立松等 20-68014。

11. 虎斑橙衣（新拟）[黄枝衣科（Teloschistaceae）]

Caloplaca zeorina B.G. Lee & Hur, Mycotaxon 133(1): 119, 2018.

Type: CHINA, Qinghai prov., Haidong prefecture, Mt. Dabanshan, 37°21′04″N, 101°24′25″E, 3792m, S.O. Oh, S.K. Han, & J.S. Hur CH140080 (023976, KoLRI).

GenBank No.: OR195102, OR224609.

地衣体壳状，紧贴基物呈圆形或环形辐射扩展，连续或分离，群落直径可达 15cm；裂片：微凸起，相互紧密靠生，宽 0.5 ～ 1.5mm，中央裂片常老化脱色或脱落，周缘浅裂呈放射状至掌状细裂；上表面：中央裂片呈粉白色至污白色，向边缘逐渐变深橘红色，平滑，无粉芽、裂芽及粉霜；子囊盘：茶渍型，无柄，盘面与地衣体同色，直径 0.4 ～ 1.1mm；子实层：无色，无油滴，高 53 ～ 76μm；子囊：圆柱状，含 8 个孢子；子囊孢子：椭圆形，无色双胞，15 ～ 17μm×7μm；分生孢子器未见；地衣特征化合物：地衣体和子囊盘 K+ 紫红色、C–、KC–、P–、UV+ 红色至深橘红色，含石黄酮及泽屋萜。

生于海拔 4500 ～ 4800m 的干旱环境岩面，为青藏高原北部标志性地衣群落，伴生种。

【标本引证】 西藏，八宿县，业拉山垭口，王立松等 18-61030 & 18-61039；西藏，措勤县，王立松等 19-65434。

12. 扭曲野粮衣［大孢衣科（Megasporaceae）］

Circinaria tortuosa (H. Magnusson) Q. Ren, in Ren & Zhang, Mycosystema 37(7): 877, 2018.
≡*Lecanora tortuosa* var. *tortuosa* H. Magn., Lich. Centr. Asia 1: 111, 1940.

地衣体壳状至垫状，厚质，不规则扩展，直径 3 ～ 5cm；鳞片：中央呈疣状，厚 1 ～ 2mm，边缘鳞片常扭曲生长呈亚枝状，厚达 2 ～ 3mm；表面：赭黄色、苍白色至墨绿色，被粉霜，无皮层，具裂隙；髓层含晶体；子囊盘：单生，盘面深陷，被浓厚白色粉霜层，直径 0.4 ～ 1mm；果托肿胀，与地衣体同色，缘部具明显白色粉霜；子囊：内含 2 ～ 4 个孢子；子囊孢子：近球形，17.5 ～ 27.5μm×15 ～ 20μm；地衣特征化合物：地衣体 K–、C–、PD–，不含地衣酸类特征化合物。

生于海拔 2000 ～ 4000m 的干旱硅质岩石或卵石及沙土表，建群种。分布于甘肃、青海、新疆。

【标本引证】 青海，乌兰县，乌兰县城至茶卡镇途中，王立松等 18-58263；甘肃，嘉峪关市，王立松等 18-58699。

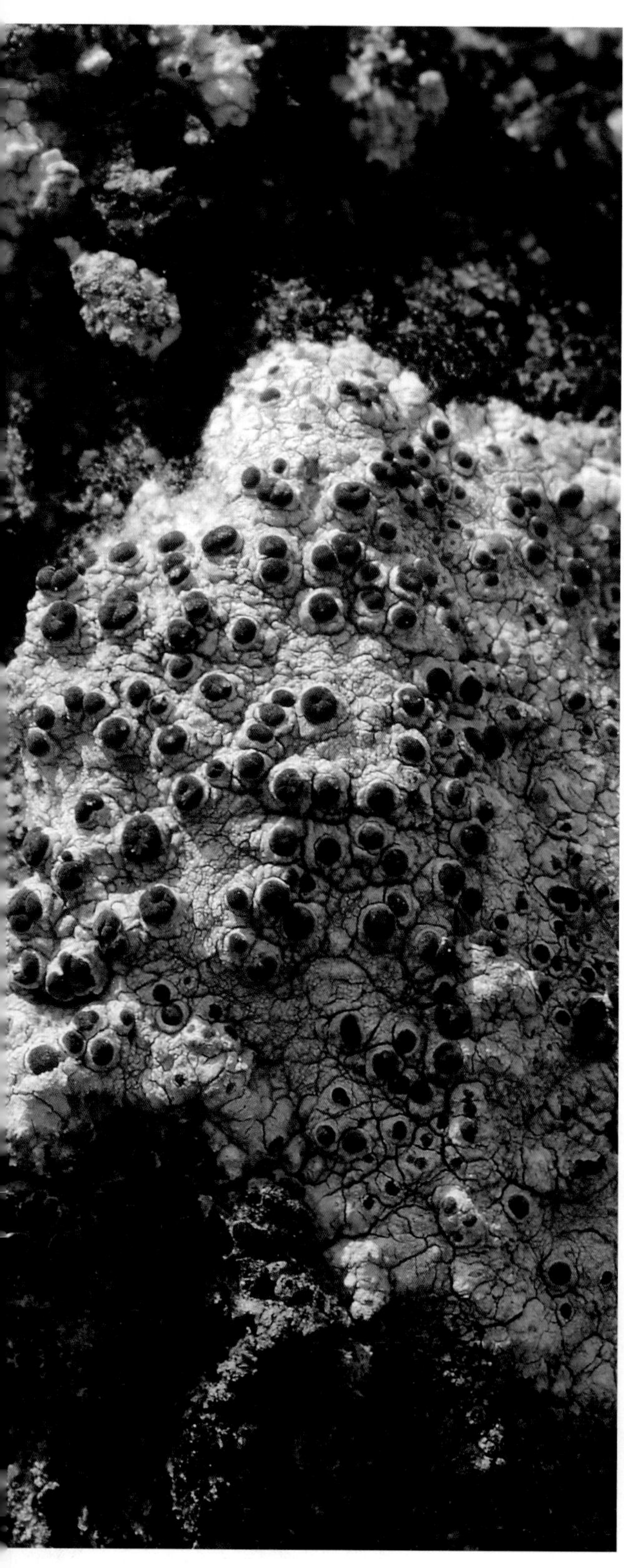

13. 丽多瘤胞衣（新拟）［粉衣科（Caliciaceae）］

Diplotomma venustum Körb., Parerga lichenol. (Breslau) 2: 179, 1860 [1865].

≡*Diplotomma alboatrum* var. *venustum* Körb., in Rabenhorst, Flecht. Europ. 13: no. 384, 1858.

地衣体壳状，厚质，中央龟裂，边缘亚鳞片状，周缘偶具黑色下地衣体，直径 2 ～ 4cm；上表面：白色至浅灰色，通常具粉霜，无光泽及粉芽；髓层：白色，有草酸钙结晶；子囊盘：网衣型，边缘常有地衣体包围呈假茶渍型，幼时通常内陷，成熟后贴生，盘面呈黑色，具粉霜，幼时平坦，成熟后凸起，直径 0.3 ～ 1.2mm；果壳：薄，分化不明显，常有草酸钙结晶，外侧菌丝平行排列，棕色；子实上层：棕色；子实层：无色，无油滴，高 80 ～ 120μm，侧丝单一或简单分支，顶部膨胀呈头状，具深棕色色素；囊层基：浅棕色；子囊：杆孢衣型，内含 8 个孢子；子囊孢子：椭圆形，顶端钝圆，通常弯曲，3 次分隔，幼时无色，成熟后呈棕灰色至深棕色，14 ～ 25μm×6 ～ 9μm，孢子壁均匀，分隔和顶部无加厚；分生孢子器：偶见，圆形至球形；分生孢子：杆状，9 ～ 12μm×1μm；地衣特征化合物：皮层 K–、C–、PD–、UV–；髓层 I– 未检测出次生代谢产物，有报道含降斑点衣酸及伴降斑点衣酸。

生于海拔 3392 ～ 3892m 的干旱荒漠区钙质岩表面。在我国分布于内蒙古、西藏、甘肃、宁夏。欧洲、非洲北部、亚洲、北美洲均有分布。

【标本引证】 西藏，八宿县，然乌湖，王欣宇等 XY19-252；甘肃，肃北蒙古族自治县，党河南山扎子沟 29 号冰川附近，王立松等 18-58555。

14. 糙聚盘衣［微孢衣科（Acarosporaceae）］

Glypholecia scabra (Pers.) Müll. Arg., Hedwigia 31: 156, 1892; H. Magn., Lich. Centr. Asia 1: 82, 1940; Abbas & Wu, Lich. Xinjiang: 36, 1998; Wei & Jiang, Lich. Xizang: 104, 1986.

≡*Urceolaria scabra* Pers., Ann. Wetter. Gesellsch. Ges. Naturk. 2: 10, 1811.

地衣体鳞片状，单生或聚生，平卧至莲座状，直径 5 ～ 10cm；上表面：灰白色至深棕色，具不规则裂隙和褶皱，密被粉霜或边缘具粉霜；下表面：具中央脐，粗糙，苍白色或淡棕色，无下皮层和假根；髓层：白色，有草酸钙晶体，菌丝疏松；子囊盘：稀见至丰多，单生至聚生，幼时黑点状凹陷，成熟盘面凸起，暗棕色至黑色，具裂隙和瘤状突，盘缘与地衣体同色；子囊：棒状，内含多孢；子囊孢子：椭圆形至球形，无色厚壁，3.5 ～ 5μm×3 ～ 4μm；地衣特征化合物：皮层及髓层 K–、C+ 红色、KC+ 红色、P–，含三苔色酸。

生于海拔 3400 ～ 4700m 的干旱环境岩石表面、偶土生。该种随环境不同而形态变化多样，伴生种、建群种。在我国分布于西藏、甘肃、宁夏、新疆。世界干旱地区均有分布。

【标本引证】 西藏，拉萨，纳木错湖畔石坡，王立松等 16-53800；青海，玛多县，花石峡镇，王立松等 20-68207；青海，治多县，多彩乡，王立松等 20-68486。

15. 糟糠土黄衣（新拟）[黄枝衣科（Teloschistaceae）]

Golubkovia trachyphylla (Tuck.) S.Y. Kondr., Kärnefelt, Elix, A. Thell, Jung Kim, M.H. Jeong, N.N. Yu, A.S. Kondr. & Hur, Acta Bot. Hung. 56(1-2): 164, 2014.

≡*Placodium elegans* var. *trachyphyllum* Tuck., Syn. N. Amer. Lich. (Boston) 1: 170, 1882.

地衣体壳状，紧贴基物呈圆形至不规则辐射扩展，直径达 5 ～ 30（～ 50）cm；鳞片：中央鳞片相互紧密靠生呈壳状龟裂，周缘裂片游离呈狭鳞片状，宽 0.5 ～ 1.5mm；上表面：微凸起至粗糙疣状，橘黄色至土黄色，无粉芽和裂芽；子囊盘：双缘型，贴生于中央鳞片上表面，盘面与地衣体同色，直径约 1mm，无粉霜；子实层：无色透明，厚 70 ～ 90μm；子囊：柱状，内含 8 个孢子；子囊孢子：无色，椭圆形双胞，11 ～ 15.5μm×5.5 ～ 7μm；分生孢子器未见；地衣特征化合物：地衣体及子囊盘 K+ 紫色，含石黄酮及大黄素。

生于海拔 2900 ～ 4439m 的干旱地区岩石表面，伴生种、建群种。在我国分布于甘肃、新疆。北美洲、亚洲北部地区均有分布。

【标本引证】 青海，曲麻莱县，曲麻河乡，王立松等 20-68317；甘肃，肃北蒙古族自治县，党河南山扎子沟 29 号冰川附近，王立松等 18-59419。

16. 光亮橙果衣 [黄枝衣科 (Teloschistaceae)]

Gyalolechia fulgens (Sw.) Søchting, Frödén & Arup, Nordic Jl Bot. 31(1): 70, 2013.
≡*Lichen fulgens* Sw., Nova Acta Acad. Upsal. 4: 246, 1784.

地衣体鳞壳状至鳞叶状，紧贴土壤表面呈辐射扩展，直径 2 ～ 5cm ；鳞片：中央鳞片相互靠生，边缘裂片辐射离生，宽 1 ～ 2mm ；上表面：浅黄色至橘黄色，平滑，具白色粉霜层，无粉芽及裂芽，皮层常发育不良，有时呈粉末状；子囊盘：偶见，贴生，盘面呈橘红色，粗糙，直径约 1mm，盘缘与地衣体同色；子囊：黄枝衣型，内含 8 个孢子；子囊孢子：无色单胞，卵圆形，10 ～ 15μm×4 ～ 5μm ；地衣特征化合物：皮层 K+ 紫红色、C+ 红色、PD–，含石黄酮。

常见于海拔 4000 ～ 4200m 的高海拔干旱区，生于土壤表面及石隙间，伴生种。在我国分布于西藏、青海、新疆。北半球广泛分布。

【标本引证】 西藏，八宿县，业拉山，王立松等 16-51828 ；青海，甘德县，青珍乡，王立松等 20-68073。

17. 孔疱脐衣［石耳科（Umbilicariaceae）］

Lasallia pertusa (Rassad.) Llano, Monograph of Umbilicariaceae 48, 1950; Wei & Jiang, Lich. Xizang: 102, 1986.

≡*Umbilicaria pertusa* Rass. Comp. Rend. Acad. Sci. URSS, 14(A): 348, 1929.

地衣体单叶型，直径 4.5 ～ 6cm，以基部中央脐固着基物；上表面：浅栗褐色至棕褐色，具粉霜及网状纹，疱状突大而密集，疱突顶端具不规则圆形或撕裂状穿孔，孔缘具小颗粒状至小鳞片状裂芽，裂芽常粉芽化；下表面：浅灰褐色，有白色粉霜层；子囊盘与分生孢子器未见；地衣特征化合物：髓层 K–、C+ 红色，含三苔色酸。

生于海拔 3762 ～ 4400m 的干冷环境的岩石表面，伴生种。在我国分布于四川、西藏、新疆。蒙古国、俄罗斯、挪威、尼泊尔均有分布。

【标本引证】 四川，理塘县，县城以北 20km，王立松 09-30860；四川，稻城县，海子山，王立松等 13-38345；四川，壤塘县，上壤塘乡，王立松等 20-67722；西藏，八宿县，沙绕村，王立松等 14-46382；西藏，八宿县，八宿县至然乌镇途中，318 国道旁石坡，王立松等 18-61146。

18. 方斑网衣［网衣科（Lecideaceae）］

Lecidea tessellata Flörke, Deutsche Lich. 4: 5(no. 64), 1819; Abbas & Wu, Lich. Xinjiang: 86, 1998; Obermayer, Lichenologica 88: 501, 2004.

Type: GANSU, Bohlin no.86 d (holotype); paratypes: Bohlin nos. 35 b, 52 & Bexell no.24 in S.

GenBank No.: MT273099, MT273100, MT273105.

地衣体壳状，质厚，紧贴基物呈圆形至不规则扩展，周缘具黑色下地衣体；上表面：浅灰褐色或灰白色，呈菱形至不规则龟裂；子囊盘：网衣型，埋生，直径 0.3 ～ 1.5mm，盘面呈黑色，偶有粉霜；盘缘退化；果壳：墨绿色；子实上层：橄榄色至墨绿色；子实层：无色，厚 50 ～ 112.5μm；子实下层：无色透明，厚 25μm；侧丝：不分枝，直径 1.5 ～ 2.5μm，顶部略膨大至 3.5μm；囊层基：无色至浅棕色；子囊：网衣型，内含 8 个孢子；子囊孢子：无色单胞，椭圆形，8 ～ 11（～ 15）μm×5 ～ 6.25μm；分生孢子器：埋生，开口呈线状；分生孢子：杆状，9 ～ 13μm×1 ～ 1.5μm；地衣特征化合物：皮层 K–、C–、KC–，髓层 I+，含凝聚酸及 2′-*O*- 甲基小叶苷酸。

生于海拔 1000 ～ 5700m 的多云雾环境的硅质岩石表面，偶见钙质岩及树附生，伴生种、建群种。在我国分布于内蒙古、云南、西藏、新疆、甘肃、青海。世界广布。

【标本引证】 西藏，昂仁县，王立松等 19-63634 & 19-63642；西藏，措勤县，王立松等 19-65405。

19. 帕多瓦小网衣［茶渍科（Lecanoraceae）］

Lecidella patavina (A. Massal.) Heufl., Verh. zool.-bot. Ges. Wien 21(1-2): 273, 1871.
≡*Lecidea patavina* A. Massal., Ric. auton. lich. crost. (Verona): 69, 1852.

地衣体壳状，不明显或石内生，有裂缝或龟裂，下地衣体未见；表面：灰白色、淡棕黄色至淡棕色，无光泽，无粉芽和裂芽；子囊盘：网衣型，贴生，偶半埋生，基部强烈缢缩；盘面呈黑色，平坦至凸起，无粉霜，直径 1.5 ～ 3mm，盘缘较窄，有时具白色粉霜；果壳：外部呈墨绿色至蓝绿色，内部无色，有晶体或油滴；子实上层呈墨绿色至蓝绿色，偶棕色；子实层无色，厚 65 ～ 110μm，有大量油滴，偶有晶体；侧丝：单一至少分枝，易分离，顶端略膨大；囊层基：无色或浅棕色，含大量晶体，无油滴；子囊：小网衣型，内含 8 个孢子；子囊孢子：无色单胞，宽椭圆形至球形，10 ～ 17μm× 6 ～ 10μm，厚壁；分生孢子器：埋生；分生孢子：丝状，极度弯曲，18 ～ 25μm；地衣特征化合物：地衣体表面 K± 黄色、C± 橙红色、P± 黄色；含黑茶渍素及泽屋萜。

生于海拔 1500 ～ 5700m 的干旱环境的钙质或硅质岩石表面，偶见朽木附生，伴生种。在我国分布于西藏、青海。非洲、亚洲、欧洲、美洲、南极地区均有分布。

【标本引证】 西藏，达孜区，邦堆乡，王立松 19-65030；西藏，仲巴县，打尔窝乡，王立松 19-63961；青海，久治县，索乎日麻乡，王立松等 20-67922。

20. 原辐瓣茶衣［大孢衣科（Megasporaceae）］

Lobothallia praeradiosa (Nyl.) Hafellner, Acta Bot. Malac. 16(1): 138, 1991.
≡*Lecanora praeradiosa* Nyl., Flora, Regensburg 67: 389, 1884.

地衣体壳状至鳞壳状，紧贴基物呈圆形至不规则扩展，直径 5 ～ 10cm；鳞片：相互紧密靠生，中央鳞片为圆形至菱形，直径 0.5 ～ 1mm，边缘鳞片狭长呈辐射扩展，宽 0.5 ～ 1.5mm；上表面：灰褐色至淡黄褐色，平坦至微凸起，有微薄粉霜和不规则裂隙；下表面：白色，无下皮层；子囊盘：圆形，贴生于地衣体上表面近中央处；盘面呈棕褐色至棕黑色，平坦至微凸，有裂隙，无粉霜，直径 0.5 ～ 2mm，盘缘完整，与地衣体同色；子实上层：有棕色颗粒，高约 15μm；子实层：无色，高约 60μm；子实下层和囊层基：无色，I+ 蓝色；子囊：平茶渍型，内含 8 个孢子；子囊孢子：无色单胞，椭圆形，12 ～ 15μm×5 ～ 7μm；分生孢子器未见；地衣特征化合物：髓层 K+ 黄色、C–、P+ 橘红色，含降斑点衣酸。

生于海拔 1900 ～ 3451m 的干冷环境的岩石表面，伴生种。在我国分布于青海（新记录）、新疆。亚洲、北美洲均有分布。

【标本引证】 青海，班玛县，赛来塘镇，王立松等 20-66784。

21. 半育瓣茶衣（新拟）[大孢衣科（Megasporaceae）]

Lobothallia semisterilis (H. Magn.), Y. Y. Zhang, Mycokeys 66: 142-144, 2020.
≡*Lecanora semisterilis* H. Magn. Lich. Centr. Asia 1: 123, 1940.
Type: CHINA, Gansu, 2450-2600m elev., on soil, 1931, Birger Bohlin 38L (S-Holotype!).
GenBank No.: MK778041, MK778010, MK766414.

地衣体壳状至鳞壳状，紧贴基物呈圆形至不规则扩展，直径 5 ～ 8cm；鳞片：相互紧密靠生，中央鳞片呈圆形至菱形，直径 2 ～ 3mm，边缘鳞片不规则游离扩展；上表面：污白色至灰色，平坦至微凸起，有粉霜层及龟裂纹；下表面：白色，无下皮层；子囊盘：贴生，盘面呈棕黑色，平坦至轻微凸起，直径 0.5 ～ 2mm，盘缘完整，与地衣体同色；子实上层：有棕色颗粒物，厚约 15μm；子实层：无色，厚约 60μm；子实下层和囊层基：无色，I+ 蓝色；子囊：平茶渍型，内含 8 个孢子；子囊孢子：无色单胞，椭圆形，9 ～ 13μm×5 ～ 9μm；分生孢子器：黑棕色，盘形，直径 0.1 ～ 0.4mm；分生孢子：无色，杆状，5.5 ～ 6.5μm× ～ 1μm；地衣特征化合物：皮层 K+ 红色、C–、P–，髓层 K+ 红色、C–、P+ 黄色，含降斑点衣酸。

生于海拔 1760 ～ 4063m 的干旱区沙土表，伴生种。分布于青海和甘肃，为中国特有种。

【标本引证】 青海，德令哈市，可鲁克湖边，王立松等 18-59322；甘肃，玉门市，魔山地质公园，王立松等 18-59596。

22. 兰灰蜈蚣衣［蜈蚣衣科（**Physciaceae**）］

Physcia caesia (Hoffm.) Hampe ex Fürnr, Naturhist. Topogr. Regensburg 2: 250, 1839; Zahlbr., in Handel-Mazzetii, Symb. Sinic. 3: 238, 1930; H. Magn., Lich. Centr. Asia 1: 157, 1940; Abbas & Wu, Lich. Xinjiang: 114, 1998.

≡*Lichen caesius* Hoffm., Enum. lich.: 65, 1788.

地衣体叶状，紧贴基物呈圆形扩展，直径 2 ～ 6cm；裂片：紧密靠生，多二叉分裂，顶端缺刻，宽 1 ～ 2mm；上表面：微凸，灰白色至青灰色，有弱白斑；粉芽：颗粒状，白色至青灰色，球状或头状粉芽堆生于边缘或顶端；髓层白色；下表面：白色至棕色，具同色稀疏单一假根；子囊盘：稀见，直径 0.5 ～ 1.2mm，盘面呈暗褐色至黑色，无光泽；子实层：上面棕色，下面透明；囊层基：透明或淡黄色；子囊：内含 8 个孢子；子囊孢子：双胞，褐色，厚壁，14 ～ 15μm×7.5 ～ 8μm；分生孢子器：稀见；分生孢子：圆柱状，4 ～ 6μm×1μm；地衣特征化合物：上皮层及髓层 K+ 黄色、C–、KC–、P+ 黄色，含黑茶渍素及泽屋萜。

生于海拔 3200 ～ 4600m 的高山多云雾环境的岩面，建群种。在我国分布于河北、山西、浙江、四川、云南、西藏、陕西。北美洲、欧洲、印度、尼泊尔均有分布，寒温带及北极广布。

【标本引证】 四川，康定市，折多山，王立松等 07-28761；云南，德钦县，白马雪山，王立松等 18-60424；青海，甘德县，上贡麻乡，王立松等 20-68145；青海，杂多县，扎青乡，王立松等 20-68579。

23. 伴藓大孢衣［蜈蚣衣科（Physciaceae）］

Physconia muscigena (Ach.) Poelt, Nova Hedwigia 9: 30, 1965; Abbas & Wu, Lich. Xinjiang: 118, 1998.
≡*Parmelia muscigena* Ach., Lich. univ.: 472, 1810.

地衣体叶状，疏松附着基物，略圆形或不规则扩展，直径常超过 7cm；裂片：狭叶型，羽状至不规则分裂，相互紧密靠生至重叠，宽 1 ～ 3mm，顶端及边缘缺刻，上扬；上表面：淡棕色至棕褐色，具浓厚白色粉霜层，无粉芽及裂芽，中央常有稀疏至稠密小裂片；下表面：黑色，近顶端呈灰白色至棕色；假根：黑色，羽状分枝；髓层：白色，局部呈淡黄色；子囊盘：偶见，盘面呈黑色，具粉霜，盘缘常生小裂片，果托下部具少许假根；子囊：长棒状，内含 8 个孢子；子囊孢子：孢壁等厚，大孢蜈蚣衣型，褐色双胞，24 ～ 33μm×12 ～ 17μm；分生孢子器：埋生，仅孔口外露，黑色圆点状；分生孢子：杆状，4 ～ 6μm×1μm；地衣特征化合物：均为负反应，偶时髓层 K+ 淡黄色、KC+ 黄色至橘红色（当髓层黄色色素），含黑麦酮酸 A 及瓦拉酸。

生于海拔 3200 ～ 5070m 的湿冷环境的土壤或岩石表面，常与苔藓、卷柏伴生，优势种。在我国分布于山东、西藏、陕西、青海、新疆、台湾。印度、尼泊尔、北美洲、欧洲、非洲、南美洲均有分布。

【标本引证】 西藏，波密县，318 国道旁流石滩，王立松等 18-61232；西藏，仲巴县，拉让乡，王立松等 19-65593；西藏，乃东区，王立松等 07-28563；青海，玛沁县，大武镇，王立松等 20-68039；青海，久治县，年保玉则国家地质公园，王立松等 20-67835。

24. 石墙原类梅［茶渍科（Lecanoraceae）］

Protoparmeliopsis muralis (Schreb.) M. Choisy, Contr. Lichénogr. 1: tab. 1, 1929.

=*Lecanora muralis* (Schreb.) Rabenh., Deutschl. Krypt.-Fl. 2: 42, 1845; Abbas & Wu, Lich. Xinjiang: 124, 1998.

≡*Lichen muralis* Schreb., Spic. fl. lips. (Lipsiae): 130, 1771.

地衣体壳状至鳞片状，紧贴基物生长，直径 3 ～ 15cm ；鳞片：紧密靠生至重叠，边缘裂片呈放射状扩展，宽 1 ～ 1.5mm ；上表面：淡灰绿色至淡黄绿色，近顶端呈蓝黑色至深褐色，无粉芽及裂芽；子囊盘：茶渍型，密集生于上表面近中央处，盘面呈黄褐色至红褐色，无粉霜层，果托全缘，与地衣体同色；子囊：长棒状，内含 8 个孢子；子囊孢子：无色，单胞，8 ～ 13（～ 15）μm×（3.5 ～）4.5 ～ 7μm ；分生孢子器埋生；地衣特征化合物：皮层 KC+ 金黄色，髓层 K–、C–、P–、KC–，含黑茶渍素、泽屋萜、黄髓叶素及月桂酸、茶痂衣酸、松萝酸。

生于海拔 1700 ～ 3900m 的岩石，偶见树皮附生，优势种，在全球广分布。本种形态变化较大，从低海拔到高海拔、从东北到西南分布广泛，其分类界定问题有待深入研究。

【标本引证】 四川，康定市，折多山，王立松等 07-28986 ；西藏，芒康县，如美镇至左贡县途中，318 国道旁 3481 界碑处，王立松等 18-60863；西藏和四川有新记录。

25. 高藏鳞网衣［鳞网衣科（Psoraceae）］

Psora altotibetica Timdal, Obermayer & Bendiksby, MycoKeys 13: 43, 2016.

Type: CHINA, 1996, Xizang, W.Obermayer 5282 in GZU (holotype).

GenBank No.: OR208152, OR224614.

地衣体鳞片状，单生或聚生，紧密贴生基物，群落直径可达 20cm；鳞片：质厚，盾圆形，直径 2 ～ 4mm，边缘略下延；上表面：平坦至微凸起，淡棕色至淡棕绿色，无光泽，具纵向龟裂，局部有厚实粉霜层；下表面：棕色，皮层发育不良；子囊盘：生于鳞片中部，单生或聚生，盘面呈黑色，凸起呈盔状，直径 1 ～ 1.2mm，无盘缘和粉霜；囊层基：无色，含草酸钙晶体；子实上层：黄棕色，遇 K+ 紫色；子囊：长棒状，内含 8 个孢子；子囊孢子：椭圆形，无色单胞，9 ～ 14μm×5 ～ 7μm；分生孢子器：未见；地衣特征化合物：上皮层和髓层 K–、C+、KC+ 淡红色、P–，含三苔色酸。

生于海拔 4230 ～ 5000m 的高海拔干冷环境的土壤表面，伴生种。在我国分布于西藏。尼泊尔也有分布。

【标本引证】 西藏，类乌齐县，卡玛多乡 317 国道旁石坡，王立松等 16-52557；西藏，那曲市，达前乡 317 国道路边土坡，王立松等 16-54503 & 16-51964；西藏，拉孜县，热萨乡，王立松等 19-65227；西藏，定日县，扎果乡，19-65659；西藏，仲巴县，拉让乡，19-65589 & 19-65595。

26. 垫脐鳞［茶渍科（Lecanoraceae）］

Rhizoplaca melanophthalma (DC.) Leuckert & Poelt Nova Hedwigia 28: 72, 1977; Abbas & Wu, Lich. Xinjiang: 82, 1998; Wei & Jiang, Lich. Xizang: 33, 1986.

≡*Squamaria melanophthalma* DC., in Lamarck & de Candolle, Fl. franç., Edn 3 (Paris) 2: 376, 1805.

地衣体鳞叶状，幼时为单叶型，后为复叶型莲座状，以下表面脐固着基物；鳞片：深裂，边缘浅裂；上表面：淡黄绿色，光滑至有浅裂隙，常具光泽，无粉霜；下表面：光滑至皱褶，常纵向撕裂，中央呈浅棕色至棕色，边缘呈淡蓝黑色；脐：明显或延伸变宽；下皮层：胶质化，有蓝黑色素；子囊盘：茶渍型，密生于鳞片中央上表面，基部窄；盘面凹陷至轻微凸起，具粉霜，黄棕色、棕色至黑色，强光下部分颜色更深，直径 0.5 ～ 4mm，盘缘全缘或缺刻，略内卷；子实上层：棕色，K–，厚 6.5 ～ 16（～ 26）μm；子实层：具浅棕色颗粒，厚 45 ～ 58μm；侧丝：均匀分隔，直径 2 ～ 3μm，顶端墨绿色膨大，4 ～ 6.5μm；子囊：茶渍型，内含 8 个孢子；子囊孢子：椭圆形至卵圆形，无色单胞，6.5 ～ 12μm×4 ～ 7μm；分生孢子器：孔口黑色；分生孢子：丝状，16 ～ 29μm×0.7μm；地衣特征化合物：K–、C–、P–，含松萝酸及茶痂衣酸。

生于海拔 1600 ～ 5784m 的干冷环境的岩石表面，伴生种。在我国分布于西藏、青海、新疆。非洲、北极、南极洲、亚洲、欧洲、北美洲、南美洲均有分布。

【标本引证】 西藏，定结县，尼拉山，王立松等 19-64139；西藏，噶尔县，701 县道，王立松等 19-63888；青海，玛多县，花石峡镇，王立松等 20-67094。

27. 岩脐鳞［茶渍科（Lecanoraceae）］

Rhizoplaca opiniconensis (Brodo) S.D. Leav., Zhao Xin & Lumbsch, Fungal Diversity 78(1): 302, 2015.
≡*Lecanora opiniconensis* Brodo, Mycotaxon 26: 309, 1986.

地衣体壳状至鳞片状，疏松附着基物，直径达 6cm；鳞片：直径 0.5 ～ 1mm，幼时离生，紧贴基物，之后聚生，边缘轻微裂片化，略大于中央鳞片，直径 1 ～ 2mm；上表面：黄绿色，久置后呈黄棕色，光滑，凸起，弱光泽；下表面：黄棕色至黑棕色，有茎状结构；子囊盘：茶渍型，盘面与地衣体同色，轻微皱褶，轻微凹陷至平坦，0.5 ～ 2.2mm；盘缘色浅于地衣体，缺刻；子实层：高 50 ～ 60μm；子囊孢子：椭圆形，无色单胞，7.5 ～ 10.5μm×5 ～ 7.5μm。

生于海拔 2400m 左右的非钙质岩表面，伴生种。在我国分布于陕西、青海。北美洲、亚洲地区均有分布。

【标本引证】 青海，湟源县，王立松等 18-64228。

28. 厚脐鳞（新拟）[茶渍科（Lecanoraceae）]

Rhizoplaca pachyphylla (H. Magn.) Y. Y. Zhang, Mycokeys 66: 148-149, 2020.

≡*Lecanora pachyphylla* H. Magn. Lich. Centr. Asia 1: 120, 1940.

Type: CHINA, Gansu Prov., 3800-3850m elev., on rock, 1932, Birger Bohlin (S-holotype!).

GenBank No.: MK778048, MK766417, MK766436, MN192152.

地衣体壳状，龟裂，紧贴基物呈不规则扩展，硬质，厚达 5mm，直径 2 ～ 4cm；上表面：平坦至凸起，淡黄色，有浅裂纹或龟裂；下表面无下皮层；子囊盘：密集聚生，不规则形至椭圆形；盘面呈黑色，具弱粉霜，幼时平坦，之后强烈凹陷，直径 3 ～ 5mm，盘缘薄，向内卷曲，有缺刻；子实上层：黄棕色，K–，厚约 9.5μm；子实层：无色，I+ 蓝色，厚约 50μm；侧丝：无色，均匀分隔，不分叉，直径 2 ～ 3μm，顶端膨大，直径约 4.5μm，墨绿色；子囊：茶渍型，内含 8 个孢子；子囊孢子：椭圆形，无色单胞，5.8 ～ 8μm×3 ～ 4.5μm；地衣特征化合物：K–、C–、P–，髓层 K–、C–、P–，含松萝酸、鳞酸及三苔色酸。

生于海拔 3291 ～ 3909m 的湿冷环境的岩面。分布于青海和甘肃，为中国特有种。

【标本引证】 青海，共和县，黑马河镇，109 国道旁，王立松等 18-59184；甘肃，肃北蒙古族自治县，党河南山扎子沟 29 号冰川附近，王立松等 18-59446；甘肃，酒泉市，鱼儿红乡，王立松等 18-59560。

29. 双色脐鳞（新拟）[茶渍科（Lecanoraceae）]

Rhizoplaca phaedrophthalma (Poelt) S.D. Leav., Zhao Xin & Lumbsch, Fungal Diversity 78(1): 302, 2015.
≡*Lecanora phaedrophthalma* Poelt, Mitt. bot. StSamml., München 19-20: 483, 1958.

地衣体壳状至鳞片状，紧贴基物呈圆形扩展，直径 2 ～ 6cm；鳞片：中央鳞片紧密靠生呈裂隙状，厚达 3mm，直径 0.5 ～ 1mm；周缘鳞片厚约 0.2mm，明显大于中央鳞片，长 1.5 ～ 2（～ 3）mm，宽 1 ～ 2mm；上表面：光滑，无光泽，枯草黄色，边缘色稍深；子囊盘：茶渍型，无柄，聚生于地衣体中央处，盘面呈黄色至红棕色，近盘缘处颜色较深，幼时平坦，之后强烈凸起，盘缘消失；子实层：厚 48.5 ～ 60μm，I+ 蓝色；子囊：棒状，39 ～ 46μm×13 ～ 18μm，内含 8 个孢子；子囊孢子：卵圆形，（7.8 ～）9 ～ 10.5μm×5.8 ～ 7.2μm；地衣特征化合物：K+ 淡黄色、C–、P–，含松萝酸及鳞酸。

生于海拔 2737 ～ 4830m 的干旱区或高海拔岩石表面，伴生种。在我国分布于西藏、青海、甘肃。喜马拉雅地区有分布。

【标本引证】 青海，祁连县，肃南裕固族自治县至祁连县途中，王立松等 18-58902；甘肃，张掖市，祁连山腹地，王立松等 18-58858；甘肃，肃北蒙古族自治县，党河南山扎子沟 29 号冰川附近，王立松等 18-59451。

30. 甘肃饼干衣［蜈蚣衣科（Physciaceae）］

Rinodina kansuensis H. Magn., Lich. Centr. Asia 1: 151, 1940.

Type: CHINA, Gansu Prov., Wai-ch'üan-ku E of Yeh-ma-ta-ch'üan, at about 3000, 13/12/1931, B. Bohlin no. 41a (S, holotype!).

GenBank No.: OR224617, OR224618, OR224619.

地衣体壳状，连续或龟裂，龟裂片大小较均匀，直径 0.5 ～ 1mm；上表面：平坦或凹凸不平，淡棕色、灰白色或浅黄色，常被白色粉霜，无光泽，周缘无下地衣体；子囊盘：单生，贴生或内陷，隐茶渍型至茶渍型，盘面黑色，平坦，直径 0.4 ～ 0.7mm，盘缘与地衣体同色，全缘，不明显或微凸；囊盘被：无色，菌丝平行排列，内含较多藻细胞；子实层：无色，无油滴或有时具油滴，高约 85μm，I+ 深蓝，侧丝粘连，上半部分具隔，先端 3 ～ 5 个细胞明显膨胀，暗棕色至绿褐色；子实上层：棕色至深棕色；囊层基：无色或浅黄色，高 90 ～ 115μm，多油滴，I+ 深蓝；子囊：棒状，子囊顶器茶渍型，含 8 个孢子；子囊孢子：棕色双胞，A 型发育，双壁型，两细胞腔圆形或具棱角，胞腔中部具暗色素（有时颜色较浅），孢子中隔处具黑色素，中隔两侧外壁膨胀，加 KOH 膨胀明显，13 ～ 25μm×6 ～ 13μm，无圆环面；分生孢子器未见；地衣特征化合物：皮层及髓层均为负反应。

生于海拔 2400 ～ 5100m 的石灰岩，常与橙衣属（*Caloplaca*）、微孢衣属（*Ascospora*）等伴生，伴生种。在我国分布于吉林、西藏、青海、甘肃。欧洲、北美洲、亚洲高山均有分布。

【标本引证】 甘肃，肃北蒙古族自治县，党河南山扎子沟 29 号冰川附近，王立松等 18-58543；甘肃，酒泉市，鱼儿红乡，王立松等 18-58653；青海，海西蒙古族藏族自治州，茶叶沟保护站，王立松等 18-58397；西藏，措勤县，措勤县往改则县路上，王立松等 19-64823；新疆，阿克陶县，慕士塔格山，吾尔妮莎 • 沙衣丁 20110231-B（XJU）。

31. 轮盘平趾衣（新拟）［茶渍科（Lecanoraceae）］

Sedelnikovaea baicalensis (Zahlbr.) S.Y. Kondr., M.H. Jeong & Hur, Mycotaxon 129(2): 277, 2015.

≡*Lecanora baicalensis* Zahlbr., Trav. Sous-Sect. Troïtzk.-Khiakta, Sect. Pays d'Amour Soc. Imp. Russe Géogr. 12: 85, 1911 [1909].

地衣体壳状至鳞壳状，紧贴基物呈圆形辐射扩展，直径 2 ～ 3cm；鳞片：相互紧密靠生，中央鳞片龟裂，直径 0.5 ～ 1mm，边缘鳞片裂片化，顶端轻微离生，分叉或缺刻，长 2 ～ 3.5mm，宽 0.7 ～ 1mm；上表面：淡黄色至黄褐色，具光泽，凸起，中央裂片具不规则浅裂隙，边缘裂片具深横裂；下表面：无下皮层，蓝黑色，具密集白色绒毛；子囊盘：贴生于地衣体上表面中央处，茶渍型，盘面呈深棕红色，平坦至凸起，光滑，无光泽，有时具浅裂隙；子囊：宽棒状，壁厚，内含 8 个孢子；子囊孢子：椭圆形，无色单胞，15 ～ 20μm×5.5 ～ 6.5μm；地衣特征化合物：K–、C–、P–，含鳞叶衣素和两个未知化合物。

生于海拔 3429 ～ 4098m 的高山干冷环境砂岩表面，伴生种。在我国分布于内蒙古、西藏、青海。亚洲地区均有分布。

【标本引证】 青海，共和县，黑马河镇，109 国道旁，王立松等 18-59183；青海，甘德县，青珍乡，王立松等 20-68064。

32. 柔毛茸枝衣［黄枝衣科（Teloschistaceae）］

Seirophora villosa (Ach.) Frödén, Lichenologist 36(5): 297, 2004.

=*Teloschistes brevior* (Nyl.) Vain.Lich. Bresil 1: 113, 1890; H. Magn., Lich. Centr. Asia 1: 144, 1940.

≡*Parmelia villosa* Ach., Methodus, Sectio post.: 254, 1803.

地衣体亚枝状丛生，有背腹性，以基部固着器附生基物，高 3 ～ 5cm；裂片：宽 0.5 ～ 1.5mm，顶端不规则密集分叉，具球状裂芽型结构；上表面：污黄色、灰褐色至深橘色，无光泽，凸凹不平，具白色短绒毛；下表面：浅灰色至白色，无假根，局部有短绒毛，无粉芽；子囊盘：顶生至缘生，短柄，盘面呈橙色，幼时强烈凹陷，之后平坦，直径 2 ～ 4mm；子囊：椭圆形至棒状，内含 8 个孢子，45 ～ 50μm× ～ 15μm；子囊孢子：椭圆形，无色对极式双胞，13 ～ 17μm×7μm；分生孢子器：凸起，橙色至红橙色，直径 0.15 ～ 0.3mm；分生孢子：椭圆形至杆状，3 ～ 4μm×1.5 ～ 2μm；地衣特征化合物：K± 紫色，含石黄酮、远裂亭、大黄素及石黄铜酸。

生于海拔 2180 ～ 2300m 的干旱环境土生或灌木基部，伴生种。在我国分布于甘肃、宁夏、新疆。北非、中亚地区均有分布。

【标本引证】 甘肃，嘉峪关市，西沟地酒钢西沟矿，王立松等 18-59608；甘肃，张掖市，临泽县至肃南裕固族自治县途中，王立松等 18-59700。

33. 甘肃鳞茶渍［珊瑚枝科（Stereocaulaceae）］

Squamarina kansuensis (H. Magn.) Poelt, Mitt. bot. StSamml., München 19-20: 543, 1958; Abbas & Wu, Lich. Xinjiang: 44, 1998.

≡*Lecanora kansuensis* H. Magn. Lich. Centr. Asia 1: 116, 1940.

Type: CHINA, Gansu Prov., 1500-1700m elev., on soil, 1930, Birger Bohlin 202 (S-holotype!).

GenBank No.: MK778031, MK778026, MK766428, MK766449.

地衣体壳状至鳞片状，紧贴基物呈圆形至不规则扩展，直径 3 ～ 15cm；鳞片：中央鳞片紧密靠生呈裂隙状至相互重叠，边缘裂片辐射扩展，顶端略上翘，宽 1 ～ 3mm；上表面：灰绿色至麦秆黄色，具白色粉霜层，无粉芽及裂芽；下表面：白色，无皮层及假根，近顶端有白色绒毛；子囊盘：常见，圆形，单一或聚生，盘面呈红棕色，幼时轻微凹陷至平坦，成熟后凸起呈盔状，直径常小于 2mm；子囊：假网衣型，内含 8 个孢子；子囊孢子：无色单胞，椭圆形至轻微梭形，7.5 ～ 15μm× 5 ～ 7.5μm；地衣特征化合物：皮层 K–、C–、P–，髓层 K–、C–、P+ 黄色，含异松萝酸、松萝酸、茶痂衣酸及 2′-*O*- 甲基茶痂衣酸。

生于海拔 1310 ～ 4730m 的河谷及西北干旱区沙土表面。该种在极端干旱环境聚集生长，群落面积可达数平方千米，在沙土表面形成地衣生物结皮，是干旱环境中优势地衣群落之一。分布于内蒙古、四川、云南、西藏、甘肃、宁夏、新疆。

【标本引证】 西藏，林周县，202 省道旁石坡，王立松等 16-54052；甘肃，玉门市，魔山地质公园，王立松等 18-59601。

34. 黑震盘衣［膜衣科（Hymeneliaceae）］

Tremolecia atrata (Ach.) Hertel, Ergebn. Forsch. Unternehmens Nepal Himal. 6(3): 351, 1977; Obermayer, Lichenologica 88: 512, 2004.

≡*Gyalecta atrata* Ach., K. Vetensk-Acad. Nya Handl. 29: 229, 1808.

地衣体壳状，锈红色至深棕色，质薄，紧贴基物扩展，直径 2 ～ 3cm，周缘具明显黑色下地衣体；地衣体龟裂呈小鳞片状，鳞片呈不规则圆形至菱形，直径 0.1 ～ 0.5mm，表面光滑，有光泽，无粉芽及裂芽；子囊盘：网衣型，无柄，盘缘较厚，盘面及盘缘呈黑色，无粉霜层，直径 0.3 ～ 0.6mm ；子囊：震盘衣型，内含 8 个孢子；子囊孢子：无色单胞，卵圆形，10 ～ 18μm×8 ～ 10μm ；光合共生生物：绿藻；地衣特征化合物：均为负反应，偶含微量斑点酸。

生于海拔 4217m 的岩石表面，伴生种。在我国分布于西藏、青海（新记录）、台湾。欧洲及泛北极地区均有分布。

【标本引证】 青海，玛沁县，雪山乡，王立松等 20-67983。

35. 淡肤根石耳［石耳科（Umbilicariaceae）］

Umbilicaria virginis Schrad., Lich. helv. spicil. 2: 564, 1842; Obermayer, Lichenologica 88: 514, 2004.

地衣体单叶至复叶型，直径 3 ～ 10cm；上表面：浅灰色、灰褐色至深褐色，强烈褶皱，有轻微粉霜，无粉芽及裂芽；下表面：光滑，灰白色至淡棕色，具稠密淡褐色至褐色假根，假根单一至简单分叉；子囊盘：贴生至短柄，亚茶渍型，盘面呈黑色，直径 0.6 ～ 5mm；子囊：内含 8 个孢子；子囊孢子：无色单胞，卵圆形，7 ～ 12μm× 4 ～ 6μm；地衣特征化合物：髓层 K± 红色、C± 红色、KC± 红色、P± 橘红色，含茶渍衣酸、三苔色酸及降斑点衣酸。

生于海拔 4100 ～ 4632m 的湿冷环境的岩石表面，建群种。在我国分布于西藏、青海、新疆。欧洲、亚洲、澳大利亚、北美洲及北极高山均有分布。

【标本引证】 青海，玛多县，吉玛雪山垭口，王立松等 20-68185 & 20-68190；青海，甘德县，青珍乡，王立松等 20-68071。

36. 缠结黄茸衣（新拟）[黄枝衣科（Teloschistaceae）]

Xanthaptychia contortuplicata (Ach.) S.Y. Kondr. & Ravera, Acta bot. hung. 59(1-2): 123, 2017.

=*Xanthoria contortuplicata* (Ach.) Boistel Nouv. Fl. Lich. 2: 70, 1903; Obermayer, Lichenologica 88: 515, 2004.

≡*Parmelia contortuplicata* Ach., Syn. meth. lich. (Lund): 210, 1814.

地衣体叶状至亚枝状，集聚呈絮团状，高 0.5 ～ 1cm，直径 1 ～ 4cm，由基部固着器固着基物；分枝：不规则分叉，顶端分叉密集，宽 0.5 ～ 1.5mm；上表面：黄色至深橘色，具疣状结构和白色缘毛型刚毛，刚毛长 0.02 ～ 0.08mm；下表面：浅灰色至污白色，近顶端呈黄色，局部可见髓层与残留皮层形成网状结构；粉芽：粉末状至颗粒状，生于裂片下表面顶端，白色至淡绿色；子囊盘未见；地衣特征化合物：含石黄酮、石黄醛、远裂亭、大黄素及石黄酮酸。

生于海拔 3926 ～ 4620m 的干旱环境的钙质岩石表面，伴生种。在我国分布于西藏、新疆、青海、甘肃。北美洲、非洲、欧洲、亚洲地区均有分布。

【标本引证】 西藏，江达县，卡贡乡，王立松等 20-68957；西藏，类乌齐县，卡玛多乡，317 国道旁石坡，王立松等 16-52527 & 16-52509；青海，玛多县，花石峡镇，王立松等 20-68231 & 20-68163；甘肃，酒泉市，党河南山扎子沟 29 号冰川附近，王立松等 18-59490。

37. 旱黄梅［梅衣科（Parmeliaceae）］

Xanthoparmelia camtschadalis (Ach.) Hale, Phytologia 28(5): 486, 1974; Abbas & Wu, Lich. Xinjiang: 102, 1998; Chen, Flora Lichenum Sinicorum 4: 234, 2015.

=*Parmelia camtschadalis* (Ach.) Eschw., in Martius, Fl. Bras. 1: 202, 1833[1829-1833]; Wei & Jiang, Lich. Xizang: 47, 1986.

≡*Borrera camtschadalis* Ach. Synops. Lich. 223, 1814.

地衣体叶状，疏松至紧密附着基物，不规则扩展；裂片：狭叶型，重复二叉分裂，宽 0.5 ～ 1mm，中央裂片顶端上仰，近直立，钝圆或缺刻，裂片两侧下卷呈半管状；上表面：淡黄色至污黄色，中央部分有时呈黄褐色，无光泽，明显凸起，无粉芽和裂芽；下表面：黑色，有稀疏短假根；髓层白色；子囊盘未见；地衣特征化合物：皮层 K+ 黄色、髓层 P+ 橘红色、K+ 黄色变红色，含水杨嗪酸。

生于海拔 1300 ～ 4720m 的干旱环境的岩面或沙土表面，优势种。在我国分布于内蒙古、四川、西藏、陕西、新疆。欧洲、亚洲地区均有分布。

【标本引证】 四川，乡城县，无名山垭口，王立松 02-21492；西藏，八宿县，然乌镇，王立松等 07-28116；新疆，喀纳斯，王立松 12-35587；新疆，托里县，王立松 12-35931。

【用途】 抗生素原料。

2.4　高山流石滩

高山流石滩的地衣具有较强耐寒、低氧和强辐射的生物学特性，主要有鳞饼衣（*Dimelaena oreina*）、碎茶渍（*Lecanora argopholis*）、多形茶渍（*L. polytropa*）、地图衣（*Rhizocarpon geographicum*）、红脐鳞（*Rhizoplaca chrysoleuca*）、丽石黄衣（*Xanthoria elegans*）群系。

海拔 4000m 及以上是陡峭岩壁与流石滩镶嵌地区，受强风肆虐、低温、强辐射等因素影响，岩面风化严重、维管束植物稀疏（图 2.21），微孢衣属（*Acarospora*）、金卵石衣（*Pleopsidium*）、鳞网衣属（*Psora*）、红盘衣属（*Ophioparma*）、地图衣属（*Rhizocarpon*）、脐鳞属（*Rhizoplaca*）、鳞茶渍属（*Squamarina*）、珊瑚枝属（*Stereocaulon*）、石黄衣属（*Xanthoria*）、石耳属（*Umbilicaria*）在岩石表面组成地衣优势群落的地衣分布带（图 2.22），建群种鳞饼衣、碎茶渍、红盘衣（*Ophioparma*

图 2.21　高山流石滩景观

王世琼拍摄于青海省玉树市，海拔 4500m

图 2.22　极高山地衣分布带景观
拍摄于西藏自治区日喀则市，海拔 5200m

ventosa）、地图衣、红脐鳞、丽石黄衣，以及中国特有种红腹石耳（*Umbilicaria hypococcinea*）等在局部地区岩石表面盖度甚至超过 98%；顶杯衣（*Acroscyphus sphaerophoroides*）和红脐鳞聚集，常附生于裸岩顶端，呈垫状群落结构，形成高山流石滩奇特的地衣生态景观（图 2.23）；石隙间薄土层是石蕊属（*Cladonia*）、地卷属（*Peltigera*）、珊瑚枝属、雪茶属（*Thamnolia*）、金丝属（*Lethariella*）等组成的地衣群落，其中莲座石蕊（*Cladonia pocillum*）、地茶（*Thamnolia vermicularis*）、雪地茶（*T. subuliformis*）是优势种，尽管珊瑚枝属物种组成极为丰富、群落面积大，但大多数物种并未得到深入的分类学研究。

图 2.23　高山岩面附生地衣群落

岩面红脐鳞（*Rhizoplaca chrysoleuca*）、顶杯衣（*Acroscyphus sphaerophoroides*）等地衣群落

拍摄于云南省香格里拉市，海拔 4300m

1. 高山扁桃盘衣
［网衣科（Lecideaceae）］

Amygdalaria aeolotera (Vain.) Hertel & Brodo, Herzogia 7(3-4): 501, 1987.

≡*Lecidea aeolotera* Vain., Ann. Acad. Sci. fenn., Ser. A 15: 137, 1921.

地衣体壳状，厚质，紧贴基物扩展，直径 3 ～ 5（～ 10）cm；上表面：龟裂至疣状，棕黄色、灰棕色或铁锈色，周缘具黑色下地衣体；衣瘿：贴生于裂隙间，半球形，棕黄色、粉色或灰色，内含真枝藻；子囊盘：网衣型，贴生于龟裂隙间，盘面呈深棕色至黑色，平坦至凸起呈盔状，盘面无粉霜或具锈色粉霜，直径 0.5 ～ 1.5（～ 2）mm；果壳：深棕色；子实上层：棕色，无晶体；子实层：无色，高 150 ～ 200（～ 230）μm；侧丝：分枝，黏合，直径 1.5 ～ 2μm，顶部膨大呈念珠状；囊层基：深棕色；子囊：假网衣型，内含 8 个孢子；子囊孢子：具晕圈，无色单胞，椭圆形，25 ～ 38（～ 45）μm×12 ～ 18μm；分生孢子器埋生；分生孢子杆状，4 ～ 10μm×1.2 ～ 1.5μm；地衣特征化合物：髓层 I–，不含地衣酸类化合物。

生于海拔 4000 ～ 4800m 的干冷环境，高山硅质岩表面附生，伴生种。在我国分布于四川、云南、西藏。日本、尼泊尔、菲律宾也有分布。

【标本引证】 四川，盐源县，百灵公社四大队，王立松 83-1386；云南，大理市，苍山，王立松 12-35078；云南，香格里拉市，大雪山垭口，王立松 13-38371。

2. 春蜡盘衣［树花科（Ramalinaceae）］

Biatora vernalis (L.) Fr., K. svenska Vetensk-Akad. Handl., ser. 3: 271, 1822; Abbas & Wu, Lich. Xinjiang: 43, 1998.

≡*Lichen vernalis* L., Syst. Nat. 3: 234, 1768.

地衣体壳状、膜状至颗粒状，紧贴基物扩展，直径 2 ～ 4cm；表面：中部呈淡灰绿色至淡褐色，边缘呈浅黄绿色，无皮层、无粉芽及裂芽；子囊盘：蜡盘型，淡黄褐色至暗红褐色，无光泽，盘面幼时凹陷，具盘缘，成熟后盘面显著凸起，盘缘消失，盘面光滑至脑纹状，直径 0.5 ～ 1.5mm；子囊：内含 8 个孢子；子囊孢子：无色，长椭圆形，1 ～ 2 室，18 ～ 20μm×5μm，具薄壁；不含地衣特征化合物。

生于海拔 3600 ～ 4730m 的多云雾及阴湿环境，树干或岩面藓层附生，伴生种。在我国分布于云南、西藏、新疆。欧洲、亚洲、北美洲地区均有分布。

【标本引证】 云南，丽江市，老君山，王立松等 18-60538；西藏，左贡县，新德村，王立松等 14-45676。

3. 中华地图衣［地图衣科（Rhizocarpaceae）］

Rhizocarpon sinense Zahlbr., in Handel-Mazzetti, Symb. Sinic. 3: 123, 124, 1930.
Syntype: Sichuan, Handel-Mazzetti nos.1012, 2647; Yunnan, Handel-Mazzetti no.8088(W).
GenBank No.: OR208149, OR195104, OR224611.

地衣体壳状或鳞壳状，单生或聚生，群落直径 3 ～ 5cm，具明显黑色下地衣体；鳞片：近圆形，表面凸起，有时龟裂，浅棕色，常覆盖白色粉霜，边缘圆滑，直径 0.4 ～ 1mm；子囊盘：无柄贴生至半埋生，圆形，黑色，盘面平坦，无粉霜，直径 0.5 ～ 0.8mm，盘缘发育良好；果壳外侧黑色，内侧红棕色，K+ 红色；子实层：无色，高 150 ～ 175μm；子实上层：红棕色，K+ 红色；囊层基深红棕色；侧丝黏合分枝；子囊：地图衣型，内含 8 个孢子；子囊孢子：双胞，棕色，椭圆形，具晕圈，30 ～ 40μm× 15 ～ 20μm；分生孢子器：未见；地衣特征化合物：髓层 K–、I–，含三苔色酸。

生于海拔 4000 ～ 4600m 的岩石表面，目前仅知中国横断山地区有分布（四川、云南和西藏）。

【标本引证】 云南，德钦县，白马雪山垭口，王立松等 18-60425；云南，梅里石村至索拉垭口，牛东岭等 12-37851；西藏，芒康县，如美镇至左贡县途中，王立松等 18-60792。

4. 藻光体衣［茶渍科（Lecanoraceae）］

Calvitimela aglaea (Sommerf.) Hafellner, Stapfia 76: 151, 2001; Obermayer, Lichenologica 88: 492, 2004.
≡*Lecidea aglaea* Sommerf., Suppl. Fl. lapp. (Oslo): 144, 1826.

地衣体鳞片状至疣状，厚质，直径 5 ～ 15cm，边缘具黑色下地衣体；鳞片：单生或紧密靠生，直径 2 ～ 4mm；上表面：粗糙，灰褐色至污白色，平坦至明显凸起；子囊盘：贴生，无明显盘缘，盘面平坦至略凸起，黑色，直径 0.3 ～ 5mm；子囊：含 8 个孢子；子囊孢子：椭圆形，无色单胞，7 ～ 15μm×5μm；地衣特征化合物：K+ 黄色、KC+ 黄色、C–、P–，髓层 K+ 橘红色、KC–、C–、P+ 橘红色，含黑茶渍素及松萝酸、勃艮第酸和斑点酸。

生于海拔 3800 ～ 4500m 的岩石表面，伴生种。在我国分布于四川和云南。亚洲、欧洲及北美洲地区均有分布。

【标本引证】 四川，红原县，刷经寺镇，王立松等 20-67568；云南，丽江市，老君山，王立松等 18-60683。

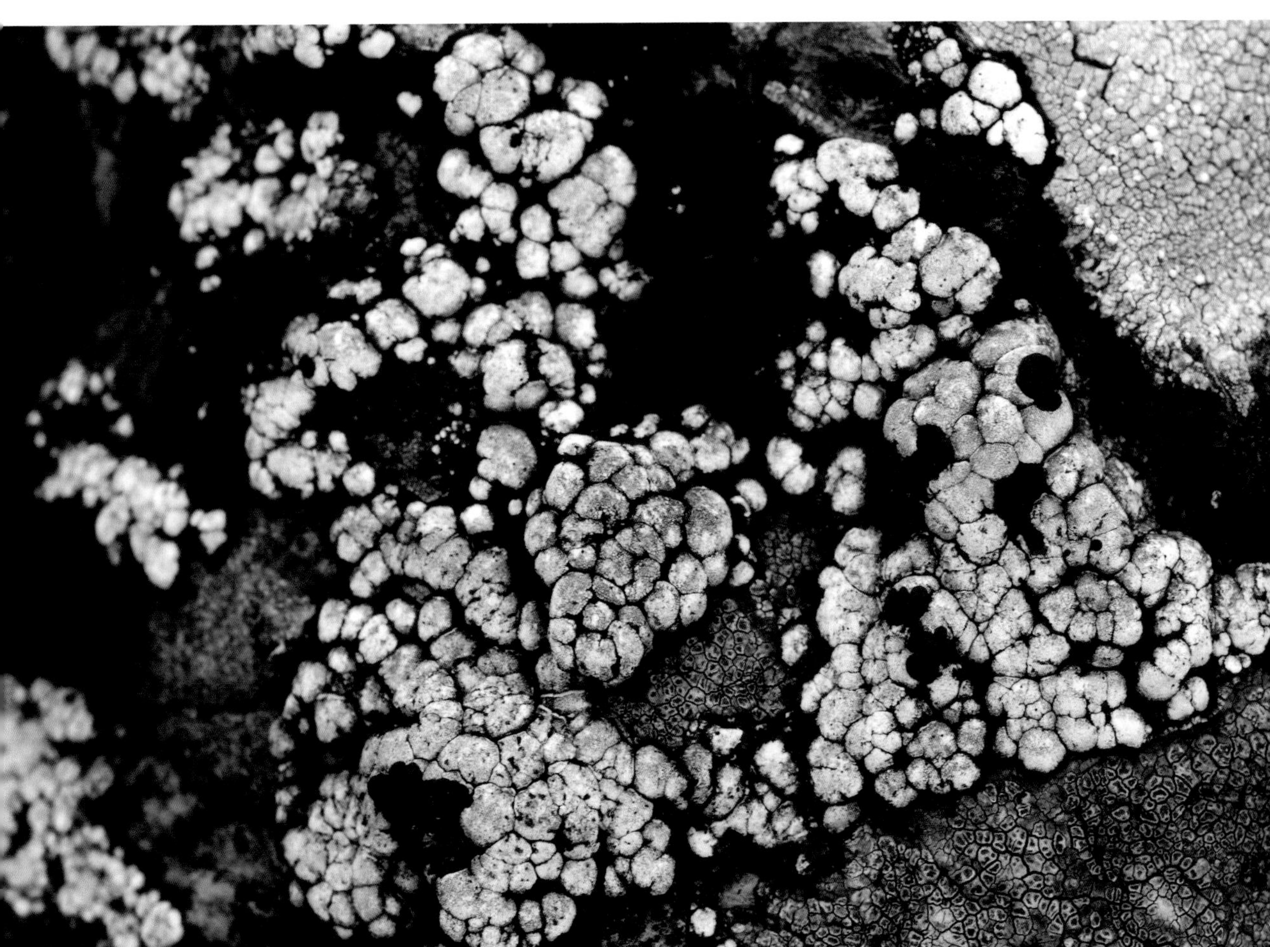

5. 袖珍瘤衣［地图衣科（Rhizocarpaceae）］

Catolechia wahlenbergii (Ach.) Körb., Syst. lich. germ. (Breslau): 181, 1855; Obermayer, Lichenologica 88: 493, 2004.

≡*Lecidea wahlenbergii* Ach., Methodus, Sectio prior (Stockholmiæ): 81, 1803.

地衣体鳞叶状，紧贴基物扩展，直径 3 ～ 5cm；裂片：相互紧密靠生，2 ～ 3mm 宽；上表面：亮黄绿色至柠檬黄色，明显凸起，顶端钝圆，具微薄的淡黄色粉霜层，无粉芽和裂芽；髓层：菌丝疏松，白色至淡黄色；下表面：栗色至黑色，具稠密的黑色假根束；子囊盘：裂片边缘生，网衣型，单生或聚生，盘面盔状凸出，常具裂隙，炭黑色，直径 1.5 ～ 3mm；子囊：棒状，内含 8 个孢子；子囊孢子：双胞，椭圆形，褐色，12 ～ 18μm×7 ～ 10μm；地衣特征化合物：皮层 UV+，髓层 K–、C–、KC–、P+ 红色，含枕酸。

生于海拔 3900 ～ 4200m 的岩石表面或岩面藓层，稀见种。在我国分布于云南。北美洲、欧洲也有分布。

【标本引证】 云南，丽江市，老君山，王立松等 18-60697；云南，东川区，白石岩，王立松 09-30583；云南，禄劝彝族苗族自治县，轿子雪山，王立松等 10-31262。

6. 硬柄石蕊［石蕊科（Cladoniaceae）］

Cladonia macroceras (Delise) Ahti, in Bergens Mus. Arbok, Naturvidensk. Rekke 3: 12, 1927; Wei & Jiang, Lich. Xizang: 88, 1986.

≡*Cenomyce gracilis* var. *macroceras* Delise, in Duby, Bot. Gall.: 624, 1830.

初生地衣体鳞叶状，宿存或消失，全缘，宽 2 ～ 3mm，上表面为褐色，下表面为白色。果柄：高 5 ～ 10cm，单一或近顶端简单分枝，无杯体或具不规则狭杯，杯缘犬齿状，并重生小枝；表面：淡褐色，基部为黑色，表面皮层发育良好，具纵向裂隙，无粉芽；小鳞芽：稀疏散生，盾鳞状；子囊盘和分生孢子器：褐色，杯缘生；地衣特征化合物：果柄 K+ 黄色、KC–、P+ 红色、UV–，含黑茶渍素和富马原岛衣酸。

生于海拔 3500 ～ 4300m 的腐木，伴生种。在我国分布于内蒙古、吉林、四川、云南、西藏、陕西、新疆。欧洲、美洲、亚洲地区均有分布。

【标本引证】 云南，德钦县，白马雪山垭口，王立等 13-38570。

【用途】 药用。

7. 莲座石蕊［石蕊科（Cladoniaceae）］

Cladonia pocillum (Ach.) Grognot, Pl. Crypt. Saone-et-Loire: 82, 1863; Wei & Jiang, Lich. Xizang: 91, 1986; Abbas & Wu, Lich. Xinjiang: 58, 1998; Zahlbr., in Handel-Mazzetii, Symb. Sinic. 3: 134, 1930.
≡*Baeomyces pocillum* Ach., Methodus, Sectio Post. (Stockholmiæ): 326, 1803.

初生地衣体鳞片状，宿存，复瓦状紧密靠生呈垫状，上表面呈黄绿色至暗绿色，下表面呈白色。果柄：单一，近顶端呈逐渐扩大完全杯，杯底不穿孔，高 0.5 ～ 2cm，表面呈灰绿色至污白色，皮层发育不良，呈细瘤状或网状，暴露出白色髓层，无粉芽，有时基部生小鳞芽；子囊盘：杯缘生，褐色；分生孢子器：杯缘生，内含物红色；地衣特征化合物：果柄 K–、KC–、P+ 橘红色，含富马原岛衣酸。

生于海拔 3800 ～ 4700m 多水雾环境的高山，石隙或藓层附生。在我国分布于黑龙江、山东、湖北、四川、云南、西藏、陕西、新疆。北非、欧洲、亚洲、美洲、澳大利亚、南极洲地区均有分布。

【标本引证】 云南，香格里拉市，天宝雪山，王立松等 12-34998；云南，德钦县，白马雪山垭口，王立松等 13-38528 & 13-38541；西藏，江达县，同普乡，王立松等 20-68891。

8. 鳞饼衣［粉衣科（Caliciaceae）］

Dimelaena oreina (Ach.) Norman, Nytt Mag. Natur. 7: 232, 1852; Obermayer, Lichenologica 88: 337, 2004.
≡*Lecanora straminea* var. *oreina* Ach., Lich. Univ.: 432, 1810.

地衣体壳状，中央鳞片龟裂，鳞片间呈裂隙状，边缘辐射延伸，常具狭窄黑色下地衣体；表面呈淡黄色，有时具粉霜；子囊盘：贴生于地衣体表面，茶渍型，偶假茶渍型，盘面呈黑色，有时具白色粉霜，平坦至轻微凸起，直径 0.4 ～ 0.9mm；子实上层：黑棕色；子实层：棕色，厚 60 ～ 90μm；囊层基：透明；子囊：棒状，内含 8 个孢子；子囊孢子：深棕色，椭圆形，双胞，中央分隔处变窄，9 ～ 13μm×5 ～ 7μm；分生孢子器：内陷，生于地衣体中央；分生孢子：杆状，3.5 ～ 5μm×1μm；地衣特征化合物：含松萝酸。

生于海拔 2450 ～ 5200m 的硅质岩石表面。在我国分布于内蒙古、吉林、江苏、山东、四川、云南、西藏、青海、甘肃、新疆。北极、欧洲、亚洲、非洲、北美洲、南美洲均有分布。

【标本引证】 云南，德钦县，白马雪山，王立松等 12-34825；西藏，贡觉县，王立松等 20-67410；西藏，贡觉县，相皮乡，王立松等 19-65340；甘肃，肃南裕固族自治县至祁连县途中，王立松 18-59774。

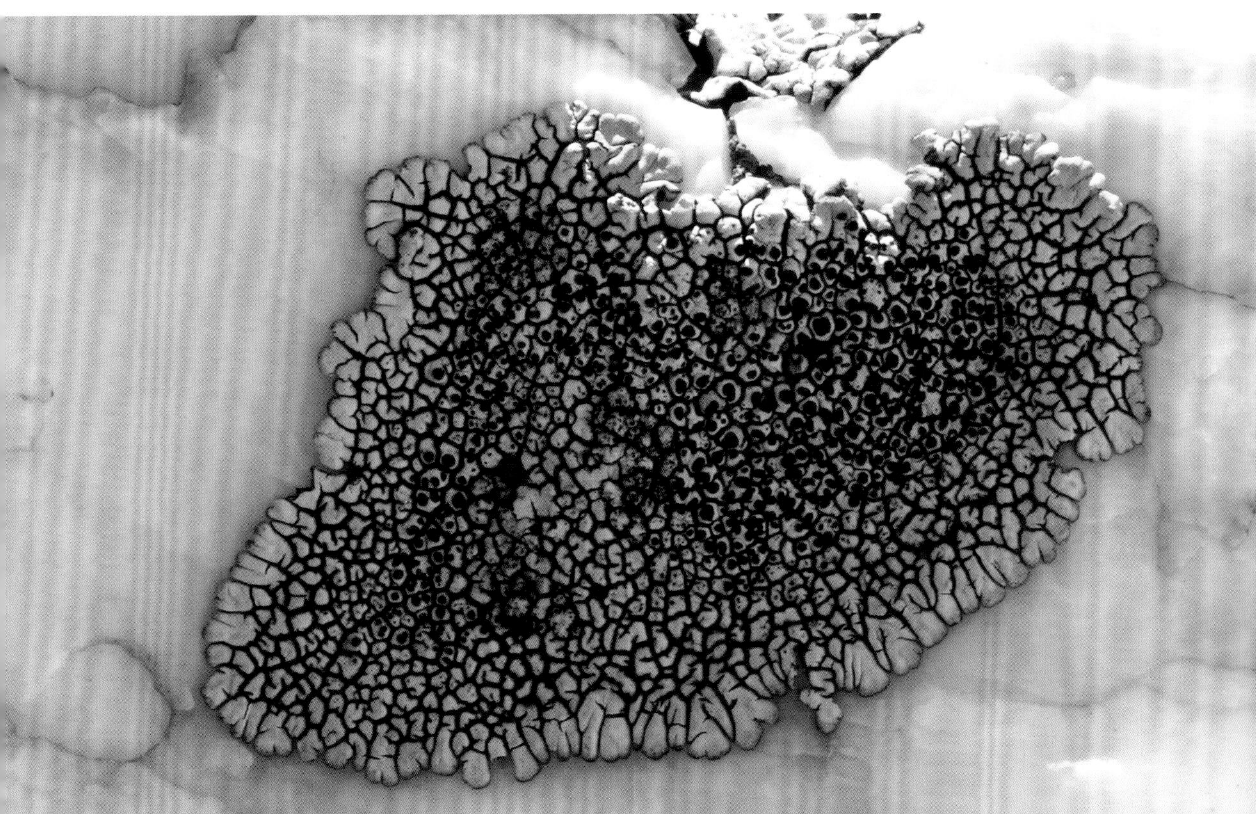

9. 大叶鳞型衣［鳞型衣科（Gypsoplacaceae）］

Gypsoplaca macrophylla (Zahlbr.) Timdal, in Jahns, Biblthca Lichenol. 38: 424, 1990.
≡*Lecidea macrophylla* Zahlbr., in Handel-Mazzetti, Symb. Sinic. 3: 110, 1930.
Type: CHINA, Yunnan, Handel-Mazzetti, No 5954 (S!).
GenBank No.: KY397884, KY397915.

地衣体鳞片状，相互紧密靠生，疏松或紧贴基物生长，群落直径 3 ~ 10cm，鳞片圆形至长椭圆形，边缘略上扬，直径约 30mm；上表面：绿棕色至棕色，平坦至微凹陷，无粉芽及粉霜，鳞片边缘皮层通常消失，露出白色髓镶边；髓层：菌丝疏松，白色，含草酸钙结晶；下表面：浅棕色至黑色，具与下表面同色的假根束；子囊盘：幼时埋生地衣体中，成熟后贴生呈饼状至凸起盔状，无盘缘，盘面为红棕色，平滑，无粉霜，直径 1.2 ~ 3mm；子囊：棒状，内含 8 个孢子；子囊孢子：无色单胞，椭圆形，13 ~ 17μm×7 ~ 9μm；光合共生生物：绿球藻，藻层不连续；地衣特征化合物：皮层 K–、C–、PD–，含三萜类。

生于海拔 3800 ~ 4569m 的高山草甸冻土层，以及冰缘带流石滩石隙间薄土层，建群种。该种是青藏高原高山草甸冻土层和石隙间标志性地衣群落之一。在我国分布于云南、西藏、青海、甘肃、新疆。欧洲、北美洲、亚洲地区均有分布。

【标本引证】 云南，德钦县，白马雪山垭口，王立松等 13-38499（b）& 18-60417；西藏，八宿县，邦达镇至昌都邦达机场途中，王立松等 14-45809；西藏，江达县，卡贡乡，王立松等 20-68961；青海，玛沁县，雪山乡，王立松等 20-67962 & 20-68218；甘肃，肃南裕固族自治县至祁连县途中，王立松等 18-59840。

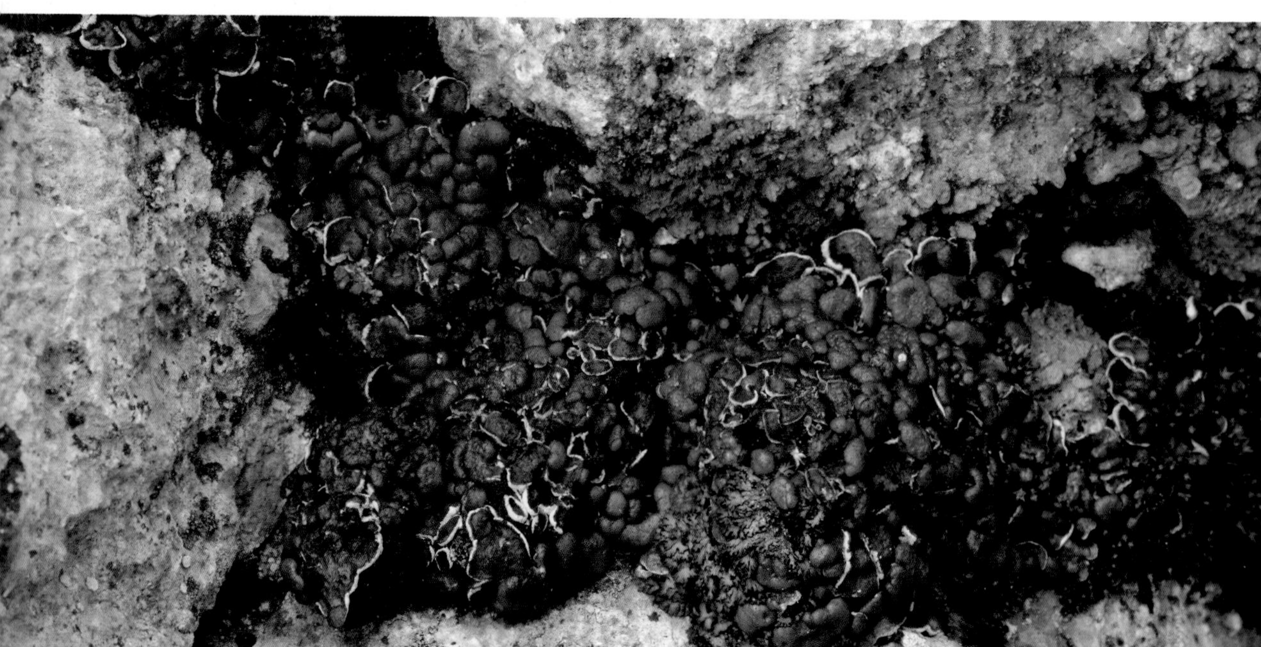

10. 高山袋衣［梅衣科（**Parmeliaceae**）］

Hypogymnia alpina Awasthi, Kavaka 12(2): 91, 1984, McCune & Wang, Mycosphere5(1): 34, 2014; Wei XL, Flora Lichenum Sinicorum 6: 121, 2021.

地衣体叶状，疏松附生基物，直径 5 ～ 10cm；裂片：狭叶型，相互疏松靠生至重叠，二叉至掌状分裂，宽 1 ～ 2（～ 3）mm；上表面：平坦或微褶皱，顶端呈棕褐色，中部常为黑色，无粉芽及粉霜，具明显光泽；下表面：黑色，通常有光泽，近裂片顶端呈棕黑色，穿孔生于裂片顶端和叶腋处；髓层：中空，白色、污白色至棕黑色；子囊盘：漏斗状，果柄膨胀，盘面呈棕褐色，直径约 4mm；子囊孢子：无色单胞，5 ～ 10μm×4 ～ 6μm；地衣特征化合物：髓层 K−、KC+ 橘红色、P± 红色，含黑茶渍素和袋衣酸、原岛衣酸、2′-*O*- 甲基袋衣酸，偶含条纹酸。

生于海拔 3800 ～ 4700m 的高山土层及岩面表面，偶见杜鹃灌木枝附生，伴生种。在我国分布于四川、云南和西藏。印度北部和尼泊尔也有分布。

【标本引证】 四川，康定市，杜鹃山，王立松 06-26054；云南，香格里拉市，红山，王立松等 09-31002；云南，德钦县，白马雪山，王立松等 09-31104。

11. 拟沉衣（新拟）[网衣科（Lecideaceae）]

Lecaimmeria orbicularis C.M. Xie & Lu L. Zhang, MycoKeys 87: 123, 2022.

Type. CHINA, Sichuan Province, Rangtang Co., Gangmuda village, 3800m elev., 32°18′N, 101°3′E, on rock, 7 Sept. 2020, Li-Song Wang et al. 20-66753 (KUN-L Holotype !).

GenBank No.: MZ227069, MZ343412, MZ343444.

地衣体壳状，紧贴基物呈不规则扩展，中央龟裂，周缘具黑色下地衣体；表面：龟裂片为矩形或多边形，直径 0.25 ～ 1.0mm，暗红棕色或橙棕色，平坦，无光泽，边缘有粉霜，外皮层有透明胶质层；髓层：菌丝致密，白色；子囊盘：茶渍型，埋生，圆形或椭圆形，盘面呈红棕色，平坦，无粉霜，直径 0.5 ～ 1.3mm，盘缘呈白色；子囊：棒状，顶器假网衣型，内含 8 个孢子；子囊孢子：无色单胞，椭圆形，12.5 ～ 15μm×5 ～ 6μm，有晕圈；分生孢子器未见；地衣特征化合物：皮层 K–、P–、C–、KC–，髓层 I+ 紫色、K–、P–、C–、KC–，不含地衣酸类特征化合物。

生于海拔 3730 ～ 4200m 的高山流石滩岩石表面，建群种。在我国分布于四川、西藏、青海。仅青藏高原有分布。

【标本引证】 四川，壤塘县，岗木达镇，王立松等 20-66753；青海，班玛县，王立松等 20-66886 & 20-66897。

12. 碎茶渍［茶渍科（Lecanoraceae）］

Lecanora argopholis (Ach.) Ach. Lich. Univ.: 346, 1810; Abbas & Wu, Lich. Xinjiang: 76, 1998; Obermayer, Lichenologica 88: 500, 2004.

≡*Parmelia atra β argopholis* Ach., Methodus, Sectio prior (Stockholmiæ): 32, 1803.

地衣体壳状，质厚，紧贴基物呈圆形至不规则扩展，直径 5 ～ 10（～ 20）cm；鳞片：幼时凸起呈半球形，直径 0.2 ～ 0.3mm，之后有两种发育途径：①变大且基部形成茎，高 0.8 ～ 1.5（～ 2.3）mm，直径 1 ～ 1.5mm；②变窄且分叉呈珊瑚枝状，顶部小鳞片重叠生长，高 1 ～ 5（～ 6）mm，直径 0.6 ～ 1（～ 1.5）mm。上表面：浅黄色、灰黄色至黄绿色；下地衣体：不明显，灰蓝色至黑蓝色；子囊盘：单生或聚生，盘面呈黄棕色、黑棕色至深橄榄绿色，具光泽，幼时平坦或微凹陷，成熟后凸起，直径 0.5 ～ 3mm；盘缘发育良好，薄，微缺刻，与地衣体同色；子囊：宽棒状，内含 8 个孢子；子囊孢子：无色单胞，卵圆形至椭圆形，(9.5 ～）12.7（～ 16.2）μm×（5.7 ～）7.3（～ 9.5）μm；分生孢子器：稀见，埋生，孔口灰棕色；分生孢子：丝状，(21 ～）28（～ 39）μm×0.5μm；地衣特征化合物：含黑茶渍素及脂肪酸类。

生于海拔 2290 ～ 4450m 的多云雾湿冷环境，以及中低海拔干旱环境的岩石表面，建群种。在我国分布于内蒙古、四川、西藏、青海、陕西、甘肃、宁夏、新疆。在全球广分布。

【标本引证】 西藏，比如县，夏阿村 317 国道路旁石坡，王立松等 16-54193；甘肃，张掖市，临泽县至肃南裕固族自治县途中，王立松等 18-59708。

13. 多形茶渍（新拟）[茶渍科（Lecanoraceae）]

Lecanora polytropa (Hoffm.) Rabenh., Deutschl. Krypt.-Fl. (Leipzig) 2(1): 37, 1845.

地衣体壳状至鳞片状，紧贴基物，鳞片不规则，0.1 ～ 0.3mm；上表面：黄色，无光泽，粗糙或近光滑，无粉芽及裂芽；下表面：无下皮层；子囊盘：常见，散生至聚集，圆形至不规则形，盘面与地衣体同色，幼时微凹陷，盘缘明显，成熟后强烈凸起盘缘消失，无或具不明显粉霜，直径 0.3 ～ 1（～ 1.5）mm；子实层：无色至浅黄色，厚 45 ～ 60μm；子囊：棒状，内含 8 个孢子；子囊孢子：椭圆形，无色单胞，9 ～ 14μm×4.5 ～ 7.5μm；地衣特征化合物：含松萝酸、鹿蕊酸及泽屋萜。

生于高山和极高山硅质岩表面。世界广泛分布。

【标本引证】 四川省，红原县，刷经寺镇，王立松等 20-67573；四川，壤塘县，海子山，王立松等 20-67710；西藏，芒康县，拉乌山顶，王立松等 19-64312；西藏，萨嘎县，达吉岭乡，王立松等 19-65636。

14. 金茶渍（新拟）[茶渍科（Lecanoraceae）]

Lecanora somervellii Paulson, J. Bot., Lond. 63: 192, 1925.

地衣体壳状至鳞片状，紧贴基物呈圆形扩展，中央鳞片紧密靠生，边缘鳞片裂片化；上表面：柠檬黄色，无光泽，粗糙或近光滑，无粉芽及裂芽；下表面：仅边缘裂片顶端具下皮层；子囊盘：聚生于地衣体中央，盘面与地衣体同色或颜色更深，幼时微凹陷，盘缘明显，成熟后强烈凸起盘缘消失，具微薄黄色粉霜层，直径（0.3 ～）0.6 ～ 1mm；子实层：黄色，厚 50 ～ 65μm；子囊：棒状，内含 8 个孢子；子囊孢子：长椭圆形至柱状，无色单胞，9 ～ 11μm×3 ～ 5μm；地衣特征化合物：含松萝酸、水杨苷及鹿蕊酸。

生于海拔 3750 ～ 5540m 的多云雾湿冷环境的硅质岩表面，伴生种。在我国分布于西藏。亚洲地区有分布。

【标本引证】 西藏，左贡县，如美镇至左贡县途中，318 国道 3550 里程碑处，王立松等 16-53086；西藏，八宿县，八宿县至然乌镇途中，318 国道旁高山草甸，王立松等 18-61201；西藏，昂仁县，卡嘎镇，王立松等 19-65282；西藏，芒康县，如美镇至左贡县途中，318 国道旁 3481界碑处，王立松等 18-60844。

15. 破小网衣［茶渍科（Lecanoraceae）］

Lecidella carpathica Körb., Parerga lichenol. (Breslau) 3: 212, 1861.

=*Lecidea subsmaragdula* H.Magn., Lich. Centr. Asia 1: 54, 1940.

地衣体壳状，龟裂呈小疣状或肿胀鳞片，厚达 1.2mm；表面：乳白色、黄白色至灰白色，无光泽或稍具光泽，无粉芽及裂芽；子囊盘：网衣型，贴生或半埋生，盘面呈黑色，平坦至微凸起，无粉霜，直径 1 ～ 2mm，盘缘成熟后退化消失；果壳：外部为蓝黑色至墨绿色，内部为红棕色或黄棕色；子实上层：蓝绿色或橄榄色；子实层：无色，厚 50 ～ 90μm；侧丝：单一至稀分枝，易分离，顶端略有膨大；囊层基：棕色，黄棕色或红棕色；子囊：小网衣型，内含 8 个孢子；子囊孢子：无色单胞，卵圆形，8 ～ 16μm×5 ～ 9μm，厚壁；分生孢子器：埋生；分生孢子：丝状，极度弯曲，直径 15 ～ 30μm；地衣特征化合物：地衣体 K± 黄色、C–、KC–、P+ 黄色；含黑茶渍素、双球地衣素及苏云金酮。

生于海拔 4451 ～ 4644m 的干冷环境的硅质岩表面，偶见朽木或树皮附生，伴生种。在我国分布于河北、山西、内蒙古、湖南、四川、西藏、青海、甘肃、新疆。非洲、亚洲温带地区、欧洲、美洲、澳大利亚和新西兰均有分布。

【标本引证】 西藏，仲巴县，拉让乡，王立松等 19-65607；西藏，八宿县，八宿县至然乌镇途中，318 国道旁高山草甸，王立松等 18-61161；西藏，普兰县，普兰镇，王立松等 19-65575。

16. 红盘衣［盾叶衣科（Ophioparmaceae）］

Ophioparma ventosa (L.) Norman, Conat. Praem. Gen. Lich.: 19, 1852.

=*Haematomma ventosum* (L.) A. Massal., Ric. auton. lich. crost. (Verona): 33, fig. 54, 1852; Zahlbr., in Handel-Mazzetii, Symb. Sinic. 3: 177, 1930.

≡*Lichen ventosus* L., Sp. pl. 2: 1141, 1753.

地衣体壳状，厚质，龟裂呈小鳞片至疣状；上表面：淡黄绿色至灰绿色，无粉霜；子囊盘：饼状贴生，圆形至不规则形，盘面深红色，平坦至明显凸起，有光泽，无粉霜，直径 2 ～ 6mm；子实上层：橙色，K+ 先蓝色后紫色，随后颜色消退；子实层：基部无色，顶部呈橙色，厚 50 ～ 75μm；侧丝：单一，均匀分隔；子囊：红盘衣型，子囊顶器 I+ 蓝色，内含 8 个孢子；子囊孢子：螺旋形或亚平行排列，无色，长梭形，略弓形弯曲，具 3 ～ 7 横隔，37 ～ 60μm × 3.5 ～ 6.5μm；分生孢子器：黑色盘状；分生孢子：无色杆状，5 ～ 9μm × 1μm；地衣特征化合物：皮层 K+ 黄色、C+ 黄色、髓层 K+ 紫色或无色、C–、P± 橘红色，含地茶酸、白赤星衣素及松萝酸、柔扁枝衣酸。

生于海拔 3570 ～ 5070m 的多云雾湿冷环境、高山流石滩岩面，伴生种。在我国分布于四川、云南、西藏、陕西。北极、欧洲、北美洲、亚洲地区均有分布。

【标本引证】 云南，剑川县，老君山镇，王立松等 13-38758；西藏，林芝市，东达拉山垭口，王立松等 07-30221。

17. 枝瓣金卵石衣（新拟）[微孢衣科（Acarosporaceae）]

Pleopsidium discurrens (Zahlbr.) Obermayer, Ann. bot. fenn. 33(3): 232, 1996.
≡*Acarospora discurrens* Zahlbr., in Handel-Mazzetti, Symb. Sinic. 3: 140, 1930.
Type: CHINA. Yunnan, Handel-Mazzetti 676 (WU).
GenBank No.: PP902523, PP889762.

地衣体鳞壳状，亮黄绿色至柠檬黄色，紧贴基物呈圆形至不规则扩展，直径达 7 ～ 20cm；鳞片：狭带状，宽 1 ～ 1.5mm，中央裂片紧密靠生呈壳状，边缘裂片辐射扩展；子囊盘：聚生于地衣体中央，与地衣体同色，盘面凸起，直径小于 1mm；子实上层：无色透明，有黄色结晶；囊层基无色；侧丝单一或顶端简单分枝；子囊：长棒状，卵石衣型，含多孢；子囊孢子：无色单胞，狭椭圆形，（3.5 ～）4（～ 4.5）μm×（1.7 ～）2μm；分生孢子器：内陷；分生孢子：椭圆形，1.5μm×（2.7 ～）3μm；地衣特征化合物：含地图衣酸、微孢衣酸及微孢衣烯酸。

生于海拔 3600 ～ 4350m 的高山湿冷环境的岩石表面，伴生种。分布于四川、云南、西藏，为中国特有种。

【标本引证】 四川，壤塘县，海子山，王立松等 20-67712；四川，乡城县，大雪山道班后山，王立松 02-21440；云南，德钦县，白马雪山，王立松 15-49590。

18. 黄色假网衣［网衣科（Lecideaceae）］

Porpidia flavicunda (Ach.) Gowan, Bryologist 92(1): 43, 1989; Wang XY et al., Lichenologist 44(5): 623, 2012.

≡*Lecidea flavicunda* Ach., Lich. univ.: 166, 1810.

地衣体壳状，龟裂呈小鳞片状，紧贴基物扩展，厚 0.3 ～ 1.0mm，周缘具黑色下地衣体；上表面：平滑至疣状，暗橘色至橘黄色，无光泽，无粉芽、裂芽及衣瘿；子囊盘：圆盘形，幼时内陷，成熟后贴生，无柄，盘面呈黑色，平坦，直径 0.5 ～ 2mm，具粉霜层；盘缘全缘，黑色，光滑至微缺刻；子实上层：棕绿色，子实层无色，厚 80 ～ 110μm；子囊：内含 8 个孢子；子囊孢子：无色单胞，椭圆形，具晕圈，13 ～ 20（～ 22）μm×6 ～ 8μm；地衣特征化合物：化学型 I 不含地衣特征化合物，化学型 I 含凝聚酸。

生于海拔 3000 ～ 4500m 的多云雾湿冷环境，高山裸岩表面附生，伴生种。在我国分布于四川、云南、西藏。泛北极地区也有分布。

【标本引证】 四川，康定市，折多山，王立松 07-29473；云南，大理市，苍山，王立松 09-30363；云南，丽江市，老君山，王立松等 18-60727。

19. 皮壳原胚衣［鳞网衣科（Psoraceae）］

Protoblastenia incrustans (DC.) J. Steiner, Verh. zool.-bot. Ges. Wien 65: 203, 1915; Zahlbr., in Handel-Mazzetii, Symb. Sinic. 3: 209, 1930.

≡*Patellaria incrustans* DC., in Lamarck & de Candolle, Fl. franç., Edn 3 (Paris) 2: 361, 1805.

地衣体壳状，质薄，石内生，灰白色至污白色，无明显下地衣体，无粉芽及裂芽；子囊盘：内陷，仅橙色盘面凸起，直径 0.2 ～ 0.5mm，幼时有盘缘，成熟盘缘不明显；子实上层：橘黄色；子实层：无色透明，上部有橘黄色颗粒，K+ 紫红色；子囊：茶渍型，内含 8 个孢子；子囊孢子：无色单胞，椭圆形至长椭圆形，8 ～ 12μm×5 ～ 7μm；分生孢子器：内陷，无色至橘黄色；分生孢子：杆状，5 ～ 7μm×1 ～ 1.5μm；地衣特征化合物：地衣体 K–、C–、KC–；不含地衣酸类特征化合物。

生于海拔 4000 ～ 4710m 的多云雾湿冷环境，高山钙质岩附生，伴生种。在我国分布于云南、西藏、青海。亚洲、欧洲、北美洲及北极地区均有分布。

【标本引证】 云南，德钦县，白马雪山，王立松等 16-50345 & 13-38494；西藏，类乌齐县，卡玛多乡，317 国道旁石坡，王立松等 16-52498；青海，玛沁县，大武镇，王立松等 20-68024；西藏，八宿县，业拉山垭口，王立松等 18-61063。

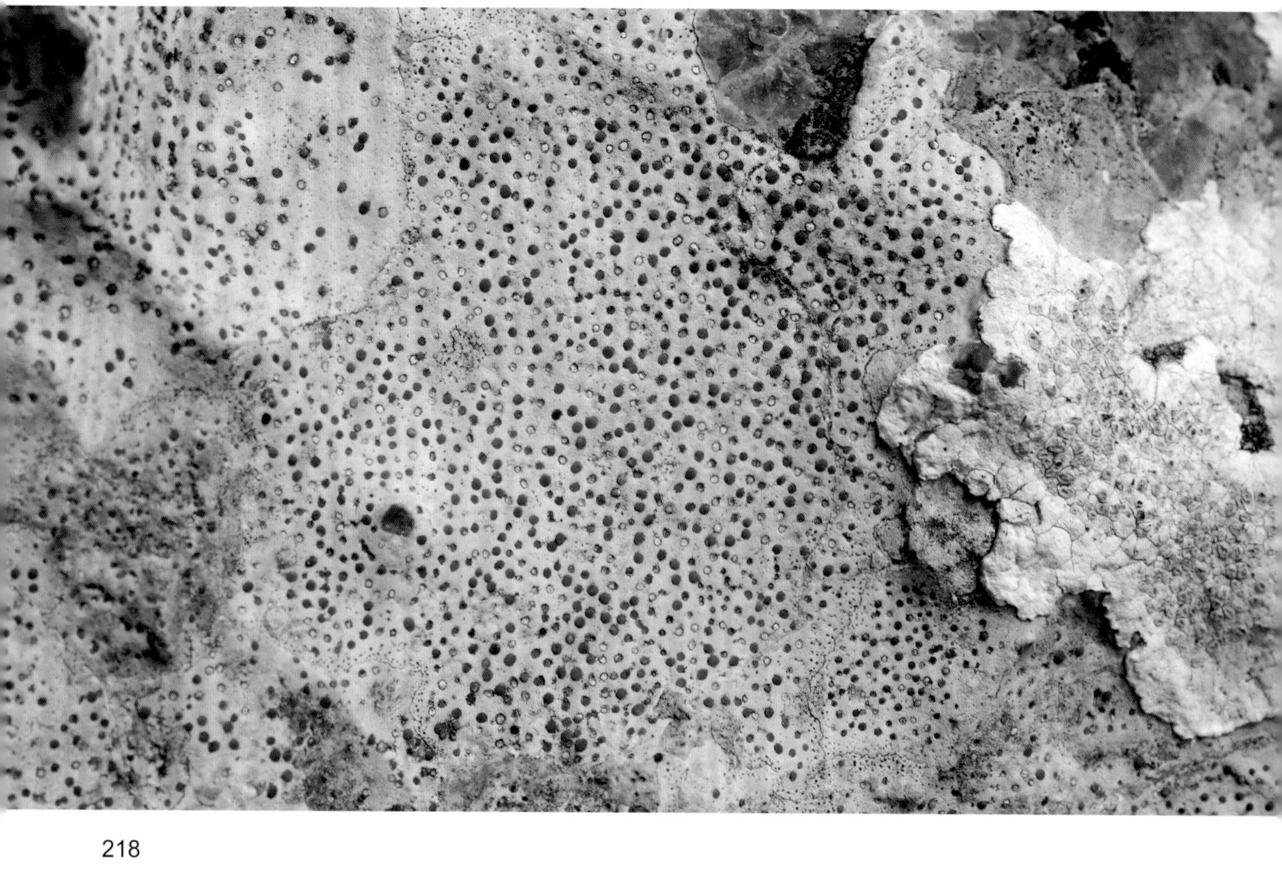

20. 皱脊原类梅（新拟）[茶渍科（Lecanoraceae）]

Protoparmeliopsis garovaglii (Körb.) Arup, Zhao Xin & Lumbsch, Fungal Diversity 78(1): 301, 2015.
≡*Placodium garovaglii* Körb., Parerga lichenol. (Breslau) 1: 54, 1859.

地衣体壳状，紧贴基物呈圆形至不规则扩展，直径 4 ～ 6cm；裂片：紧密靠生，边缘裂片明显肿胀凸起，宽 0.5 ～ 1.5mm；上表面：青灰色至浅黄绿色，具白色粉霜层，无粉芽及裂芽；子囊盘：茶渍型，聚生于地衣体上表面中央处，无柄，盘面呈黄褐色至红棕色，无粉霜层，直径 0.7 ～ 2mm；果托全缘，浅黄或棕色；子囊：长棒状，内含 8 个孢子；子囊孢子：椭圆形，无色单胞，8 ～ 12μm×5 ～ 6（～ 7）μm；分生孢子器埋生；分生孢子：丝状，长 20 ～ 35μm；地衣特征化合物：皮层 KC+ 黄色，髓层 K–、C–，含松萝酸及泽屋萜。

生于海拔 1300 ～ 4250m 干冷环境的岩石表面，建群种。在我国分布于西藏、青海、甘肃、新疆，其中青海、新疆和西藏有新记录。北美洲、南美洲、亚洲地区均有分布。

【标本引证】 西藏，八宿县，业拉山，王立松等 16-51832；青海，西宁市，西宁市到青海湖途中，王立松等 18-59106；甘肃，张掖市，肃南裕固族自治县至祁连县途中，王立松等 18-59770；新疆，喀纳斯，王立松等 12-35971。

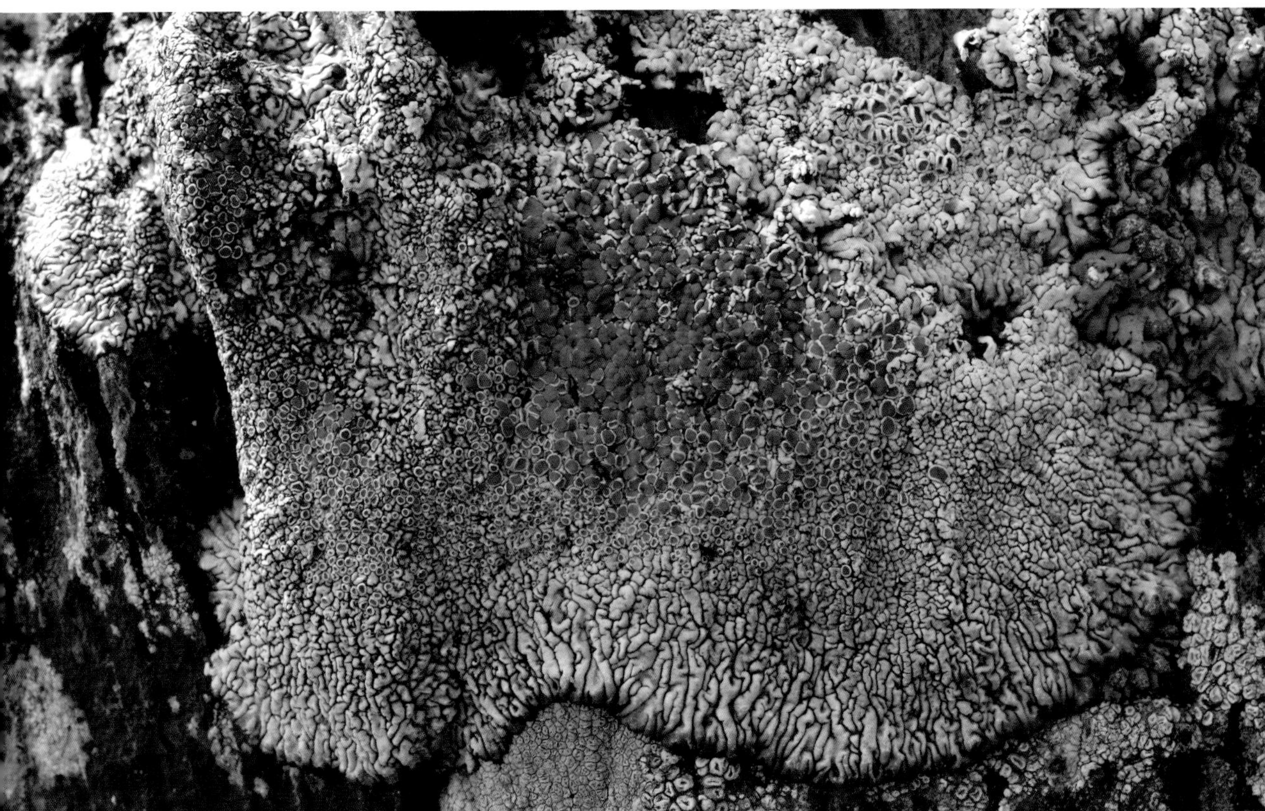

21. 袖珍拟毡衣［梅衣科（Parmeliaceae）］

Pseudephebe minuscula (Nyl. ex Arnold) Brodo & D. Hawksw., Op. bot. 42: 140, 1977.

=*Pseudephebe pubescens* (L.) M. Choisy, Icon. Lich. Univ. ser. 2, fasc. 1: [sine pag.], 1930; Wang & McCune, Mycotaxon 113: 432, 2010.

≡*Imbricaria lanata* var. *minuscula* Nyl. ex Arnold, Verh. zool.-bot. Ges. Wien 28: 293, 1878.

地衣体枝状，紧贴基物呈圆形至不规则扩展，直径 3 ～ 12cm；表面：淡褐色至深褐色，近顶端呈暗褐色至黑色；主枝：直径 0.1 ～ 0.3mm，表面疣状突及弹坑状小凹陷，具光泽；分枝：不规则稠密分枝，顶端或分枝腋略扁；假杯点：稀疏至丰多，圆形至椭圆形凹穴状，污白色至黑色，常粉芽化；皮层：2 层型，外皮层淡褐色，由 1 ～ 2 层细胞组成的假厚壁组织，厚 3 ～ 5μm；内皮层无色，厚 10 ～ 50μm，由纵向排列的菌丝组成；髓层：菌丝疏松，无软骨质中轴；菌丝：表面光滑，直径 2 ～ 4μm；子囊盘及分生孢子器未见；光合共生生物：绿球藻，藻层厚 35 ～ 50μm；地衣特征化合物：不含地衣酸类特征化合物。

生于海拔 4300 ～ 5070m 的高山、极高山湿冷环境与岩石表面，常与印度石耳（*Umbilicaria indica*）、红盘衣（*Ophioparma ventosa*）、红脐鳞（*Rhizoplaca chrysoleuca*）以及地图衣（*Rhizocarpon* spp.）等伴生，稀见种。在我国分布于四川、西藏。欧洲、亚洲、澳大利亚、南美洲和北美洲、南极及泛北极高山地区均有分布。

【标本引证】 四川，康定市，折多山，王立松 06-26090；云南，剑川县，老君山镇，王立松等 13-39103；西藏，乃东区，王立松等 07-28595。

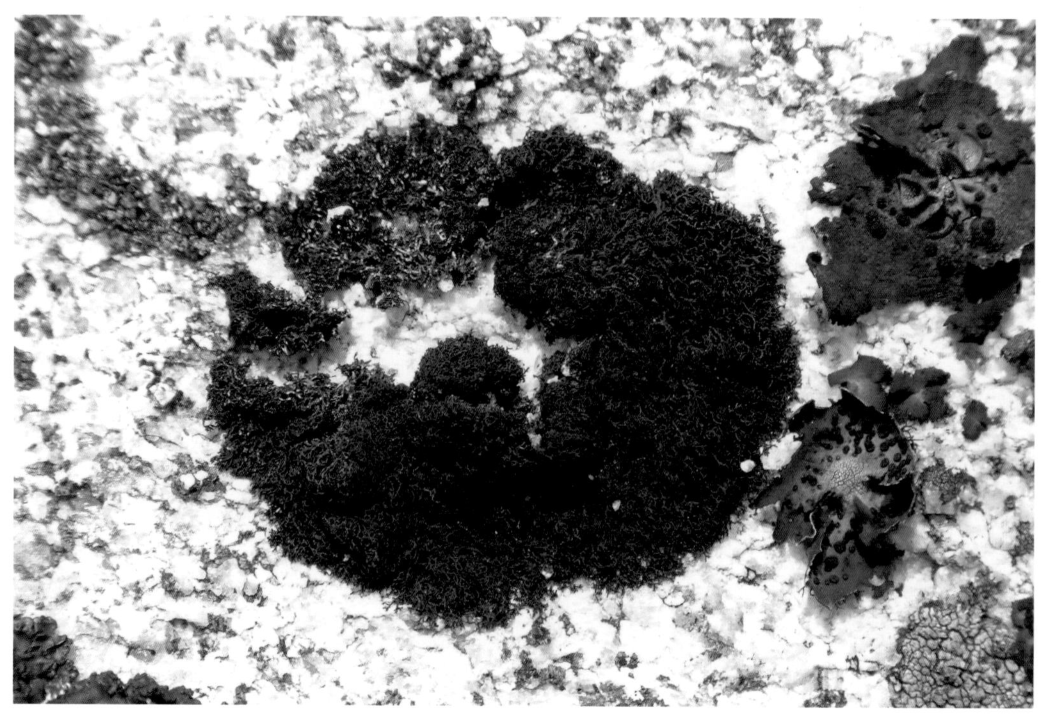

22. 猩红果衣（新拟）[果衣科（Ramboldiaceae）]

Ramboldia griseococcinea (Nyl.) Kalb, Lumbsch & Elix, Nova Hedwigia 86(1-2): 32, 2008.
≡*Lecidea griseococcinea* Nyl., in Hue, Nouv. Arch. Mus. Hist. Nat., Paris, 3 sér. 3: 104, 1891.

地衣体鳞片状至疣状，厚质，直径 5 ～ 15cm，周缘具黑色下地衣体，有时不明显；鳞片：相互紧密靠生，污白色至灰白色，中央鳞片直径 1 ～ 2mm，边缘鳞片 0.3 ～ 0.5mm，无粉霜层；子囊盘：密集，血红色，单生至靠生，无柄，幼时盘面平坦具盘缘，成熟后微凸起呈饼状，无盘缘，无光泽，直径 0.5 ～ 2mm；子囊：含 8 个孢子；子囊孢子：卵圆形，无色单胞，6 ～ 7μm×4 ～ 5μm，薄壁；光合共生生物：绿球藻；地衣特征化合物：髓层 K± 浅黄色、P+ 橘红色、C–，含黑茶渍素、氯黑茶渍素及富马原岛衣酸。

生于海拔 3800 ～ 4500m 的岩石表面，伴生种。在我国分布于四川、云南。尼泊尔也有分布。

【标本引证】 云南，丽江市，老君山，王立松等 17-55589 & 21-69847；四川，壤塘县，海子山，王立松等 20-67688。

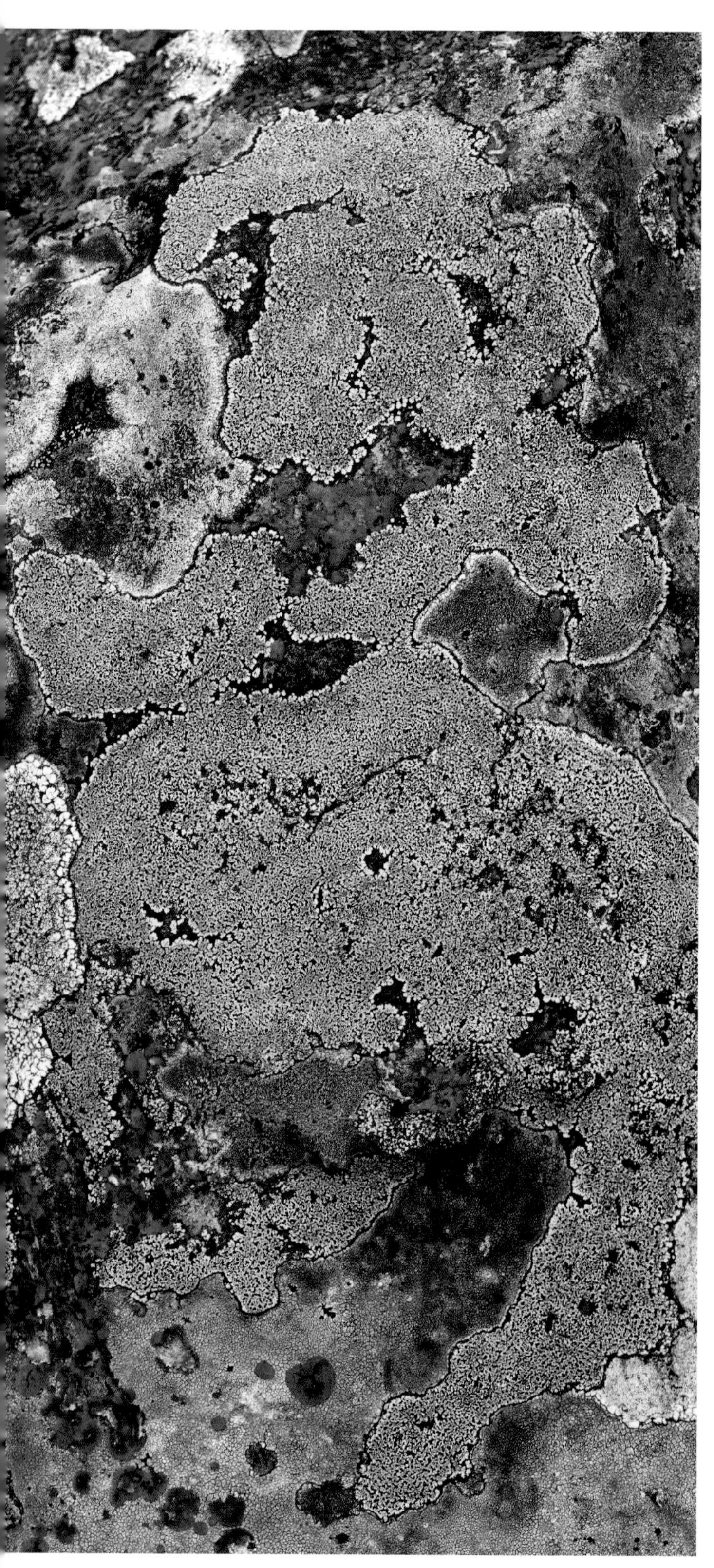

23. 地图衣［地图衣科（Rhizocarpaceae）］

Rhizocarpon geographicum (L.) DC., in Lamarck & de Candolle, Fl. franç., Edn 3 (Paris) 2: 365, 1805; Abbas & Wu, Lich. Xinjiang: 128, 1998; Zahlbr., in Handel-Mazzetii, Symb. Sinic. 3: 124, 1930.

≡*Lichen geographicus* L., Sp. pl. 2: 1140, 1753.

地衣体壳状，紧贴基物呈圆形至不规则扩展，直径达 50cm 或更大，周缘具黑色下地衣体；鳞片：相互紧密靠生，圆形至不规则菱形，平坦至微凸起，直径 0.2 ～ 3mm；表面：亮黄绿色，无粉芽、裂芽及粉霜；子囊盘：黑色，圆形至菱形，生于鳞片间隙，盘面凹陷至微凸起，无粉霜层，直径 0.3 ～ 1.5mm；子囊：内含 8 个孢子；子囊孢子：暗褐色，椭圆形，砖壁式多胞，20 ～ 50μm×10 ～ 20μm；地衣特征化合物：UV+ 橘红色，髓层 K± 黄色、P± 黄色至橘红色，含地图衣酸。

生于海拔 1300 ～ 4300m 的高海拔湿冷环境的岩石表面，建群种。在我国分布于吉林、安徽、湖北、贵州、云南、西藏、陕西、新疆。南北两极、欧洲、美洲等均有分布，为世界广布种。

【标本引证】 四川，卧龙至日隆途中巴朗山垭口，王立松 96-15980；云南，丽江市，老君山，王立松等 18-60732；西藏，芒康县，如美镇至左贡县途中，318 国道旁 3449 界碑处，王立松等 18-60776；新疆，喀纳斯，王立松等 12-35968。

24. 红脐鳞［茶渍科（Lecanoraceae）］

Rhizoplaca chrysoleuca (Sm.) Zopf, Justus Liebigs Annln Chem. 340: 291, 1905; Wei & Jiang, Lich. Xizang: 33, 1986; Abbas & Wu, Lich. Xinjiang: 82, 1998.

≡*Lichen chrysoleucus* Sm., Trans. Linn. Soc. London 1: 82, 1791.

地衣体鳞片状，单叶生或聚生呈垫状，以下表面中央脐固着基物；上表面：黄褐色、灰黄绿色至灰绿色，光滑，中央具裂隙，有或无粉霜层；下表面：浅棕色至蓝黑色，光滑至强烈皱褶；脐：柄状，黑色至暗褐色，通常明显，偶延伸变宽至不明显；下皮层：胶质化，具蓝黑色色素；子囊盘：茶渍型，密集聚生，盘面凹陷至微凸起，橙红色，具粉霜，直径 0.5 ～ 6mm；盘缘全缘，常内卷；子实上层：棕色，K–，厚 9.5 ～ 20μm；子实层：具浅棕色颗粒，厚 38 ～ 60μm；子囊：长棒状，内含 8 个孢子；子囊孢子：椭圆形，无色单胞，7 ～ 12（～ 14）μm×3.5 ～ 6μm；分生孢子器：孔口黑色；分生孢子：丝状 16 ～ 20μm×0.7μm；地衣特征化合物：松萝酸、鳞酸及假鳞酸。

生于海拔 3800 ～ 4710m 的干旱环境或多云雾环境，建群种。生于青藏高原高山草甸流石滩的硅质或钙质岩表面，常与顶杯衣、微孢衣等伴生。在我国分布于河北、内蒙古、吉林、山西、云南、西藏、陕西、宁夏、新疆。北极、欧洲、北美洲、亚洲地区均有分布。

【标本引证】 四川，康定市，杜鹃山，王立松等 06-26046；四川，巴塘县，海子山，王立松等 09-30951；云南，德钦县，白马雪山，王立松等 07-27866；西藏，八宿县，八宿县至然乌镇途中，王立松等 14-45936；青海，杂多县，萨呼腾镇，王立松等 20-68688。

25. 白角衣［霜降衣科（Icmadophilaceae）］

Siphula ceratites (Wahlenb.) Fr., Lich. eur. reform. (Lund): 406, 1831; Lichenologica 88: 508, 2004.
≡*Baeomyces ceratites* Wahlenb., Fl. lapp.: 459, 1812.

初生地衣体壳状，绿色，早期消失。次生地衣体枝状，圆柱形，中实，丛生至单生，直立或微弯曲，高 0.5 ～ 3cm，直径 0.2～ 1mm，单一或鹿角状简单分枝，顶端钝圆；表面呈污白色，光滑至微弱纵向脊皱；子囊盘：未见；地衣特征化合物：含白角衣素。

生于海拔 3355 ～ 3710m 湿冷环境的岩面薄土或藓层，稀见种。在我国分布于云南、西藏。北美洲、南美洲、南非、亚洲地区均有分布。

【标本引证】 云南，贡山独龙族怒族自治县，贡山垭口，王立松等 15-48341 ；云南，独龙江，东哨房至西哨房途中垭口，王立松 00-19094 ；西藏，察隅县，察瓦龙乡 4500m 垭口，王欣宇等 19-136。

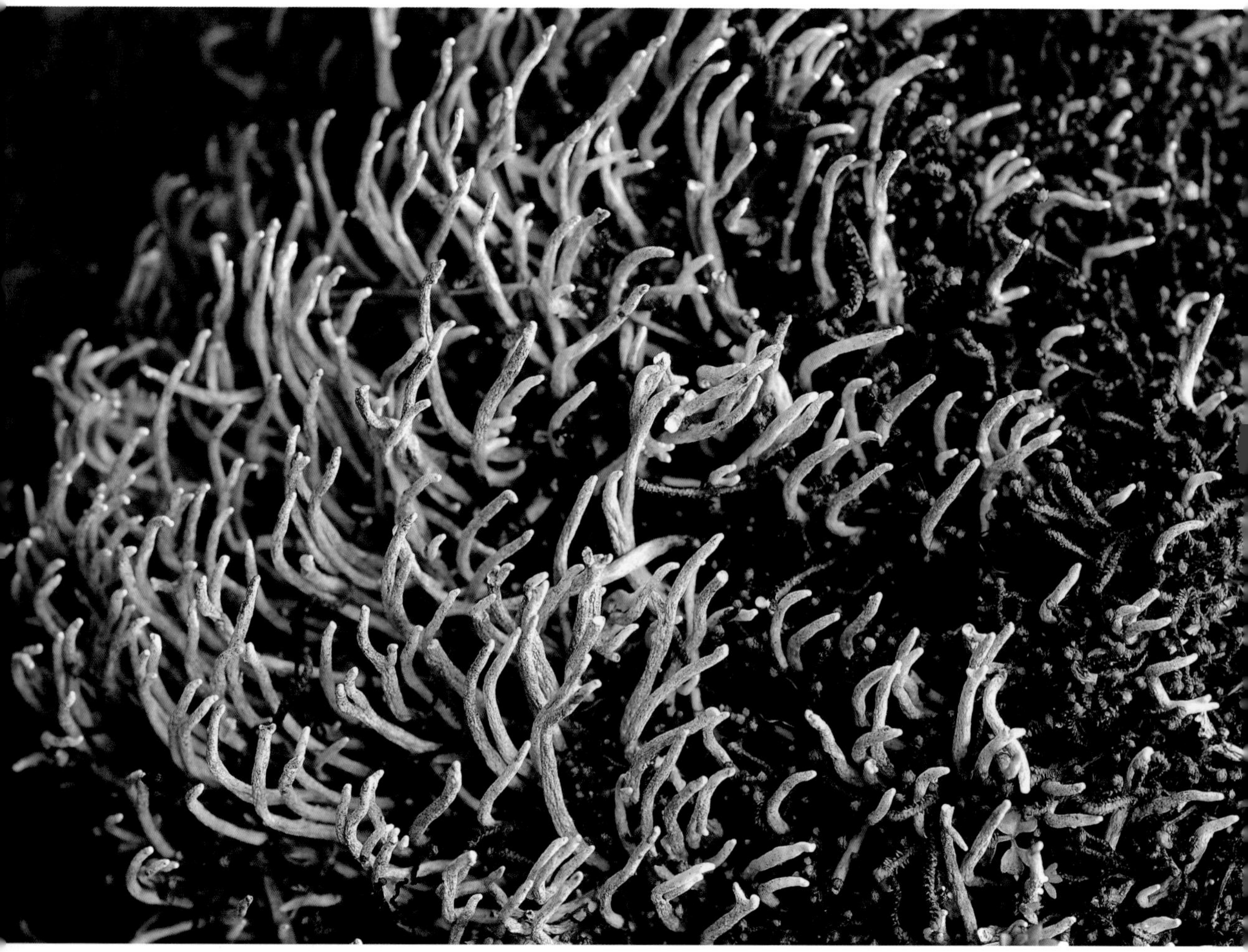

26. 龟甲多孢衣［多孢衣科（Sporastatiaceae）］

Sporastatia testudinea (Ach.) A. Massal., Geneac. lich. (Verona): 9, 1854. Wei & Jiang, Lich. Xizang: 105, 1986; Obermayer, Lichenologica 88: 510, 2004.

≡*Lecidea cechumena* var. *testudinea* Ach., K. Vetensk-Acad. Nya Handl. 29: 232, 1808.

地衣体壳状，紧贴基物呈圆形扩展，网状龟裂，中央鳞片呈菱形至不规则形，宽 0.3 ～ 1mm，平坦或凸出，边缘鳞片狭长呈放射状，周缘及鳞片间有黑色下衣体；上表面：浅黄至棕褐色，边缘呈浅灰色至灰白色，有光泽；髓层：灰白色；子囊盘：众多，凹陷或与地衣体等平，盘面呈黑色，平滑，具不规则裂隙；囊盘被：深棕色，厚 20 ～ 50μm；子实层：下部分无色，上部分呈黑色或墨绿色，K+ 蓝绿色，N+ 深红色；侧丝：黏合，宽 1.7 ～ 2μm；子实下层：浅灰色或黄褐色，I+ 深蓝色；子囊：长棒状，高 60 ～ 65μm×17 ～ 22μm，内含 100 多个孢子；子囊孢子：无色，椭圆形或球形，3 ～ 4μm×2 ～ 3μm；分生孢子器埋生；分生孢子：3 ～ 6μm×1 ～ 1.5μm；地衣特征化合物：皮层和髓层 K–、C+ 红色、P–、I–，含三苔色酸和茶渍衣酸。

生于海拔 4299 ～ 4700m 的硅质岩表面，伴生种。在我国分布于四川、西藏。北半球高山地区均有分布。

【标本引证】 云南，德钦县，白马雪山，王立松 12-34810；云南，梅里雪山垭口，王立松 00-29487；四川，壤塘县，海子山，王立松等 20-67698。

27. 黑盘灰衣［灰衣科（Tephromelataceae）］

Tephromela atra (Huds.) Hafellner, Lichenes Neotropici, Fascicle VII (nos 251-300) (Neumarkt) 7: no. 297, 1983; Abbas & Wu, Lich. Xinjiang: 45, 1998.

=*Lecanora atra* (Huds.) Ach., Lich. univ.: 344, 1810; Zahlbr., in Handel-Mazzetii, Symb. Sinic. 3: 168, 1930.

≡*Lichen ater* Huds., Fl. Angl.: 445, 1762.

地衣体壳状，紧贴基物呈不规则圆形扩展，直径 10 ～ 15cm；上表面：灰白色至污白色，具颗粒状疣突，无粉芽和裂芽；髓层：白色，I–；子囊盘：众多，埋生或贴生，圆形或不规则形，直径 2 ～ 3mm，全缘，盘面黑色，具光泽，扁平或凹陷，有时中央有裂隙，无粉霜；囊层被：黑褐色；子实层：紫褐色，遇 I+ 蓝色；囊层基：褐色；子囊：内含 8 个孢子；子囊孢子：无色单胞，长椭圆形，10 ～ 14μm×6 ～ 8μm；地衣特征化合物：皮层 K+ 黄色、C–、P–，髓层 KC+ 淡紫红色、UV+ 亮白色，含黑茶渍素和可拉托利酸。

生于海拔 2300 ～ 4300m 的岩石或枯树干，建群种。在我国分布于浙江、安徽、江西、湖南、四川、云南、台湾。在世界广泛分布。

【标本引证】 四川，盐源县，卫城镇，王立松等 20-66514；四川，壤塘县，海子山，王立松等 20-67666；西藏，巴青县，雅安镇，317 国道旁草甸，王立松等 16-53272。

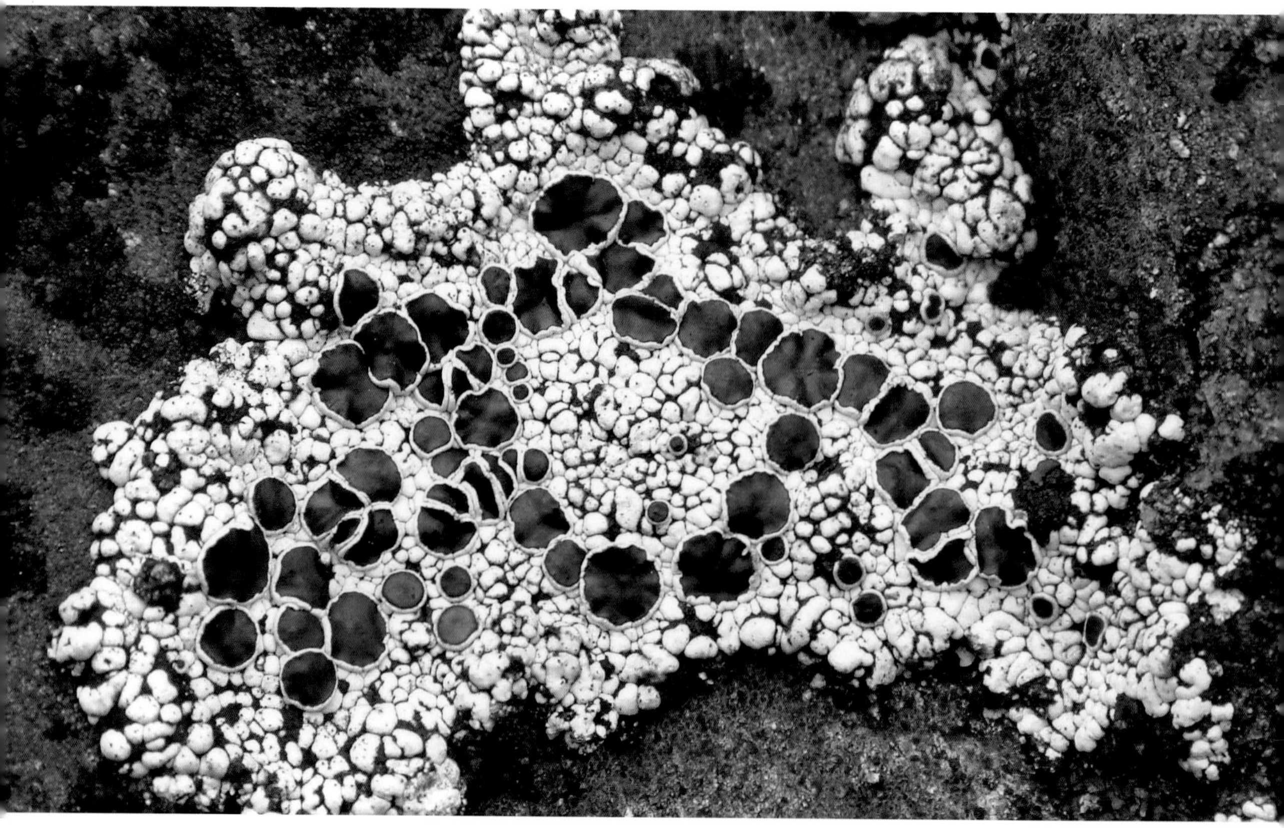

28. 疣突四胞衣（新拟）[粉衣科（Caliciaceae）]

Tetramelas insignis (Nägeli ex Hepp) Th. Fr., Nova Acta R. Soc. Scient. upsal., Ser. 3 3: 327, 1861 [1860].
≡*Lecidea insignis* Nägeli ex Hepp, Flecht. Europ.: no. 39, 1853.

地衣体壳状至疣状，连续至不连续。周缘无下地衣体；上表面：白色至灰白色，无粉霜；髓层：白色；子囊盘：网衣型，贴生，盘面幼时平滑，成熟后微凸起，黑色，无粉霜，直径 0.2 ～ 1.0mm；果壳：较薄，内侧菌丝呈浅棕色，外侧菌丝炭化呈深棕色；子实层：无色及油滴，厚 50 ～ 70μm，子实上层呈棕色（HNO_3^-），囊层基呈深棕色；子囊：杆孢衣型，内含 8 个孢子；子囊孢子：黑瘤衣型，浅棕色至深棕色，15 ～ 25μm×5 ～ 8μm；分生孢子器：未见；地衣特征化合物：皮层 K+ 黄色、C+ 橘红色、PD–、I–、UV+ 黄色，含黑茶渍素和 6-*O*- 斑衣菌素。

生于海拔 3500 ～ 4800m 的高山草甸，枯草、枯苔藓或卷柏等植物表面，偶在土壤表面附生，伴生种。在我国分布于云南、西藏、青海。欧洲北部、美洲北部以及喜马拉雅地区均有分布。

【标本引证】 云南，德钦县，梅里雪山索拉垭口，王立松等 12-35790；西藏，芒康县，如美镇至左贡县途中 318 国道旁 3481 界碑处，王立松等 18-60862；青海，玛沁县，雪山乡，王立松等 20-67976。

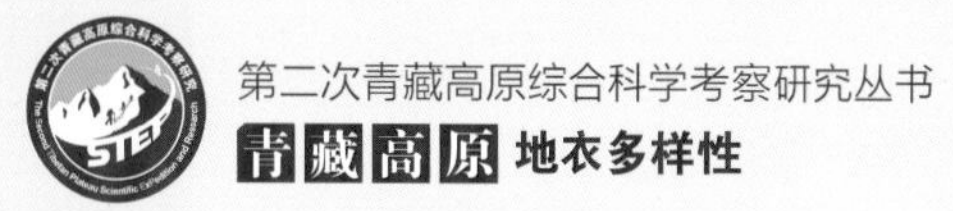

29. 地茶［霜降衣科（Icmadophilaceae）］

Thamnolia vermicularis (Sw.) Schaer., Enum. critic. lich. europ. (Bern): 243, 1850; Wei & Jiang, Lich. Xizang: 96, 1986; Obermayer, Lichenologica 88: 512, 2004; Zahlbr., in Handel-Mazzetii, Symb. Sinic. 3: 208, 1930.

≡*Lichen vermicularis* Sw., Method. Muscor.: 37, 1781.

地衣体枝状，中空，单生或集聚丛生，基部疏松附着基物，单一或简单分枝，顶端渐尖呈针状至弯曲成钩状，无假根，高（0.5 ～）2 ～ 8cm，直径（0.3 ～）1 ～ 3mm；表面：灰白色至乳白色，平滑或穿孔，有时具横向裂纹，无光泽，无粉芽和裂芽，近基部呈灰色或灰黑色，久存标本呈肤红色，从基部到顶端渐深；子囊盘：未见；地衣特征化合物：皮层 UV–、K+ 淡黄色、P+ 黄色至暗橘红色，含地茶酸。

生于海拔 3750 ～ 5200m 的高山、极高山湿冷环境，常见于杜鹃灌丛下以及裸露砾石、冻土层，或与苔藓混生，云南省近危（NT）物种。在我国分布于内蒙古、吉林、黑龙江、四川、云南、西藏、陕西、新疆。南半球有分布。

【标本引证】 云南，丽江市，老君山，王立松等 17-56343 & 13-38233；西藏，察隅县，竹瓦根镇 4400m 垭口，王欣宇等 19-146。

【用途】 民间传统药用地衣。

30. 红腹石耳［石耳科（Umbilicariaceae）］

Umbilicaria hypococcinea (Jatta) Llano, Monogr. Umbilicariaceae in the West. Hemisphere: 191, 1950; Wei & Jiang, Lich. Xizang: 98, 1986; Obermayer, Lichenologica 88: 514, 2004.

≡*Gyrophora hypococcina* Jatta, Nouv. Giorn. Bot. Tyal. N.S. 9: 473, 1902.

Type: CHINA, Shanxi, Mt. Guangtou, G. Giraldi Specim. Orig. Ex herb. Sbabars 195 IX (Isotype, S).

GenBank No.: OR195099, OR208146, OR224607.

地衣体鳞片状，单叶至复叶型，下表面中央脐固着基物，直径 1.5 ～ 5（～ 7）cm；鳞片：圆形，边缘钝圆至撕裂状，波状起伏，显著上翘；上表面：灰褐色至黑色，具白色粉霜层，中央具强烈皱缩，呈脊皱，无粉芽及裂芽；下表面：锈红色至橘红色，无假根；子囊盘：脐纹状，盘面呈黑色，直径 0.5 ～ 2.5mm；子囊：内含 8 个孢子；子囊孢子：无色单胞，卵圆形，8 ～ 9μm×7 ～ 8μm；地衣特征化合物：髓层 K–、C+ 红色、P–，含三苔色酸。

生于海拔 3600 ～ 4305m 的多云雾湿冷环境、岩石表面，伴生种。分布于山西、四川、云南、西藏、陕西，为中国特有种。

【标本引证】 四川，壤塘县，海子山，王立松等 20-67685 & 20-67682；四川，康定市，折多山，王立松 07-28969 & 10-31705；云南，丽江市，老君山，王立松等 18-60563。

【用途】 药用。

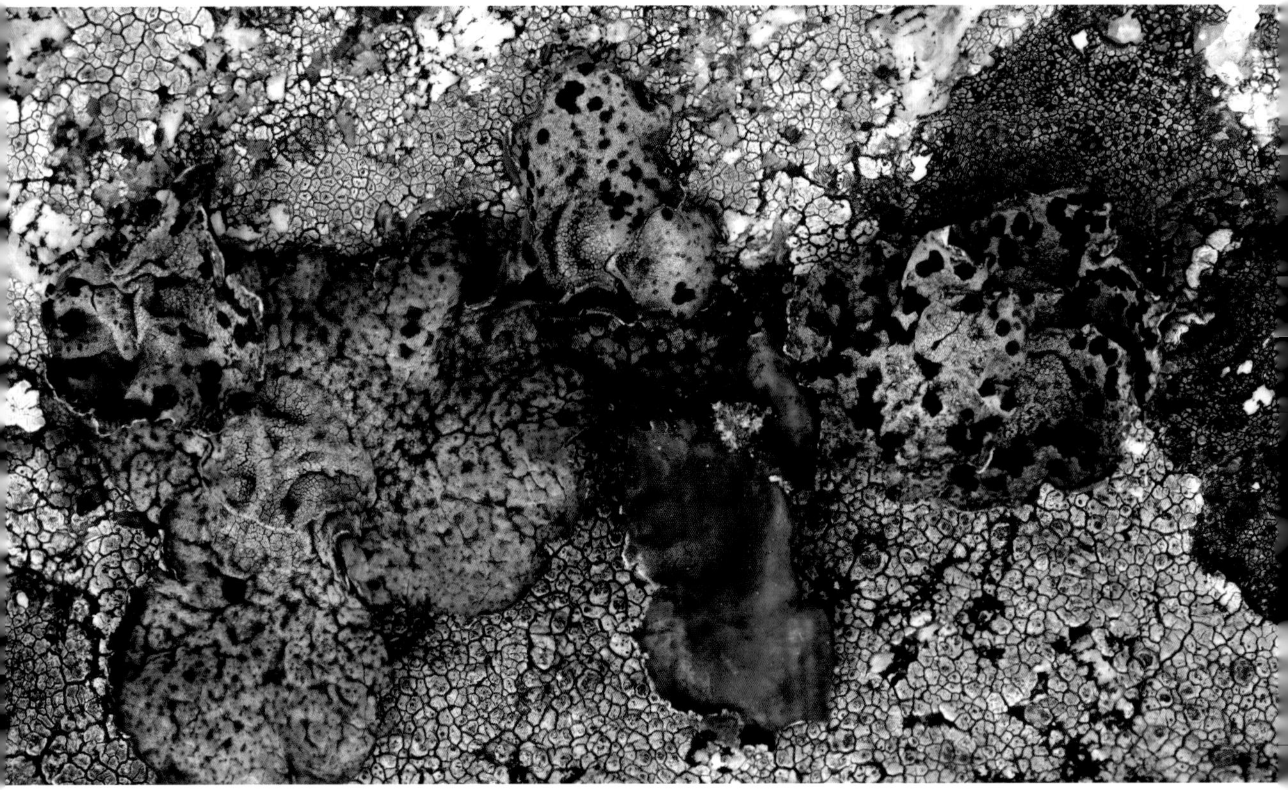

31. 丽石黄衣［黄枝衣科（Teloschistaceae）］

Xanthoria elegans (Link) S.Y. Kondr. & Kärnefelt, Ukr. bot. Zh. 60(4): 434, 2003.

=*Caloplaca elegans* (Link) Th. Fr., Lich. Scand. (Upsaliae) 1(1): 168, 1871; H. Magn., Lich. Centr. Asia 1: 138, 1940.

=*Xanthoria elegans* (Link) Th. Fr., Lich. Arctoi 3: 69, 1860; Wei & Jiang, Lich. Xizang: 107, 1986; Abbas & Wu, Lich. Xinjiang: 150, 1998.

≡*Lichen elegans* Link, Ann. Nat. urgesch. 1: 37, 1791.

地衣体鳞壳状，紧贴基物呈圆形扩展，直径 2 ～ 5cm；鳞片：狭窄，中央鳞片紧密靠生，常老化脱落，边缘鳞片略分离辐射扩展，二叉至不规则深裂，顶端钝圆至锯齿状，宽 0.2 ～ 1mm；上表面：微凸起，橙黄色至赭红色，无光泽，具疣突，无粉芽及裂芽；髓层白色；下表面：强烈皱褶，淡黄色至污白色，无假根；子囊盘：茶渍型，全缘，无柄，盘面平坦，橙红色至暗红色，无粉霜，K+ 紫色，直径 0.2 ～ 2mm；子囊：长棒状，内含 8 个孢子；子囊孢子：无色，对极式双胞，12 ～ 15μm×7 ～ 8μm；地衣特征化合物：地衣体及子囊盘 K+ 紫色，含蒽醌类色素、石黄酮。

生于海拔 1600 ～ 5200m 的岩石表面，从河谷、荒漠到极高山均有分布，建群种；在青藏高原常见于海拔 3600m 以上的裸岩表面，是极寒、干旱、低氧和强辐射环境中生态适应性较强的代表种之一。在我国分布于北京、云南、西藏、陕西、青海、甘肃、新疆等。欧洲、非洲、亚洲、大洋洲、美洲、南极洲地区均有分布。

【标本引证】 四川，卧龙国家级自然保护区，巴朗山，王立松 06-26095；西藏，达孜区，邦堆乡，王立松等 19-65035；青海，德令哈市，茶叶沟保护站，王立松等 18-59353。

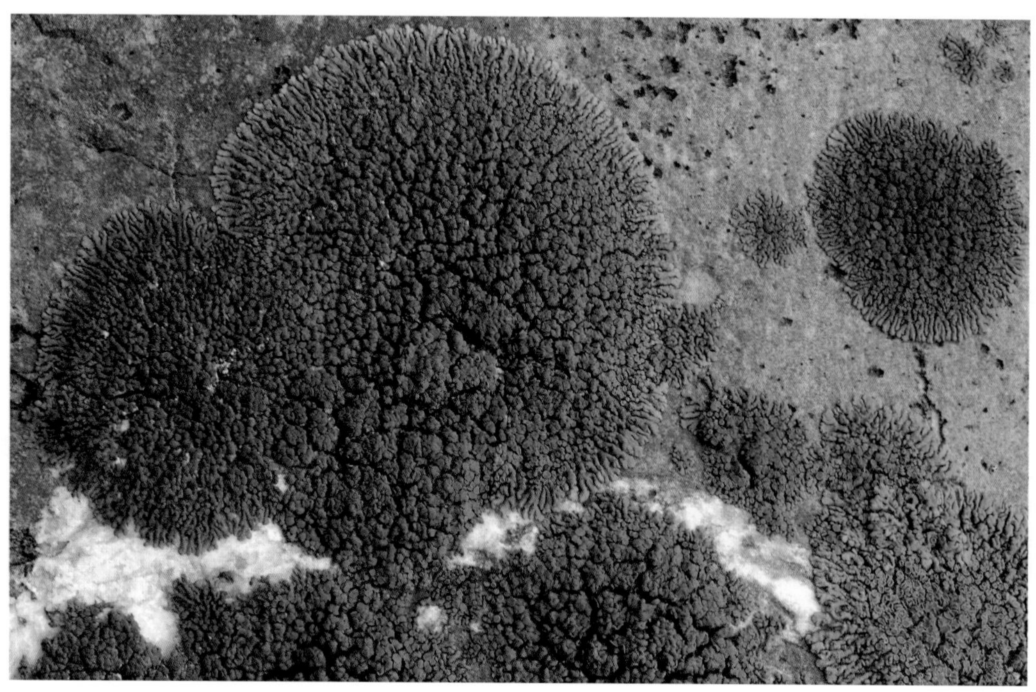

2.5 干旱河谷

干旱河谷中的地衣群落主要由耐旱、高温的石生或土生壳状和鳞壳状地衣组成，由油鳞茶渍（*Squamarina oleosa*）、红橙果衣（*Caloplaca flavovirescens*）、石果衣（*Endocarpon pusillum*）、淡泡鳞衣（*Toninia tristis*）等组成群系。

青藏高原是金沙江、澜沧江、怒江、黄河等河流的发源地，河谷海拔相对较低，受焚风和谷风影响，河谷雨量少、热量难于散发，形成沿河谷地带异常干旱和高温的特殊生态环境。本节以金沙江为例，分述 28°N 以南的干热河谷和 28°N 以北的干暖河谷的主要地衣。

金沙江干热河谷是青藏高原的一个特殊生态系统类型，位于横断山干旱河谷区 28°N 以南的云南与四川交界处，全长约 850km，海拔 800 ～ 1300m，地衣群落结构由紧贴岩石表面、土壤表面的附生壳状和鳞壳状类群组成，有耐旱及耐高温生物学特性。其中，橙衣属（*Caloplaca*）、脐鳞属（*Rhizoplaca*）、盾链衣属（*Thyrea*）、黑蜈蚣衣属（*Phaeophyscia*）、黄梅属（*Xanthoparmelia*）、皮果衣属（*Dermatocarpon*）是岩石表面附生地衣的主要类群，油鳞茶渍、红橙果衣、皮果衣（*Dermatocarpon miniatum*）、大叶梅（*Parmotrema tinctorum*），以及脐鳞属（*Rhizoplaca* spp.）和鳞茶渍属（*Squamarina* spp.）是优势种；美色脐鳞（*Rhizoplaca callichroa*）是金沙江干热河谷岩面附生地衣特有种（图 2.24），土生建群种有石果衣、泡胶蜂窝衣（*Gloeoheppia turgida*）、红磷网衣（*Psora decipiens*）、淡泡鳞衣以及淡腹黄梅（*Xanthoparmelia mexicana*）等，这些地衣相互紧密靠生，在谷底沙土或石隙间组成密集型小群落，共同抵御谷底极端干旱、高温和贫瘠环境。河谷中高等植物以耐旱耐热的灌丛、稀树灌丛和草本植物为主，大型地衣少见，栒子（*Cotoneaster* sp.）等蔷薇科灌丛植物是丛毛哑铃孢（*Heterodermia comosa*）、华南大叶梅（*Parmotrema austrosinense*）、浅黄枝衣（*Teloschistes flavicans*）等少数叶状和枝状地衣的附生基物树种。

28°N 以北的干暖河谷，位于云南西北部丽江市、德钦县以北，海拔 2300 ～ 3400m，河谷沙土和岩石表面附生的鳞片状至鳞壳状地衣群落分散、物种组成简单（图 2.25），有耐寒旱生物学特性；其中，细叶鳞网衣（*Psora tenuifolia*）、甘肃鳞茶渍（*Squamarina kansuensis*）以及雪花衣（*Anaptychia* sp.）等有干暖河谷土生标志性分布特征，其中甘肃鳞茶渍不仅出现在干暖河谷，也在青藏高原西北部荒漠区分布，但该种在干暖河谷群落分布零散，而在青藏高原西北部形成大面积地衣生物结皮群落结构；柄盘衣属（*Anamylopsora*）、脐鳞属（*Rhizoplaca*）和石黄衣属（*Xanthoria*）是干暖河谷岩石表面附生的主要地衣类群。

图 2.24　干热河谷生态景观
银安城拍摄于云南省禄劝彝族苗族自治县，海拔 940m

图 2.25　干暖河谷生态景观
拍摄于西藏自治区八宿县，海拔 3300m

1. 狭叶球针叶［梅衣科（Parmeliaceae）］

Bulbothrix lacinia Y. Y. Zhang & Li S. Wang, The Lichenologist 48(2): 121-133, 2016.

Type: CHINA, Yunnan Province, Chuxiong, Chahe Village, 2013, L. S. Wang et al. 13-41296 (KUN-L22192-holotype!).

GenBank No.: KP780410, KP776570.

地衣体叶状，紧贴基物扩展，直径达 8cm；裂片：狭叶型，不规则分裂，宽 1 ～ 3.5mm，顶端圆齿状；上表面：灰白色至灰褐色，无白斑，中部密被裂芽，局部具小裂片；下表面：浅棕色，边缘有弱乳突；缘毛：基部轻微或明显膨大，稀疏而均匀生于裂片边缘；裂芽：单一或偶分叉，棕黑色；假根：均匀分布于下表面，单一；子囊盘：未见；分生孢子器：偶见，孔口黑色；分生孢子：杆状，5.0 ～ 7.5μm×0.75μm；地衣特征化合物：上皮层 K+ 黄色，髓层 K+ 黄色变红色、C–、KC–，含黑茶渍素和水杨嗪酸。

生于海拔 1540 ～ 1800m 的河谷地区半干旱环境次生林下砂岩表面，伴生种。仅见云南分布。

【标本引证】 云南，楚雄彝族自治州，中和镇至永仁县金沙江河谷，王立松等 13-4126、13-41301。

2. 皮果衣［瓶口衣科（Verrucariaceae）］

Dermatocarpon miniatum (L.) W. Mann, Lich. Bohem. Observ. Dispos.: 66, 1825; H. Magn., Lich. Centr. Asia 1: 30, 1940; Wei & Jiang, Lich. Xizang: 10, 1986; Abbas & Wu, Lich. Xinjiang: 155, 1998.

≡*Lichen miniatus* L., Species Plantarum: 1149, 1753.

地衣体单叶型，单生或偶聚生，直径 3 ～ 7cm，下表面具中央脐固着基物，边缘略下卷；上表面：铅灰色至灰褐色，无光泽，被微薄粉霜层，无粉芽及裂芽；下表面：锈红褐色，光滑，无假根；子囊壳：埋生于地衣体，仅黑点状孔口外露，果壳色淡，透明；子囊：棒状，内含 8 个孢子；子囊孢子：无色单胞，长椭圆形，11 ～ 16μm×6 ～ 8μm；地衣特征化合物：皮层和髓层 K–、P–，含庚七醇。

生于海拔 1500 ～ 4250m 的岩石表面，建群种。在我国分布于北京、山西、内蒙古、江苏、湖北、云南、西藏、青海、陕西、甘肃。欧洲、北美洲、东亚地区均有分布。

【标本引证】 云南，鹤庆县，松桂镇，王立松等 07-10；西藏，定日县，扎果乡，王立松等 19-65651；青海，久治县，年保玉则国家地质公园，王立松等 20-67795。

3. 石果衣［瓶口衣科（Verrucariaceae）］

Endocarpon pusillum Hedw., Descr. micr.-anal. musc. frond. (Lipsiae) 2: 56, 1789; Zahlbr., in Handel-Mazzetti, Symb. Sin. 3: 17, 1930.

地衣体鳞片状，离生或紧密靠生，直径 0.5 ～ 2mm；上表面：棕色至棕灰色，无粉霜；下表面：黑色，具同色稀疏假根；子囊壳：埋生，仅疣状或黑色孔口外露，直径 0.15 ～ 0.3mm；子囊壳壁：黑棕色至黑色，厚 40 ～ 80μm；子实层：具小球状或柱状绿藻，厚 150 ～ 270μm；子囊：长棒状，75μm×20 ～ 23μm，内含 2 个孢子；子囊孢子：砖壁式多胞，粉色至棕色，25 ～ 40μm×12 ～ 18μm；不含地衣酸类特征化合物。

生于海拔 1200 ～ 2500m 的石灰岩或砂土表面，建群种。在我国分布于上海、江苏、安徽、四川、云南、香港。北半球有分布。

【标本引证】 四川，得荣县，金沙江边，王立松等 09-31117；云南，德钦县，奔子栏镇，金沙江边，王立松等 06-26666；云南，巧家县，石猪槽乡，王立松 09-31230。

4. 泡胶蜂窝衣（新拟）[胶蜂窝衣科（Gloeoheppiaceae）]

Gloeoheppia turgida (Ach.) Gyeln., Reprium nov. Spec. Regni veg. 38: 312, 1935.
≡*Endocarpon turgidum* Ach., Lich. univ.: 305, 1810.

地衣体泡鳞状，密集靠生呈垫状，以假根状菌丝束附着基物，群落直径 5 ～ 10cm ；鳞片：鳞片中空膨胀，稀疏分裂，顶部呈不规则圆形至肾形，宽 0.7 ～ 2mm ；表面：光滑，深绿棕色至深橄榄绿色，无光泽，具白色粉霜层；子囊盘：疣状，半埋生，深棕色至黑色，单一或多个聚生，无粉霜，直径 0.1 ～ 0.5mm；子实层：透明（I+ 蓝色），高 80 ～ 150μm ；子实上层：棕色，厚 10μm ；囊层基：透明，厚 50 ～ 60μm ；子囊：棒状或圆柱状，内含 8 ～ 12 个孢子；子囊孢子：无色单孢，椭圆形或卵圆形，10 ～ 15μm×5 ～ 7μm ；地衣体 K–、P–、C–，不含地衣特征化合物。

生于海拔 1260 ～ 1550m 的沙土层，金沙江干热河谷建群种。在我国分布于四川、云南。地中海（南欧和北非）及阿拉伯地区均有分布。

【标本引证】 云南，永胜县，涛源镇，金沙江边，王立松等 16-50153 ；云南，禄劝彝族苗族自治县，皎平渡镇，Harada 29103。

5. 黄绿橙果衣［黄枝衣科（Teloschistaceae）］

Gyalolechia flavovirescens (Wulfen) Søchting, Frödén & Arup, in Arup, Søchting & Frödén, Nordic Jl Bot. 31(1): 70, 2013; Zahlbr., in Handel-Mazzetti, Symb. Sin.3: 216, 1930b; Abbas & Wu, Lich. Xinjiang: 146, 1998.

≡*Lichen flavovirescens* Wulfen, Schr. Ges. naturf. Freunde, Berlin 8: 122. 1787.

地衣体壳状至颗粒状，紧贴基物呈圆形或不规则扩展，中央网状龟裂，边缘具黑色下地衣体，直径 2 ～ 8cm；上表面：硫黄色至黄绿色，无粉芽及裂芽；子囊盘：茶渍型，密集，单生或靠生，幼时盘面平坦，成熟后明显凸起，橘红色或与地衣体同色，直径 0.2 ～ 1.0mm；子囊：长棒状，内含 8 个孢子；子囊孢子：椭圆形，无色双胞，10 ～ 16μm×6 ～ 8μm；地衣特征化合物：子囊盘及地衣体 K+ 血红色，含石黄酮、石黄醛、大黄素和远裂亭。

生于海拔 660 ～ 3800m 的岩面，建群种。在我国分布于吉林、上海、江苏、浙江、四川、云南、香港、台湾。在全球广泛分布。

【标本引证】 四川，攀枝花市，大宝鼎街道，王立松 83-191；云南，香格里拉市，下桥头村，王立松 93-13756。

6. 丛毛哑铃孢［蜈蚣衣科（Physciaceae）］

Heterodermia comosa (Eschw.) Follmann & Redón, Willdenowia 6(3): 446, 1972; Wei & Jiang, Lich. Xizang: 110, 1986.

=*Anaptychia comosa* (Eschw.) A. Massal., Memor. Lich.: 39, fig. 41, 1853; Zahlbr., in Handel-Mazzetii, Symb. Sinic. 3: 244, 1930.

≡*Parmelia comosa* Eschw., Icon. Plant. Cryptog. 2: 25, 1834. [1828-34].

地衣体叶状到亚叶状，簇生呈上升裂片，直径可达 2 ～ 7cm；裂片：基部狭窄、顶端阔圆，呈勺状或桨状，局部重叠呈覆瓦状，二叉分裂，顶端宽达 5mm；上表面：灰白色至灰绿色，凸起至顶端凹陷，无粉芽及裂芽；纤毛：生于上表面及边缘，单一不分枝，白色，长达 4mm；下表面：白色或局部赭石色，无皮层和假根，顶端具颗粒状灰白色至淡绿色粉芽堆；上皮层：假厚壁组织；髓层：白色；子囊盘及分生孢子器未见；地衣特征化合物：皮层 K+ 黄色、C–、KC–、P+ 黄色，髓层 K+ 黄色、C–、KC–、P–，皮层含黑茶渍素和氯黑茶渍素，髓层含黑茶渍素和泽屋萜。

生于海拔 1100 ～ 2300m 的灌木枝，偶见石生，伴生种。在我国分布于福建、湖南、广西、云南、西藏、台湾。亚洲、东非及美洲均有分布。

【标本引证】 云南，禄劝彝族苗族自治县，金沙江河谷，王立松 01-20493；云南，贡山独龙族怒族自治县，丙中洛镇，王立松 05-24277。

7. 华南大叶梅
［梅衣科（**Parmeliaceae**）］

Parmotrema austrosinense (Zahlbr.) Hale, Phytologia 28: 335, 1974; Chen, Flora Lichenum Sinicorum 4: 173, 2015.

≡*Parmelia austrosinensis* Zahlbr., in Handel-Mazzetti, Symb. Sin. 3: 192, 1930.

Type: CHINA. Guizhou, Handel-Mazzetti no.10580 & Yunnan, Handel-Mazzetti no.8209 (W-syntypes).

GenBank No.: OR224620.

地衣体中至大型叶状，疏松附着基物，直径 6 ～ 10cm；裂片：浅裂，边缘强烈波状起伏，宽 5 ～ 15mm，顶端阔圆，上扬，无缘毛；粉芽：粉末状至颗粒状，灰褐色，边缘生，唇形；上表面：暗灰色至灰绿色，具光泽，光滑，具轻微白斑，中部裂片具微弱网状裂纹；下表面：边缘有灰白色至黄棕色裸露带，宽 4 ～ 6mm，近中央呈黑色，有网状皱褶和稀疏假根；假根：黑色，单一，不均匀分布，长约 1mm；子囊盘未见；地衣特征化合物：皮层 K+ 黄色，髓层 K–、C+ 血红色、P–，含黑茶渍素、氯黑茶渍素及茶渍衣酸。

生于海拔 1500 ～ 2900m 的干旱或半干旱环境，常附生于松（*Pinus*）、栎（*Quercus*）树干及灌木枝，建群种。在我国分布于江苏、浙江、福建、山东、湖南、广西、贵州、四川、云南、西藏、台湾。北美洲、中美洲、亚洲地区均有分布。

【标本引证】 云南，丽江市，象山，王立松等 09-30039；云南，禄丰市，彩云镇，王立松 07-28787。

8. 大叶梅［梅衣科（Parmeliaceae）］

Parmotrema tinctorum (Dilese ex Nyl.) Hale, Phytologia 28: 339, 1974; Chen, Wang & Elix, Mycotaxon 91: 110, 2002; Chen, Flora Lichenum Sinicorum 4: 216, 2015.

≡*Parmelia tinctorum* Despr. ex Nyl. Flora 55: 547, 1872; Zahlbr., in Handel-Mazzetti, Symb. Sin.3: 190, 1930; Wei & Jiang, Lich. Xizang: 50, 1986.

地衣体大型叶状，疏松至紧密附着基物，革质，圆形至不规则扩展，直径 5 ～ 20cm；裂片：深裂，边缘全缘至缺刻，无缘毛，顶端圆形至近圆形，宽 5 ～ 15mm；上表面：浅灰色至灰绿色，有光泽，边缘裂片具纵向皱褶，无白斑；裂芽：颗粒状至柱状，单一至珊瑚状，密生于上表面近中央处，逐渐向边缘蔓延；下表面：黑色，具细皱褶，边缘较宽，浅棕色至深棕色裸露带，有光泽；假根：稀疏，较短，单一；子囊盘未见；地衣特征化合物：皮层 K+ 黄色，髓层 K–、C+ 血红色、KC–、P–，含黑茶渍素、氯黑茶渍素及茶渍衣酸。

生于海拔 1900 ～ 2400m 干旱环境中的树干或岩石表面，建群种。在我国分布于北京、河北、辽宁、上海、江苏、浙江、安徽、福建、山东、河南、湖北、湖南、广东、广西、海南、重庆、四川、云南、西藏、陕西、香港、台湾。在热带、亚热带和温带地区广泛分布。

【标本引证】 四川，丹巴县，巴底土司官寨，王立松 10-31881；云南，丽江市，巨甸镇至中兴镇途中，金沙江边，王立松等 09-30061；云南，香格里拉市，下桥头村，王立松 93-13747。

9. 光滑影壳衣（新拟）[腊肠衣科（Catillariaceae）]

Placolecis sublaevis A.C. Yin & Li S. Wang, Mycobiology 47(4): 405, 2019.

Type: CHINA, Yunnan, Lijiang Co., alt 1902, on rock. Li S. Wang et al., 19-62675 (KUN-L, Holotype !).

GenBank No.: MK995874.

地衣体壳状，紧贴基物呈圆形扩展，直径 2 ～ 5cm；裂片：狭窄，中部裂片相互紧密靠生呈龟裂状，边缘裂片呈辐射状扩展，长 2 ～ 5mm，宽 0.3 ～ 0.6mm；上表面：平坦至微凸，深橄榄色至黑褐色，弱光泽，无粉霜层；上皮层：假薄壁组织，厚 12.5 ～ 20μm；藻层：不均匀，厚 25 ～ 40μm；髓层：淡黄色或上部橘红色，下部白色，厚 80 ～ 140μm；子囊盘：网衣型，单生或靠生，无柄，幼时盘缘明显，成熟后消失，盘面平坦，深棕色至黑色，囊盘被：厚 35 ～ 45μm，黑棕色；子实上层：厚 6 ～ 12μm，棕色；子实层：厚 55 ～ 75μm，透明，I+ 蓝色；囊层基：厚 75 ～ 145μm，棕色；侧丝：单一不分枝，顶端膨大，深棕色；子囊：腊肠衣型，内含 8 个孢子，具淀粉质囊帽，I+ 蓝色；子囊孢子：无色单胞，球形或卵圆形，4 ～ 5μm；分生孢子：杆状，长 5 ～ 6μm。

生于海拔 1900 ～ 2378m 的干旱环境中的石灰岩表面，仅见云南分布。

【标本引证】 云南，丽江至宁蒗十八弯公路，金沙江边，王立松等 19-62675；云南，华坪县，王欣宇等 XY-107，银安城 21-70193。

10. 红鳞网衣［鳞网衣科（Psoraceae）］

Psora decipiens (Hedw.) Hoffm., Descr. Adumb. Plant. Lich. 2(4): 68, 1794; Zahlbr., in Handel-Mazzetti, Symb. Sin.3: 110, 1930; H. Magn., Lich. Centr. Asia 1: 56, 1940; Wei & Jiang, Lich. Xizang: 30, 1986; Abbas & Wu, Lich. Xinjiang: 124, 1998.

≡*Lichen decipiens* Hedw., Vidensk. Meddel. Dansk Naturhist. Foren. Kjøbenhavn 2(1): 7, 1789.

地衣体鳞片状，聚生至离生，群落直径 5 ～ 15（～ 30）cm；鳞片：盾形至圆形，厚质，紧贴基物生长，边缘轻微上翘，有时呈小圆齿状，直径约 4mm；上表面：砖红色至玫瑰红，轻微凹陷或凸起，具裂隙，无粉霜或具白色粉霜层；下表面：白色或浅棕色，皮层发育不良，无假根束；子囊盘：缘生，无柄至短柄，球形，黑色，有白色或黄色粉霜层或无，直径 0.8 ～ 1mm，无盘缘；子囊孢子：椭圆形，无色单胞，15 ～ 17μm×7 ～ 8μm；分生孢子器：未见；地衣特征化合物：均为负反应，少数标本含水杨嗪酸和次斑点酸。

从海拔 1200m 的河谷到 4720m 的高山均有分布。在我国分布于内蒙古、云南、西藏、陕西、甘肃、宁夏、新疆。在世界广泛分布。

海拔 1960m 金沙江干热河谷红磷网衣群落

该种形态随环境变化较大，不同环境中有 4 种化学型，其中化学Ⅰ型不含地衣特征化合物，在世界广泛分布，占比约为 87%；化学Ⅱ型含有高浓度的降斑点衣酸，分布于泛北极高山，占比约为 11%；化学Ⅲ型含次水杨嗪酸和次斑点酸，在亚洲、非洲、欧洲、北美洲等均有分布，占比约为 1%；化学Ⅳ型含有次原岛衣酸，仅澳大利亚有分布，占比约为 0.3%。近年来，对青藏高原范围内不同分布区红磷网衣居群分子系统发育研究发现，除了不同环境中有形态分异及形态过渡，在分子上也存在多样过渡，该种分类界定还有待深入研究。

【标本引证】 四川，得荣县，金沙江河谷，王立松等 09-31114；云南，永胜县，涛源镇金江大桥附近，王立松等 13-41103；云南，德钦县，奔子栏镇，金沙江边，王立松等 06-26669；青海，玉树藏族自治州，杂多县，王立松等 20-68561。

海拔 4618m 高山流石滩红鳞网衣群落

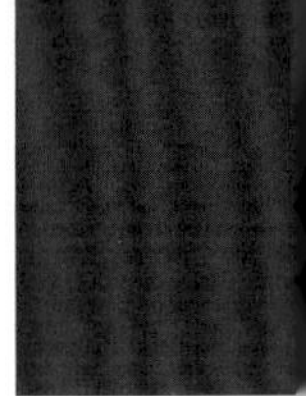

11. 细叶鳞网衣［鳞网衣科（Psoraceae）］

Psora tenuifolia Timdal, Bryologist 89(4): 272, 1987.

地衣体鳞片状，直径约 4mm，边缘强烈上扬呈亚直立型；上表面：中部呈深棕色，无粉霜，光滑至浅裂缝，边缘具白色粉霜层；下表面：浅棕色至灰白色；上皮层：厚 50 ～ 80μm，含草酸钙结晶；下皮层：发育不良，与髓层分界不明显；子囊盘：生于鳞片中央，单生或聚生，盘面呈棕黑色至黑色，无粉霜层，直径达 2mm；子囊：棒状，鳞网衣型；子囊孢子：无色单胞，11 ～ 13μm×5 ～ 7μm；分生孢子器：未见；地衣特征化合物：含降斑点衣酸和泽屋萜。

生于海拔 2600 ～ 4300m 的岩面或土层，伴生种。在我国分布于四川、西藏。加拿大、美国、墨西哥均有分布。

【标本引证】 西藏，左贡县至邦达镇途中，王立松等 14-45773、14-45781；西藏，邦达镇至昌都邦达机场途中，王立松等 14-45808、14-45817。

12. 横断山黑盘衣 [粉衣科 (Caliciaceae)]

Pyxine hengduanensis M. X. Yang & Li S. Wang sp. nov. MycoKeys. 45: 93, 2019.

Type: CHINA, Yunnan prov., Nujiang pref., Dizhengdang Vil., 1858m elev., on bark, 2 Aug. 2015. L. S. Wang et al.15-48082 (KUN-L).

GenBank No.: KY611889, KY51396.

地衣体叶状，紧贴基物呈圆形扩展，直径 4 ～ 9cm ；裂片：狭叶型，羽状至不规则分裂，相互紧密靠生至重叠，顶端钝圆至截形，略下延，宽（～ 0.5）1 ～ 2.5mm ；上表面：灰白色至灰绿色，光滑，边缘有轻微凹陷褶皱及线状假杯点；粉芽：粉芽粉末状至颗粒状，烟灰色至蓝灰色，集聚于裂片边缘呈唇形粉芽堆；髓层：浅黄色；下表面：黑色，有稀疏棕黑色假根，假根 2 ～ 4 分叉；子囊盘未见；地衣特征化合物：上皮层 K+ 黄色、UV–，髓层 K–、C–，含氯黑茶渍素。

生于海拔 1700 ～ 3060m 的半干旱环境，常附生于栎（*Quercus*）、桤木（*Alnus*）等树干，伴生种。分布于四川、云南、西藏，仅中国横断山有分布。

【标本引证】 四川，盐边县，岩口彝族乡，王立松 83-635 ；西藏，林芝市，鲁朗镇，色季拉山口，王立松等 07-28389。

13. 美色脐鳞［茶渍科（Lecanoraceae）］

Rhizoplaca callichroa (Zahlbr.) Y. Y. Zhang, Mycokeys 66: 144-147, 2020.

≡*Lecanora callichroa* Zahlbr., in Handel-Mazzetii, Symb. Sinic. 3: 172, 1930.

Type: CHINA, Yunnan Prov., 2100m elev., on rock, 1914, Heinrich Frh. von Handel-Mazetti 35 (W-Isotype!).

GenBank No.: MK778045, MK778046, MK778043, MK778044.

地衣体鳞片状，紧贴基物生长，直径 5 ～ 15cm；鳞片：厚质，幼时以基部脐固着基物，之后脐不明显，仅鳞片顶端与基物离生，宽 1 ～ 2mm，边缘鳞片明显大于中央鳞片；上表面：黄绿色至棕黄色，光滑，平坦至微凸起；子囊盘：茶渍型，无柄，基部收缩；盘面橙色，平坦至轻微凸起，具微薄粉霜层；盘缘幼时较厚，之后变薄；子实上层：黄棕色，厚约 10μm；子实层：散布橙色颗粒，I+ 蓝色，高约 80μm；子囊：茶渍型，内含 8 个孢子；子囊孢子：椭圆形至亚梭形，无色单胞，9.5 ～ 13.5μm×6 ～ 9μm；分生孢子器：孔口黄棕色；分生孢子：针形，轻微弯曲，19 ～ 26μm×0.7μm；地衣特征化合物：皮层 K–、C–、P–，髓层 K+ 黄色、C–、P–，含松萝酸和鳞酸。

生于海拔 941 ～ 1550m 干旱环境的石灰岩表面，是金沙江干热河谷标志性物种。美色脐鳞是奥地利植物学家 H. Handel-Mazzetti 于 1914 年在金沙江干热河谷采集的一份标本，并馆藏于奥地利维也纳，1930 年被 Alexander Zahlbruckner 发表并指定为该种的模式标本，之后近 100 年来再无后续采集记录和研究报道。2020 年我们在模式产地再次发现了该种。

【标本引证】 四川，会理市，金沙江边皎平渡口，王立松等 14-43348、19-62900；云南，禄劝彝族苗族自治县，皎平渡口大桥边，王立松等 14-43308。

14. 油鳞茶渍［珊瑚枝科（Stereocaulaceae）］

Squamarina oleosa (Zahlbr.) Poelt, Mitt. bot. StSamml., München 19-20: 542, 1958.

≡*Lecanora oleosa* Zahlbr., in Handel-Mazzetii, Symb. Sinic. 3: 171, 1930.

Type: CHINA, Yunnan Prov., Lijiang Co., Mt. Yulongxueshan, on rock, 1914, Heinrich Frh. von Handel-Mazetti 3576 (W-holotype!).

GenBank No.: MN904892, MN904896.

地衣体鳞片状，疏松至紧贴基物，圆形至不规则扩展，直径 5 ～ 10（～ 15）cm；鳞片：相互紧密靠生、重叠至覆瓦状，顶端略上扬；上表面：光滑至强烈皱褶，橄榄绿色至暗黄绿色，久置标本呈黄棕色，常具白色粉霜，偶无粉霜；下表面：棕色至黑色，稀疏或密生棕色至黑色假根束，不规则分叉，长达 6mm；子囊盘：生于上表面近中央处，圆形至不规则形；盘面呈污黄色至亮黄色，具黄色粉霜层，平坦至显著凸起；盘缘幼时较厚，成熟后薄至消失；子实上层：棕黄色，加 K 颜色褪去，厚 5 ～ 12.5μm；子实层：I+ 蓝色，厚约 80μm；子囊：假网衣型，内含 8 个孢子；子囊孢子：椭圆形至亚梭形，10 ～ 17.5μm×5 ～ 7.5μm；分生孢子器：少见，器口呈黄色至黄棕色；分生孢子：无色，针形，弯曲，23 ～ 45μm×0.7μm；地衣特征化合物：皮层 K−、C−、P−，髓层 K−、C−、P+ 黄色，含松萝酸、茶痂衣酸及 2′-*O*- 甲基茶痂衣酸。

生于海拔 1350 ～ 4450m 的干旱石灰岩或土壤表面，伴生种。在我国分布于云南、西藏、宁夏。欧洲、亚洲地区均有分布。

【标本引证】 四川，壤塘县，岗木达镇，王立松等 20-67732；西藏，林周县，202 省道旁石坡，王立松等 16-54023。

15. 浅黄枝衣［黄枝衣科（Teloschistaceae）］

Teloschistes flavicans (Sw.) Norman, Conat. Praem. Gen. Lich.: 18, 1852; Obermayer, Lichenologica 88: 511, 2004.

≡*Lichen flavicans* Sw., Prodr.: 147, 1788.

地衣体枝状，直立至亚悬垂丛生，高 2 ～ 8cm，以基部疏松固着基物；分枝：主枝呈扁枝状，直径 0.5 ～ 1mm；分枝呈圆柱状，二叉式至不规则分枝，渐尖，具侧生小刺，顶端有时呈黑色；表面：土黄色至橘黄色，无光泽，具淡黄色颗粒状粉芽或球形粉芽堆；髓层：疏松，无软骨质中轴；子囊盘：圆盘状，侧生，无柄或短柄，直径 2 ～ 4mm，全缘，无缘毛；盘面：暗红褐色至深黄褐色，幼时凹陷，成熟后平坦至微凸起；子囊：含 8 个孢子；子囊孢子：卵圆形，无色对极双胞，12 ～ 20μm×5 ～ 12μm；地衣特征化合物：皮层 K+ 紫红色、P–，含蒽醌类化合物。

生于海拔 2060 ～ 2300m 干燥环境中的阔叶灌木枝、树干或岩面，伴生种。在我国分布于云南、四川、西藏。欧洲、亚洲、北美洲地区均有分布。

【标本引证】 四川，九寨沟县，九寨沟，王立松 02-21053；云南，楚雄彝族自治州，紫溪山，王立松 97-17377。

16. 淡泡鳞衣 [树花科 (Ramalinaceae)]

Toninia tristis (Th. Fr.) Th. Fr., Lich. Scand. (Upsaliae)(2): 341, 1874.
≡*Psora tabacina* var. *tristis* Th. Fr., Bot. Notiser: 38, 1865.

地衣体泡鳞状，鳞片相互紧密靠生，群落直径 5 ～ 15cm ；鳞片：湿润时呈橄榄绿色，干燥时呈栗棕色至深棕色，近基部呈浅棕色至黑色，直径 4 ～ 8mm，顶端钝圆，具圆形至不规则形穿孔，无粉芽、裂芽和假杯点；子囊盘：生于鳞片边缘，盘面呈黑色，平坦至轻微凸起，直径 1.5（～ 4）mm，幼时具明显黑色盘缘，之后变薄或消失，无粉霜层；果壳：浅棕至深棕色，K–，N–，或 N+ 紫色，无晶体；子囊孢子：卵圆形至纺锤形，无隔至 1 隔，8 ～ 24μm×3 ～ 5.5μm ；分生孢子器：埋生；分生孢子：纺锤形；地衣特征化合物：均为负反应。

生于海拔 400 ～ 2807m 的干旱沙土层或石面，建群种。在我国分布于内蒙古、四川、云南、陕西、甘肃、青海、台湾。在北半球分布广泛。淡泡鳞衣种下已报道 9 个亚种，是组成青藏高原干热河谷和干暖河谷的标志性地衣群落之一，在河谷谷底沙滩附近集聚形成大面积地衣结皮，对极端干旱及高温环境有较好的生态适应性，本地区该种及种下分类单位界定有待深入研究。

【标本引证】 四川，宁南县，骑骡沟镇，王立松等 13-39451 ；云南，巧家县，白鹤滩镇，葫芦口大桥下石坡，王立松等 17-55055 ；云南，丽江市，象山，王立松 09-30037 ；青海，肃南裕固族自治县至祁连县途中，王立松等 18-59873。

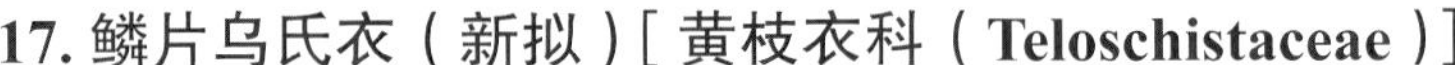

17. 鳞片乌氏衣（新拟）[黄枝衣科（Teloschistaceae）]

Upretia squamulosa Y. Y. Zhang & Li S. Wang, Phytotaxa 402 (6): 288-294, 2019.

Type: CHINA, Yunnan Prov., Huize Co., Zhehai Town, elev. 1720m, 26°31′N, 103°42′E, on rock, 18 June 2015, X. Y. Wang, X. Ye & C. B. Liu 15-47423 (KUN-L, Holotype!; FR, Isotype!).

GenBank No.: MH497055, MH497056, MH497058.

地衣体鳞片状，相互紧密靠生呈覆瓦状排列，单鳞片直径 0.5 ～ 2.5mm，群落直径达 7cm；上表面：灰绿色至棕色，光滑，常凸起或有时呈泡状，边缘游离生长；下表面：灰色至淡黄棕色；上皮层：厚约 25μm，表层呈浅棕色，下部无色；无下皮层；子囊盘：茶渍型，直径达 2mm；子实上层：黄棕色，约 10μm；子实层：无色，I+ 蓝色，约 75μm；侧丝：具隔，顶端分叉，微膨大，直径约 2μm；子囊：内含 8 个孢子；子囊孢子：对极型双胞，椭圆形，11.5 ～ 17.5μm×7.5 ～ 10μm；地衣特征化合物：K–、C+ 淡红色，含三苔色酸、茶渍衣酸。

生于海拔 1240 ～ 1700m 的干热河谷岩石表面，稀见种。仅报道于中国云南。

【标本引证】 云南，丽江市，金沙江边新村，王立松等 13-41007；云南，永胜县至宾川县途中，王立松等 17-56008。

18. 淡腹黄梅［梅衣科（Parmeliaceae）］

Xanthoparmelia mexicana (Gyeln.) Hale, Phytologia 28(5): 488, 1974; Chen, Flora Lichenum Sinicorum 4: 240, 2015.

≡*Parmelia mexicana* Gyeln., Reprium nov. Spec. Regni veg. 29: 281, 1931; Wei & Jiang, Lich. Xizang: 41, 1986.

地衣体中小型叶状，紧贴基物呈圆形扩展，直径 4 ～ 15cm；裂片：相互紧密靠生，偶见狭长小裂片，不规则分裂，宽 1.5 ～ 4mm，顶端钝圆或缺刻；上表面：黄绿色，有光泽，具弱白斑；裂芽：稠密，球形至柱状，单一至珊瑚状分枝；下表面：淡褐色至暗褐色，具与下表面同色假根，假根单一，长 0.2 ～ 0.5mm；分生孢子器和子囊盘未见；地衣特征化合物：上皮层 K–，髓层 K+ 黄色变红色、P+ 橙红色，含水杨嗪酸、伴水杨嗪酸、降斑点酸及松萝酸。

生于海拔 1100 ～ 3560m 的干旱环境岩石表面或沙土，建群种。在我国分布于北京、内蒙古、辽宁、吉林、黑龙江、浙江、安徽、云南、西藏、陕西。美国、墨西哥、肯尼亚、澳大利亚、新西兰、日本、韩国、尼泊尔等国家均有分布。

【标本引证】 云南，元谋县，物茂土林，王立松等 13-39721；西藏，桑日县，县城路边，王立松等 19-64217。

物种索引

参考文献

阿不都拉·阿巴斯, 吴继农. 1998. 新疆地衣. 乌鲁木齐: 新疆科技卫生出版社.

丁恒山. 1982. 中国药用孢子植物. 上海: 上海科技出版社.

姜汉侨, 段昌群, 杨树华, 等. 2004. 植物生态学. 北京: 高等教育出版社.

李炳元. 1987. 横断山脉范围探讨. 山地研究, 5(2): 74-82.

李炳元, 潘保田, 程维明, 等. 2013. 中国地貌区划新论. 地理学报, 68(3): 291-306.

刘方炎, 李昆, 孙永玉, 等. 2010. 横断山区干热河河谷气候及其对植被恢复的影响. 长江流域资源与环境, 19(12): 1386-1391.

刘宗香, 苏珍, 姚檀栋, 等. 2000. 青藏高原冰川资源及其分布特征. 资源科学, (5): 49-52.

马自强. 2017. 青藏高原地区卫星降水数据时空降尺度研究. 杭州: 浙江大学.

牛洋, 孙航. 2021. 横断山有花植物图鉴. 昆明: 云南科技出版社.

生态环境部, 中国科学院. 2018. 中国生物多样性红色名录——大型真菌卷. 北京: 生态环境部, 中国科学院.

孙航, 高正文. 2017. 云南省生物物种红色名录(2017版). 昆明: 云南科技出版社.

王立松, 钱子刚. 2012. 中国药用地衣图鉴. 昆明: 云南科技出版社.

魏江春. 2018. 中国地衣学现状综述. 菌物学报, 37(7): 818-819.

魏江春, 等. 1982. 中国药用地衣. 北京: 科学出版社.

魏江春, 姜玉梅. 1986. 西藏地衣. 北京: 科学出版社.

吴玉虎. 2008. 青藏高原微管植物及其生态地理分布. 北京: 科学出版社.

徐开未, 张小平, 陈远学, 等. 2009. 金沙江干热河谷区山蚂蝗属根瘤菌抗逆性研究. 安徽农业科学, 37(2): 501-503.

杨博辉, 郎侠, 孙晓萍. 2005. 青藏高原生物多样性. 家畜生态学报, (6): 1-5.

杨美霞, 王欣宇, 刘栋, 等. 2018. 中国食药用地衣资源综述. 菌物学报, 37(7): 819-837.

张镱锂, 李炳元, 刘林山, 等. 2021. 再论青藏高原范围. 地理研究, 40(6): 1543-1553.

张镱锂, 李炳元, 郑度. 2002. 论青藏高原范围与面积. 地理研究, 21: 1-8.

Culberson C F. 1972. Improved conditions and new data for the identification of lichen products by a standardized thin-layer chromatographic method. Journal of Chromatography, 72: 113-125.

Culberson C F, Kristinsson H. 1970. A standardized method for the identification of lichen products. Journal of Chromatography, 46: 85-93.

Ding W N, Ree R H, Spicer R A, et al. 2020. Ancient orogenic and monsoon-driven assembly of the world's richest temperate alpine flora. Science, 369: 578-581.

Gardes M, Bruns T D. 1993. ITS primers with enhanced specificity for basidiomycetes-application for the identification of mycorrhizae and rusts. Molecular Ecology, 2: 113-118.

Hawksworth D L, Kirk P M, Sutton B C, et al. 1995. Dictionary of the Fungi. Cambridge: Cambridge University Press.

Kirk P M, Cannon P F, Minter D W, et al. 2008. Dictionary of the Fungi. 10th ed. London: CABI Publishing.

Kirkpatrick R C, Zou R J, Dierenfeld E S, et al. 2001. Digestion of selected foods by Yunnan snub-nosed monkey *Rhinopithecus bieti* (Colobinae). American of Physical Anthropology, 114: 156-162.

Lücking R, Hodkinson B P, Leavitt S D. 2017. The 2016 classification of lichenized fungi in the Ascomycota and Basidiomycota-approaching one thousand genera. The Bryologist, 119(4): 361-416.

Magnusson A H. 1940. Lichens from central Asia. Part I//Hedin S. Reports Scientific Exped. Northwest Provinces of China (the Sino-Swedish expedition). 13, XI. Botany, 1. Stockholm: Aktiebolaget Thule: 1-168.

Magnusson A H. 1944. Lichens from central Asia. Part II//Hedin S. Reports Scientific Exped. Northwest Provinces of China (the Sino-Swedish Expedition). 22, XI, Botany, 2. Stockholm: Aktiebolaget Thule: 1-68.

Meeßen J, Sánchez F J, Brandt A, et al. 2013a. Extremotolerance and resistance of lichens: Comparative studies on five species used in astrobiological research I. Morphological and anatomical characteristics. Origins of Life and Evolution of Biospheres, 43(6): 283-303.

Meeßen J, Sánchez F J, Sadowsky A, et al. 2013b. Extremotolerance and resistance of lichens: Comparative studies on five species used in astrobiological research II. Secondary lichen compounds. Origins of Life and Evolution of Biospheres, 43(6): 501-526.

Nalin N W, Hyde K D, Lumbsch H, et al. 2017. Outline of Ascomycota: 2017. Fungal Diversity, 88: 167-263.

Nash T H III. 2008. Lichen Biology. Cambridge: Cambridge University Press.

Nimis P L, Purvis O W. 2002. Monitoring lichens as indicators of pollution. An introduction//Nimis P L, Scheidegger C, Wolseley P A. Monitoring with Lichens-Monitoring Lichens. Dordrecht, The Netherlands: Kluwer Academic Publishers: 7-10.

Obermayer W. 2004. Additions to the lichen flora of the Tibetan region. Bibliotheca Lichenologica, 88: 479-526.

Ronquist F, Huelsenbeck J P. 2003. MrBayes 3: Bayesian phylogenetic inference under mixed models. Bioinformatics, 19: 1572-1574.

Stamatakis A. 2006. RAxML-VI-HPC: Maximum likelihood-based phylogenetic analyses with thousands of taxa and mixed models. Bioinformatics, 22: 2688-2690.

Wei J C. 1991. An Enumeration of Lichens in China. Beijing: International Academic Publisher.

White T J, Bruns T D, Lee S, et al. 1990. Amplification and direct sequencing of fungal ribosomal DNA genes for phylogenetics//Innis M A, Gelfand D H, Sninsky J J, et al. PCR Protocols: A Guide to Methods and Applications. San Diego: Academic Press: 315-321.

William P. 2000. Lichens. London: Natural History Museum and Washington: Smithsonian Institution.

Yang M X, Devkota S, Wang L S, et al. 2021. Ethnolichenology—the use of lichens in the Himalayas and southwestern parts of China. Diversity, 330(13): 1-16.

Yang M X, Wang L S, Miao C C, et al. 2022. From cradle to grave? A global hotspot and new species of the genus *Lobaria* discovered in the Himalayas and the Hengduan Mountains. Persoonia, 48: 150-174.

Zahlbruckner A. 1930. Lichens (Ubersicht uber samtliche bisher aus China bekannten Flechten)//Handel M H. Symbolae Sinicae, Botanische ergebnisse der expedition der Akademie der wissenschaften in Wien nach Sudwest-China 1914-1918. Wien: Julius Springer Verlg: 1-254.

Zhang Y Y, Clancy J, Jensen J, et al. 2022. Providing scale to a known taxonomic unknown—At least a 70—fold increase in species diversity in a cosmopolitan nominal taxon of lichen—forming fungi. Journal of Fungi, 8: 490.

附　　录

附 录 一

一、青藏高原地衣采集简史

翻开中国地衣研究史发现，青藏高原的地衣研究十分有限，其中青藏高原最早的地衣采集记录是法国传教士 A. David 1869 年在川西的采集，之后 1882 ～ 1922 年又有多名外国传教士、植物学家及地质学家先后在滇西北、川西、甘南等地开展过地衣采集（附表 1.1），这些标本分别被馆藏于巴黎自然历史博物馆（P）、奥地利维也纳自然历史博物馆（W）、奥地利维也纳大学标本馆（WU）、美国史密森尼博物院（US）、瑞典自然历史博物馆（S）、爱丁堡皇家植物园（E）、英国自然历史博物馆（BM）等国外博物馆和大学标本馆。

附表 1.1　青藏高原地衣采集简史表

采集者	国籍	时间	采集地区	标本馆代码
Père Armand David	法国	1869 年	川西	P
Pierre Jean Marie Delavay	法国	1882 ～ 1892 年	滇西北	P
Heinrich Handel-Mazzetti	奥地利	1913 ～ 1917 年	滇西北、川西	W、WU、US
Anto Gebauer	奥地利	1914 年	云南德钦	W、WU
Joseph Rock	美国	1922 ～ 1949 年	滇西北、川西	BM、E、S
Karl August Harald Smith	瑞典	1922 年	滇西北、川西	BM、E
Birger Bohlin	瑞典	1930 ～ 1932 年	青海，甘肃西部	S
刘慎谔、王汉臣	中国	1941 年	滇西北	KUN
臧穆、魏江春、陈键斌等	中国	1973 ～ 1976 年	藏东南	KUN、HMAS
Georg Miehe 等	德国	1976 年、1994 年	藏东南	GZU
王立松、黎兴江、王先业等	中国	1981 ～ 1983 年	横断山地区	KUN、HMAS
Walter Obermayer	奥地利	1994 年、2000 年	藏东南、川西南	GZU
王立松课题组	中国	1981 年至今	青藏高原	KUN

二、青藏高原地衣研究简史

基于上述标本，国外地衣学家 Auguste-Marie Hue、Alexander Zahlbruckner、Adolf Hugo Magnusson 等先后在 1887 ～ 1949 年发表了大量地衣新物种和新记录属种（附表 1.2、附图 1.1 ～附图 1.4），但其中多数物种仅存有唯一一份凭证标本，自采集和发表后的百余年间再无后续研究和新材料采集。直到 1973 年中国组织“第一次青藏高原综合科学考察”和 2017 年启动的“第二次青藏高原综合科学考察研究”，才使中国地衣学家得以深入青藏高原腹地，开展地衣生物的系统考察与研究（附图 1.5 和附图 1.6）。

附表 1.2　青藏高原地衣研究简史表

作者	国籍	发表时间	发表种数（约）	主要研究地区
Auguste-Marie Hue	法国	1887 ～ 1901 年	100 种	滇西北及川西
Robert Paulson	英国	1928 年	42 种	滇西北
Alexander Zahlbruckner	奥地利	1930 ～ 1934 年	281 种	中国西南地区
Adolf Hugo Magnusson	瑞典	1940 ～ 1949 年	200 种	青海、甘肃、新疆
魏江春、陈键斌等	中国	1966 ～ 1986 年	194 种	珠穆朗玛峰地区
Walter Obermayer	奥地利	2004 年	110 种	藏南及川西
王立松等	中国	1981 ～ 2021 年	500 种	青藏高原地区

早期关于青藏高原地衣的研究主要是由国外地衣学家开展的，其中较系统的分类学研究主要有 Zahlbruckner（1930）、魏江春和姜玉梅（1986）以及 Obermayer（2004）的研究，但由于青藏高原涉及范围大、地衣组成复杂，以及缺乏历史研究资料和研究力量薄弱等诸多因素，至今也仅有极少物种得到梳理和澄清，大量分类群仍有待认识和深入研究。

附图 1.1　云南省丽江市玉龙雪山（海拔 2500 ～ 5600m）

Delavay、Handel-Mazzetti、Rock 曾在此地采集了大量地衣标本，其中，杏黄厚枝衣（*Allocetraria endochrysea*）、黑腹绵腹衣（*Anzia hypomelaena*）、乳平茶渍（*Aspicilia galactotera*）、大维氏斑叶（*Cetrelia davidiana*）、云南肺衣（*Lobaria yunnanensis*）、亚育鸡皮衣（*Pertusaria substerilis*）等标本记录都是以丽江市“Lidjiang”“Likang”或玉龙雪山“Yulung-shan”为模式标本采集原产地

附图 1.2 云南省丽江市玉龙雪山脚下的雪嵩村（海拔 2600m）

Joseph Rock 在丽江的旧居，他是美国语言学家、民族学家、地理学家、植物学家和著名探险家。1922 ～ 1949 年他先后六次沿滇西北途经玉龙雪山，赴四川木里藏族自治县和贡嘎山一带采集，共采集近万号植物标本和部分地衣，其中的地衣标本分别馆藏于英国自然历史博物馆（BM）、爱丁堡皇家植物园（E）、瑞典自然历史博物馆（S）

附图 1.3　茨中教堂（位于云南维西傈僳族自治县至德钦县燕门乡途中的澜沧江边，海拔 2100m）

Père Armand David，法国传教士。1862～1874 年，他多次来中国并采集了大量生物标本，其中 1869 年 2～8 月他在成都—新津—宝兴—邓池沟天主教堂沿线进行采集。除采集了少量地衣标本外，他还采集了中国特有植物鸽子花等并将其寄回了法国巴黎。

Pierre Jean Marie Delavay，法国天主教神父，于 1895 年 12 月在昆明病逝。1867～1895 年他多次来到中国采集植物标本，达 20 万号，包括大量地衣标本，如云南石耳（*Umbilicaria yunnana*）是他在滇西北采集的模式标本之一。这些地衣标本馆藏于巴黎自然历史博物馆（P）。

Heinrich Handel-Mazzetti，奥地利贵族，植物学家。1913 年 12 月～1917 年 6 月，他沿滇西北至川西一线采集了 1.3 万号植物标本，其中不乏大量地衣标本，如云南肺衣（*Lobaria yunnanensis*）是他在丽江采集的模式标本之一。这些地衣标本分别馆藏于奥地利维也纳自然历史博物馆（W）、奥地利维也纳大学标本馆（WU）、美国史密森尼博物院（US）。

附图 1.4　甘肃省酒泉市鱼儿红乡（海拔 3041m）

Birger Bohlin，瑞典古脊椎动物学家、探险家。1931～1932 年，他两次率中瑞考察团在青海柴达木盆地和甘肃党河附近开展化石采集，有 919 份石生地衣标本随化石一起被带到瑞典自然历史博物馆（S），其中包氏微孢衣（*Acarospora bohlinii*）、岩生柄盘衣［*Anamylopsora hedinii*（=*Lecidea hedinii*）］、脑纹柄盘衣［*A. undulata*（=*Lecidea. undalata*）］，以及甘肃鳞茶渍［*Squamarina kansuensis*（=*Lecanora kansuensis*）］等模式标本采集记录均为“Gansu，Yű-her-hung”（甘肃，鱼儿红）

附图 1.5　第一次青藏高原横断山综合考察

杨建昆 1981 年拍摄于云南维西傈僳族自治县考察途中，左：王立松（中国科学院昆明植物研究所），中：陈明洪（植物学家，中国科学院植物研究所），右：溥发鼎（植物学家，中国科学院成都生物研究所）

附图 1.6　第二次青藏高原地衣考察（2020 年 9 月青海考察，海拔 4100m）

中国科学院昆明植物研究所地衣生物多样性团队，在跨越“第一次青藏高原横断山综合考察”和“第二次青藏高原综合科学考察研究”国家重大项目的四十余年间，持续在青藏高原及周边地区采集地衣标本超过 8 万号，分子材料 1 万余份，拍摄地衣物种图片 12 万余幅，全部标本馆藏于中国科学院昆明植物研究所标本馆（KUN）

附 录 二

青藏高原地衣化合物中英文对照表

英文名	中文名
acaranoic acid	微孢衣酸
acarenoic acid	微孢衣烯酸
alectoronic acid	树发酸
anthraquinones	蒽醌类
argopsin	阿果斯素
atranorin	黑茶渍素
baeomycesic acid	羊角衣酸
barbatic acid	巴巴酸
barbatolic acid	坝巴醇酸
bourgeanic acid	勃艮第酸
brialmontin	柯氏副茶渍素
calycin	水杨苷
Ca-oxalate-crystals	草酸钙晶体
caperatic acid	皱梅衣酸
chloroatranorin	氯黑茶渍素
chrysophanic acid	大黄根酸
chrysophanol	大黄酚
collatolic acid	可拉托利酸
confluentic acid	凝聚酸
confumarprotocetraric acid	伴富马原岛衣酸
connorstictic acid	伴降斑点衣酸
conphysodic acid	伴袋衣酸大黄酚
consalazinic acid	伴水杨嗪酸
constictic acid	伴斑点酸
constipatic acid	黄梅衣酸
crystals	结晶
dehydroconstipatic acid	脱氢黄梅衣酸
2′-*O*-demethylpsoromic acid	2′-*O*- 甲基茶痂衣酸
4-*O*-demethynarbatic acid	4-*O*- 去甲氧基纳巴酸
diffractaic acid	环萝酸
diploicin	双球地衣素
diploschistesic acid	双缘衣酸
divaricatic acid	柔扁枝衣酸
dufourin	杜福定素
emodin	大黄素

续表

英文名	中文名
endochrysin	桥环柯因
ergosterol-5b	麦角甾醇 -5b
evernic acid	去甲环萝酸
fallacinal	石黄醛
fatty acid	脂肪酸
fumarprotocetraric acid	富马原岛衣酸
galbinic acid	没食子酸
glutinol	黏霉醇
gyrophoric acid	三苔色酸
haemoventosin	白赤星衣素
homosekikaic acid	同石花酸
3-hydroxyphysodic acid	3- 羟基袋衣酸
hyposalazinic acid	次水杨嗪酸
hypostictic acid	次斑点酸
hypoprotocetraric acid	次原岛衣酸
hypothamnolic acid	次地茶酸
imbricaric acid	植见酸
isousnic acid	异松萝酸
lecanoric acid	茶渍衣酸
leucotylin	黄髓叶素
lichesterinic acid	地衣硬酸
lobaric acid	肺衣酸
longissiminone A	长松萝酮 A
longissiminone B	长松萝酮 B
6-*O*-methylarthothelin	6-*O*- 斑衣菌素
methylgyrophorate	甲基三苔色酸盐
2′-*O*-methylmicrophyllinic acid	2′-*O*- 甲基小叶苷酸
2′-*O*-methylphysodic acid	2′-*O*- 甲基袋衣酸
2-methoxypsoromic acid	2- 甲氧基茶痂衣酸
murolic acid	月桂酸
norargopsin	降阿果斯素
norstictic acid	降斑点衣酸
olivetoric acid	橄榄陶酸
pannarin	鳞叶衣素
parietin (Physcion)	石黄酮
parietinic acid	石黄酮酸
perlatolic acid	珠光酸
8b-peroxide	8b- 过氧化物
phlebic acid A	菲利吡酸 A
phlebic acid B	菲利吡酸 B
physodic acid	袋衣酸

续表

英文名	中文名
physodalic acid	袋衣甾酸
pigment endocrocin	黄肾盘衣色素
placodiolic acid	鳞酸
polysaccharide	多糖
protocetraric acid	原岛衣酸
protoconstipatic acid	原黄梅衣酸
protolichesterinic acid	原地衣硬酸
pseudocyphellarin A	假杯点素 A
pseudoplacodiolic acid	假鳞酸
psoromic acid	茶痂衣酸
pulvinic acid	枕酸
quaesitic acid	奎史酸
rangiformic acid	鹿蕊酸
retigeric acid	网脊衣酸 A
rhizocarpic acid	地图衣酸
rhodocladonic acid	玫红石蕊酸
rugulosin	细皱青霉素
salazinic acid	水杨嗪酸
scrobiculin	亚蜂窝肺衣素
secalonic acid	黑麦酮酸
secalonic acid A	黑麦酮酸 A
sekikaic acid	石花酸
siphulin	白角衣素
skyrin	醌茜素
squamatic acid	鳞片衣酸
stictic acid	斑点酸
teloschistin	远裂亭
tenuiorin	细衣素
thamnolic acid	地茶酸
thuringione	苏云金酮
triterpenoids	三萜类
usnic acid	松萝酸
variolaric acid	瓦拉酸
virensic acid	含绿树发酸
vittatolic acid	条纹酸
volemitol	庚七醇
vulpinic acid	吴尔品酸
xanthone	呫吨酮
xanthorin	呫吨灵
zeorin	泽屋萜

科 考 日 志

第二次青藏高原综合科学考察研究地衣多样性科考分队科考行程

2017年11～12月尼泊尔和中国西藏南部考察
石海霞

2018年11月6日～12月7日藏东南地区考察
王立松（分队长）、王欣宇（副分队长）、李丽娟、银安城、王晋朝、张华

2019年7月10日～8月4日喜马拉雅地区考察
王立松（分队长）、王欣宇（副分队长）、蒋卓静、李丽娟、刘栋、吕向东、苗丛丛、王晋朝、王禄汀、王伟、杨美霞、尤本和、钟秋怡、张华、赵光辉、银安城

2020年9月2～28日青海地区考察
王立松（分队长）、王欣宇（副分队长）、艾敏、付善明、辉宏、刘栋、王晋朝、王禄汀、王世琼、吴丽琴、谢聪苗、杨东、银安城、张雁云、钟秋怡、赵光辉

2022年6月7日～7月25日西藏、新疆地区考察
王立松（分队长）、王欣宇（副分队长）、艾敏、陈瀚翔、范戎、辉宏、刘栋、王晋朝、王禄汀、谢聪苗、杨东、张雁云、张颖君、赵光辉、银安城

科考日志 1

2018 年 11 月 12 日，我们从昆明驱车一路跋涉，终于进入了墨脱县城，开展为期 20 多天的墨脱县生物多样性调查，主要任务是采集墨脱县各区域、不同海拔梯度的苔藓、地衣、大型真菌，同时还兼做土壤样本、碳循环、次生林群落结构等的生态性观测，评估近 50 年来的气候变化对森林生态系统和生物多样性的影响。

科考分队共设立了米日村（海拔 834m）、80k（1970m）、仁青崩（2020m）和 62k（2700m）4 个固定样地。我们一天的采集往往开始于和大部队一起确认样地、一起拉生态样方，记录样方里的树种，然后再各司其职采集自己的类群标本，天黑就返回县城驻地。就这样在原始雨林和城市间来回穿梭。早晨吃完早餐向着样地出发，开始工作，午饭啃大饼，在样方采集完标本，再赶回县城吃晚饭，回到宾馆后每个类群的老

地衣标本采集

师和同学们还要连夜加班处理标本。需要立马完成的工作有叶片性状、蘑菇大小的测量，同时还要拍照、编号、压标本、通宵烘干。晚上的工作并不比白天轻松，同样忙得热火朝天。地衣小分队每晚的工作就是从整理标本开始，晾干、记录、清理、鉴定物种、取分子材料，还要时刻提防混进标本里的蜱虫和蚂蟥。

四个样地中，仁青崩样地的工作给我留下了很深的印象。

仁青崩的样地是常绿阔叶林，因为科考分队要对这个样地进行更细致的规划和保护，所以该样地的工作占据整个科考的大部分时间。阔叶林内较为荫蔽且湿度很高，地衣小分队主要采集落枝和倒扶木上的地衣物种。主要为大型地衣中的肺衣科的肺衣属（*Lobaria*）、牛皮叶属（*Sticta*），梅衣科的条衣属（*Everniastrum*）以及蜈蚣衣科的哑铃孢属（*Heterodermia*）等；树皮上采集的则主要为鸡皮衣科的鸡皮衣属（*Pertusaria*）。该样地内大型叶状地衣的物种比例是所有样地中最高的，其中绝大多数采自落枝（65%），这表明虽然林内多样性不高，但在树冠上等光照较好的地方有着较高的地衣物种丰富度。值得一提的是，样方中也有部分热带成分的地衣。

墨脱的冬季一点都不冷，有一些春城昆明的感觉。同时，印度洋北上暖湿气流在热带季风气候条件下顺着雅鲁藏布大峡谷蜿蜒前行。这一季节气流以雾的形态展现，每日凌晨生成，会看到壮观的墨脱云海，而后随日照地表增温，又慢慢消散。所以每日最初的喜悦来源于一拉开窗帘，日照雪山，云海沉浮！

（作者：银安城）

科考日志2

第二次青藏高原综合科学考察研究地衣多样性科考分队于2020年9月2日启程。当天上午举行了简短的出发仪式。中国科学院昆明植物研究所党委书记李宏伟出席会议并致辞，希望大家发扬老一辈科学家艰苦奋斗、探索求实的精神，在确保安全的前提下收获成果、填补空白，圆满完成科考任务。

9月2～6日，科考分队从昭通进入四川，在四川境内的横断山地区进行了地衣野外考察和标本采集。

理县至马尔康段：全程182km，8：30出发，途中在山上工作到18：30才下山，21：00到达马尔康，辛苦却收获颇丰。

马尔康到壤塘段考察：全程189km，沿着河谷走走停停。两岸怪石嶙峋，奇峰陡峭，河水湍急，狭窄的道路很难找到停车工作的地点。尽管如此，我们还是发现两个很好的采集点，一个是太阳河河谷，另一个是石沟村牧道，它们都是沿溪流而上的山谷，有岩石，有红豆杉、云杉、杨树等针阔混交林。尽管下雨，但队员们发扬老一辈科学家的敬业精神，冒雨工作。

壤塘段考察：壤塘位于四川阿坝藏族羌族自治州西部，与青海省班玛县接壤，地形以丘状高原为主，是高山峡谷和草原结合的地方。考察地位于离县城约100km的海子山，8：00出发，21：00回到酒店。

出发前合影

野外工作中的“大餐”

岩石上的“地衣花园”[红脐鳞(*Rhizoplaca* sp.)]

海子山是高原湖泊，周围以高山草甸、溪流和石头山为主，海拔 4200m，地衣种类丰富，岩石与地衣完美融合形成了五彩斑斓的地衣岩石花园。

(作者：王世琼)

科考日志 3

2020 年 9 月 7 日，今天是考察计划中最重要的一个节点，我们从四川进入青海，即将开始最重要的考察项目——久治年保玉则国家地质公园地衣生物多样性调查。一路我们能感觉到植被明显的变化，在壤塘境内植被以草甸灌丛为主，进入班玛县玛可河林场，顺着玛可河（大渡河上游）一路前行，两岸森林植被茂密，冷杉林苍翠挺拔。

玛可河林场是全国海拔最高的林场和国家重点公益林，也是青海省面积最大的林场，茂密的原始森林是长江水系的水源涵养地，被列入三江源国家级自然保护区核心区。下午 6：40 我们到达白玉乡，受到了年保玉则生态环境保护协会成员的热烈欢迎。

9 月 8 日，年保玉则生态环境保护协会成员和地衣考察分队成员共 25 人在年保玉则国家地质公园开展了地衣的考察工作。昨晚，年保玉则生态环境保护协会会长果洛 · 更尕仓洋送我们一本由他主编的《三江源生物多样性手册》，书中记录 1669 种生物，其中种子植物 876 种、大型真菌 236 种、地衣仅 10 种，而这 10 种地衣是他们反复对照《中国云南地衣》后自己鉴定的，听完这些介绍我们被深深感动，作为国家队的科研人员为地方做的还远远不够，我们应该为地方做点什么？实地调查、现场培

走访保护协会管理员，调查当地民间地衣用途，并科普地衣生物知识

训是目前最直接也是最有效的方法。

在今天的科考过程中，王立松研究员给大家讲解地衣分类知识，如何识别鉴定物种；王欣宇博士给大家示范如何规范采集地衣标本；此外来自广州大学的付善明和吴丽琴老师给协会成员讲解地质构造演化、岩石种类识别和地衣环境监测相关知识。协会成员来自当地牧民，他们对科学知识的渴望和努力学习的精神也鼓舞着我们，通过相互学习交流，共同探讨如何更有效地提高科学素养，保护好地衣生物多样性生态环境。

晚上艾敏硕士研究生为协会成员做了一个地衣生物多样性交流报告，交流过程中协会成员提出的诸多地衣相关科学问题得到解决，从理论上提高了协会成员对地衣生物的深度认识，为更好地认识和保护家乡一草一木积累了科学知识。

9月9日，科考队到玛可河林场进行了红雪茶种群分布调查。红雪茶（*Lethariella* spp.）主要分布在青藏高原，中国目前有四种。其中，金丝带（*Lethariella zahlbrukneri*）为中国特有种，仅分布在海拔3800～4200m的横断山高山地区，附生于柏木枯树干及冷杉树冠。该地衣为藏药及藏香原料，这次调查不仅发现该物种是本地区的新记录，也发现该物种在当地被用于服装染料。目前，金丝带已被列入《中国生物多样性红色名录——大型真菌》（2018版）和《云南省生物物种红色名录》（2017版）。此外，与金丝带同属的金丝刷也在本地区被首次发现。

（作者：王世琼）

科考日志 4

2022 年 6 月 15 日，今天我们将来到珠峰大本营，珠穆朗玛峰是喜马拉雅山脉的主峰，是世界第一高峰。珠穆朗玛峰是此次科考中大家最期待的考察点之一，因为能够近距离看到珠穆朗玛峰已经让人激动不已了，更何况我们还要细致地考察珠穆朗玛峰的地衣资源，感受这里的空气、阳光和风雨。

早晨 8 点，从拉孜县城出发，沿国道 G318 向定日方向行进。此时的太阳已经特别耀眼，大家开心极了，晴朗的清晨说明今天是一个好天气，可以有机会看到珠穆朗玛峰。由于重点在珠峰大本营附近考察，行程较为紧张，因此拉孜到定日沿线没有停下采样，沿路植被类型为荒漠草原，属于高山荒漠带，平均海拔达 5000m。

岩羊的颜色和荒漠的颜色非常接近，岩羊常以岩石表面的地衣为食（摄影：赵光辉）

珠峰大本营岩石表面附生地衣群落

定日到珠峰大本营必经有名的珠峰路，珠峰路有 108 拐，起点为日喀则市定日县曲当乡，终点则是珠穆朗玛峰脚下的珠峰大本营。珠峰路虽然曲折，但沿线的风景美不胜收。

我们翻越了加乌拉山垭口（海拔 5210m）之后到达了雪山观景台，这里可以看到喜马拉雅山脉的 4 座高峰，从左到右依次为马卡鲁山（世界第五高峰，8463m）、洛子峰（世界第四高峰，8516m）、珠穆朗玛峰（世界第一高峰，8848.86m）和卓奥友峰（世界第六高峰，8201m）。

我们下午 3 点左右到达珠峰路的终点——珠峰大本营，珠峰大本营在珠穆朗玛峰北坡，总共有 6 个营地，普通游客可以到达的就是海拔 5200m 的珠峰大本营，更高的还有海拔 5800m 的中间营地、海拔 6500m 的前进营地、海拔 7028m 的一号营地、海拔 7900m 的二号营地、海拔 8300m 的突击营地。我们计划到海拔 5800m 的中间营地附近考察地衣分布情况，途中一条雪水融化的溪流拦住了去路，我们就此止步，在此进行了地衣资源的考察和样品的采集。

在世界最高峰我们幸运地遇上了好天气，没有云没有雾，珠穆朗玛峰的模样摆在我们面前，大家一边采集地衣样品，一边感受这珠穆朗玛峰的美。

珠峰大本营的样品采集结束后，已经接近晚上 8 点，太阳还没落山，经验丰富的王立松老师说："这里地衣多，抓紧时间继续干活！"队员们迅速扑向山坡，这样一个山头就被我们地衣科考分队"占领"了。

此处当属本次科考的最高海拔——5300m，地衣作为先锋植物，我们还是在这儿寻找到了它们。地衣科考分队采集到了地衣标本和实验样品近百份，微孢衣属（*Acarospora*）、厚枝衣属（*Allocetraria*）、黑瘤衣属（*Buellia*）、橙衣属（*Caloplaca*）、黄茶渍属（*Candelariella*）、鳞饼衣属（*Candelaria*）、拟橙衣属（*Fulgensia*）、鳞型衣属（*Gypsoplaca*）、茶渍属（*Lecanora*）、红鳞网衣（*Psora decipiens*）、红脐鳞（*Rhizoplaca chrysoleuca*）、丽石黄衣（*Xanthoria elegans*）和石耳属（*Umbilicaria*）等。

在这空气稀薄、紫外线极强以及冰雪肆虐无常的环境中，丽石黄衣依旧傲然"盛开着"。丽石黄衣被誉为"地球上最顽强的生命"之一，据说它曾经在国际空间站生存了 18 个月，返回地球后依旧存活。我们发现它的颜色在珠峰大本营周围比在其他地点的颜色要深得多，这是否是丽石黄衣颜色的变化对环境的一种适应呢？后续我们将用科学的手段来对这特殊的现象做深入的探讨。王立松老师和我们说，对于已经来过世界之巅的我们，今后所有的山、所有的障碍都不值一提了，什么都不怕，一往无前！

（作者：范　戎）

科考日志 5

对于我们两位研究植物化学成分的队员来说，初次进藏，近距离接触地衣，一切都是那么新鲜和不同，心情紧张又激动。

地衣不同于我们平时所接触的各类树木和花草等高等植物，它是共生菌和共生藻互惠共生的生物复合体。它通常颜色灰暗、体型较小、生长极慢，平均年生长速率不到2cm，附生在地表、岩石、树干、树枝和树叶上，不熟悉它的人，往往会忽略它的存在，如石果衣（*Endocarpon pusillum*）、鳞网衣属（*Psora*）、微孢衣属（*Acarospora*）、黑盘衣属（*Pyxine*）、盾链衣属（*Thyrea*）等；它同时又色彩艳丽，在岩石表面组成五彩斑斓的“地衣岩石花园”，如石黄衣属（*Xanthoria*）、地图衣属（*Rhizocarpon*）、鳞饼衣属（*Dimelaena*）、褐衣属（*Melanelia*）等。此外，还有一些大型地衣，如中华肺衣（*Lobaria chinensis*），地衣体为大型叶状，直径达 50cm 以上；长丝萝（*Usnea longissima*）可达 1m 以上，后者也是金丝猴的主要食物之一。

青藏高原岩石上的丽石黄衣（*Xanthoria elegans*）群落

地衣大多喜光、对空气质量较为敏感，人烟稠密和有工业污染的区域是见不到地衣的。地衣是环境变化的“预警生物”，也被称为环境监测的“晴雨表”。地衣会产生地衣酸，对岩石表面进行生物风化，为其他高等生物创造最基本的生活条件，被誉为“地球的拓荒者”。地衣有极强的生命力，对低温、干旱、强辐射等极端环境有较强的生态适应性，能在沙漠环境中集聚生长，形成地衣结皮生态群落，对固沙和沙漠化治理有重要意义。

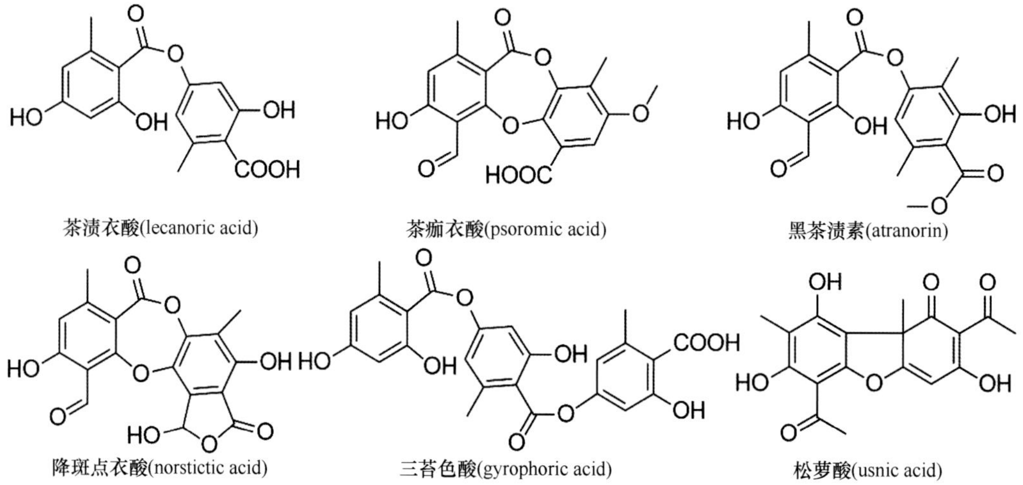

茶渍衣酸(lecanoric acid)　茶痂衣酸(psoromic acid)　黑茶渍素(atranorin)

降斑点衣酸(norstictic acid)　三苔色酸(gyrophoric acid)　松萝酸(usnic acid)

地衣中部分特征地衣酸的化学结构

地衣也被广泛应用于香料、染料、化工原料，以及民间药用和食用，如槽枝衣（*Sulcaria sulcata*）、猫耳衣属（*Leptogium*）、树花属（*Ramalina*）和肺衣属（*Lobaria*）常在民间被用作凉拌菜；丛生树花（*Ramalina fastigiata*）和扁枝衣（*Evernia mesomorpha*）是生产地衣香料的主要原料。

地衣形态结构的相似性给地衣的经典分类带来了诸多障碍。随着地衣生物活性的不断被发现，以及特征化合物在地衣系统生物学上的应用，地衣的化学研究受到了越来越多的重视，而地衣酚类成分在属种群间的特征性，为地衣的系统分类提供了新的途径。本次科考，地衣化学小组将重点关注并筛选极端环境中的特有地衣，系统收集样品和凭证标本，筛选数种特有地衣进行系统的植物化学研究，揭示地衣植物化学组的分子多样性，通过建立特有地衣的高效液相色谱（HPLC）和液相色谱–质谱联用（LC-MS）分析技术，对不同生境的特有地衣进行主成分分析和相似度分析，对形态相似种进行微形态观察比较，揭示青藏高原特有地衣的分子多样性。采集多学科、多技术的数据，建立系统模式，进行综合比较分析，揭示特有地衣的植物化学组成以及特征化学成分与地衣形态特征、地理分布和生态环境的相关性，为青藏高原地衣资源合理开发利用与保护提供科学基础和依据。

（作者：张颖君）

科考新闻

揭开藏北地衣神秘面纱

西藏北部的阿里地区平均海拔超过4000m，冰峰耸立、峡谷纵横，高山草甸和半荒漠化流石滩与冰川相融，生态景观独具一格。历史上由于交通不便、生存环境恶劣等，国内外地衣学家从未涉足，一直是中国境内地衣采集记录的空白地区。藏北无人区地衣多样性组成如何、独特性怎样，是本次考察的重点内容。

2019 年 7 月第二次青藏高原综合科学考察队地衣多样性科考分队一行 16 人，依托“第二次青藏高原综合科学考察研究”项目，对藏北无人区进行地衣生物多样性深度考察，首次揭开了地衣物种组成的神秘面纱。考察历时近 30 天，行程 1 万 km，途经昂仁、措勤、改则、噶尔、札达、仲巴、定日等数十个县；考察中队员克服海拔

冰川与流石滩生态景观

藏北无人区生态景观

5000m 高原缺氧，沿途风餐露宿，感受青藏高原的自然与狂野，探秘绚丽多姿的地衣大世界。

本次考察共采集地衣研究标本和分子材料 6326 号，拍摄地衣物种生态照片 8000 余幅；初步研究发现地衣新种超过 20 个，其中鳞网衣属（*Psora*）新种 5 个、鳞茶渍属（*Squamarina*）新种 3 个等，同时采集了柄盘衣属（*Anamylopsora*）分子居群材料 40 余个，证实了过去青藏高原报道的丽柄盘衣［*Anamylopsora pulcherrima*（Vain.）Timdal］实际是欧洲、北美洲的分布种，在中国并不存在，考察中采集的该属物种应为 4 个不同的新种；考察期间获得了红脐鳞属模式种［*Rhizoplaca melanophthalma*（DC.）Leuckert］和本地区其他特有种的分子材料，为正在开展的红脐鳞属、鳞茶渍属和鳞网衣属的分类研究和系统学研究奠定了关键基础。考察发现，岩石表面生长的茶渍属（*Lecanora*）、网衣属（*Lecidea*）、微孢衣属（*Acarospora*）等物种多样丰富，高原冻土带地衣群落多样性组成复杂，但目前国内相关研究匮乏。

科考过程中与中国科学院青藏高原研究所、中国科学院南京地理与湖泊研究所、清华大学、中国科学院昆明动物研究所等单位共同进行了冰川末端微生物多样性综合

海拔 4600m 露营

考查，重点在帕隆 4 号冰川末端进行了地衣样方设置和标本采集，同时对冰川下游的然乌湖进行了沿湖不同梯度的地衣组成深度调查，获得了完整的冰川末端至冰川下游河流的地衣多样性变化数据，为揭示冰川退缩后地衣在植被演替中的先锋作用，以及极端环境中的地衣物种多样性研究奠定了基础。

本次考察获得的大量第一手研究材料，填补了藏北无人区的标本采集空白，为揭示青藏高原地衣多样性组成、物种演化，以及地衣在极端环境中的生态适应性等相关研究课题奠定了关键基础。初步研究已明确青藏高原地衣超过 600 种，约占中国已知物种数的 1/5，仍有大量室内鉴定有待进一步研究。

（作者：王欣宇）

海拔 5000m 地衣采集

冰川末端微生物多样性考察

可可西里及三江源地衣初探

青藏高原中东部的可可西里地区平均海拔超过4600m，其由于寒冷、缺氧等恶劣环境而被称为“生命禁区”。2020年9月2日，依托“第二次青藏高原综合科学考察研究”项目，由中国科学院昆明植物研究所王立松研究员率队一行16人，对可可西里和三江源（澜沧江、金沙江和黄河源头）的地衣多样性组成开展深度调查。

该地区是否有地衣分布，地衣的多样性和独特性如何是本次考察的重点内容。本次调查共27天，途经久治、玛沁、玛多、都兰、格尔木、曲麻莱、杂多等数十个县（市），其中超过海拔4000m的工作日达20余天，长时间缺氧、风餐露宿，不仅对考察队员的体力和毅力是极大的考验，也让队员感受到了青藏高原的波澜壮阔和丰富多彩的地衣大世界。

可可西里和三江源地区主要是荒漠和高原冻土带，地衣群落多样性组成十分复杂多样，以微孢衣属（*Acarospora*）、黑瘤衣属（*Buellia*）、橙衣属（*Caloplaca*）、网衣属（*Lecidea*）、鳞茶渍属（*Squamarina*）和石黄衣属（*Xanthoria*）等壳状或鳞壳状地衣类群为主，物种多样性十分丰富而独特，但由于目前国内对上述地衣研究匮乏，可参考的研究资料十分有限，仍存在大量未知种有待于深入研究。

除了可可西里和三江源地区，此次考察也对祁连山南坡与柴达木盆地进行了考察，这里的地衣形成土壤结皮主要有：胶衣属（*Collema*）、石果衣属（*Endocarpon*）、鳞网衣属（*Psora*）、鳞茶渍属（*Squamarina*）、盾链衣属（*Thyrea*）等，物种多样性组成相对单一，但有重要生态学意义。

本次考察覆盖了第二次青藏高原综合科学考察研究的五大综合区中的3个：亚洲水塔区、祁连山–阿尔金山区和横断山高山峡谷区，共采集地衣标本4520号、分子材料3000余份，拍摄地衣生态照片6000余幅，初步研究已发现7个疑似新种和2个新属。目前的研究已明确青藏高原地衣超过600种，约占中国已知物种数的1/5，其中以青藏高原特有种居多。本次科考不仅填补了可可西里无人区和三江源地区地衣标本采集史上的空白，也为揭示青藏高原地衣多样性组成、物种演化，以及地衣在极端环境中的生态适应性等相关研究课题奠定了关键基础。

（作者：王欣宇）

行万里天路，探雪域地衣

为完成“第二次青藏高原综合科学考察研究”任务 5 专题 3——高原微生物多样性保护和可持续利用的科考任务，王立松研究员带领地衣多样性科考分队成员 12 人，于 2022 年 6 月 7 日～7 月 15 日对青藏高原进行了系统的野外考察和实验材料采集工作。

本次考察的重点任务是对西藏阿里地区至新疆喀什地区一线中国地衣采集史上的盲区开展采集，从而更加全面地认识青藏高原地衣区系组成和物种多样性；同时对喀喇昆仑山和祁连山荒漠生境中地衣生物结皮开展样方调查，厘清不同地区地衣生物结皮的盖度及建群种组成，探索地衣在极端环境中的生态适应性；并对青藏高原关键种和广布种开展垂直分布和水平分布多居群采集，通过对比不同环境下物种次生代谢产

土壤表面的盾链衣属（*Thyrea*）和野粮衣属（*Circinaria*）组成地衣生物结皮主要类群

物的变化，探索物种的演化和与生态适应性的关系。

科考分队沿丙察察线进藏，随后顺219国道进入新疆科考，经过了甘肃、青海和四川后回到云南，总行程约14000km，考察范围覆盖了第二次青藏高原综合科学考察研究五大综合区中的4个（喜马拉雅区、天山－帕米尔区、祁连山－阿尔金山区和横断山高山峡谷区），结合前几次的野外考察，目前的科考工作已基本涵盖了青藏高原的主要地区。

本次考察中发现：帕米尔高原海拔4500m及以上荒漠草地和高原冻土带地衣群落多样性组成相对较为单一，但物种较为独特，以微孢衣属（*Acarospora*）、野粮衣属（*Circinaria*）、盾链衣属（*Thyrea*）和石黄衣属（*Xanthoria*）等壳状或鳞壳状地衣类群为主，天山－帕米尔高原北部的高寒草甸及流石滩则由糙聚盘衣（*Glypholecia scabra*）、方斑网衣（*Lecidea tessellata*）、垫脐鳞（*Rhizoplaca melanophthalma*）等组成岩石表面地衣群落的优势种。虽然该地区的地衣多样性不及横断山地区丰富，但地衣形态独特，由于缺乏系统分类研究，大量的未知物种有待后续深入研究。

在广泛的标本采集任务之外，此次考察还兼顾完成了交叉合作的研究工作：①与张颖君研究员合作开展青藏高原特有地衣的化学成分研究，重点对极端环境中生长的石黄衣属（*Xanthoria*）、脐鳞属（*Rhizoplaca*）等开展特征化合物研究；②与广州大学的吴丽琴、付善明两位教授合作开展青藏高原地衣铅元素分布特征及铅同位素示踪，重点采集了大叶梅属（*Parmotrema*）和肺衣属（*Lobaria*）等，对青藏高原环境中的附集铅同位素变化开展研究；③与云南大学的姜怡教授合作开展梅衣科（Parmeliaceae）地衣内生放线菌多样性研究。

本次科考共采集到研究标本5500余份、分子材料3000余份、相关实验材料200余份、样方数据24个。至此，第二次青藏高原综合科学考察研究累计采集地衣标本已达2万号，它们均存放于中国科学院昆明植物研究所标本馆（KUN）。

科考中，队员们克服了海拔超过5000m极高山长时间工作和高强度采集过程带来的身体不适，安全顺利地完成了科考任务，科考工作也得到了当地林业和草原局、科技局和国家级自然保护区管理局等单位的大力支持和帮助。此次科考收集了大量珍贵的青藏高原地衣标本及分子材料，对认识青藏高原的生物多样性具有重要意义，也为后续深入研究地衣物种的独特性、物种形成演化，以及地衣资源的保护和可持续利用等工作奠定了良好的材料基础。

（作者：王欣宇）

科 考 感 悟

有感“第二次青藏高原综合科学考察研究之地衣多样性科考”赋诗两首

高原地衣赞

青藏科考显英才，搜奇探险无伦比。
羌塘高原依青天，群山远阔空无边。
万山之祖峰连峰，百水之源冰雪原。
天池碧波接蓝天，错水清澈鹤鸿鸣。
雅江深翠转巍峨，阿里寒消不知处。
藏羊骏腾任驰骋，野鹫闲伴竞碧飞。
足下铦磨巨仞岩，胸中奇妙地衣石。
藻菌一体鬼神工，生命先锋冰锥绿。
穿石破岩始成壤，造化渊然成狂癫。
清同山客敲殷玺，叮当急响探密辑。
旷怀览胜景何限，落日繁星倚天明。
昆仑连天向天恒，冈底斯山宴王母。
象雄战鼓恒千古，冈仁波齐转经急。
何事古今夸八斗，焉敢今朝定妍丑。
飒风驱雷手不停，灿烂不为艰辛吟。
堆珠叠玑满载归，待向其中解疑惑。
梦随明月清沉沉，丹心一片翻云霄。

闻地衣考察队勇闯昆仑

万古昆仑拔地起，高峰连绵吞太华。
万山之巅野茫茫，万水之源出彩霞。
地衣生命傲寰宇，玉色坠地赛奇葩。
采英探秘不畏艰，生命密码渡仙槎。

（作者：中国科学院昆明植物研究所研究员　杨崇仁）

我们来到青藏高原，只为寻找这些在石头上生长了6亿年的“花”

有一个研究领域，全中国只有不到50位研究者，这就是地衣生物学。

地衣是藻菌互惠共生形成的一类特异化真菌，也是一类重要的生物资源，不仅用于民间药用和食用，也被广泛用于香料、染料等领域。地衣还是环境监测的“晴雨表”，在生物风化、植被演替以及极端环境中的生态适应性等方面独树一帜。地衣在地球上已经存在了6亿年。沧海桑田，斗转星移，这一小小的生灵却不曾变更——它们顽强地生长，只为大地万物做衣裳。

学习认识地衣是非常艰苦的，不仅需要多年的基础知识积累，更需要翻山越岭、进入人迹罕至的地区，在每一寸土地上去探寻这些微观生物，澄清中国地衣资源家谱。

尽管实验室内研究工作枯燥、野外标本采集艰苦，值得庆幸的是，有这样几位年轻人坚持着。这次，我们就随他们走进青藏高原，开启对地衣的考察之旅。

它们顽强存在了六亿年，只为大地万物做衣裳

夏天是西藏的旅游旺季，也是科考的季节。我们地衣一队于2019年7月10日从昆明出发，随微生物分队从丙察察线进藏。8月正是西藏的雨季，一路上我们遇到了不少落石和塌方。几天后，我们在新闻上看到了两名疏路工遇难的消息，在感叹生命脆弱的同时，也不禁感到此行的艰险。

冰川 · 地衣

进藏后，天气好了不少，没怎么下雨。我们的汽车穿行在念青唐古拉山脉的重山中，向窗外望去，大大小小的冰川和雪山躺卧在群山之间，宛如一条条雪白的哈达，迎接着远方的客人。其中，位于西藏八宿县的帕隆4号冰川，海拔约4600m，正是我们此次采样和做样方的重要地点。帕隆4号冰川长长的冰舌，在与白云和蓝天相接之处伸出，冰舌前端舔舐着的是一片人迹罕至的冰蚀谷，那是冰川后退后留下的形迹。荒无人烟的冰蚀谷中似乎没有生命的痕迹，但在这儿的石头上却有一种生物悄然生长，开出了朵朵明艳的“花”。

石头上，那黄黑相间的环形花纹，正是地图衣（*Rhizocarpon*）的杰作。地图衣是地衣的一种，它主要生长在石头上，在气候严酷的地方也能生存，如冰川，甚至极地。但由于环境的恶劣，地衣的生长极为缓慢，要经历几十年甚至几百年才能长成巴掌大小。地衣是一种很特别的微生物，它是真菌与藻类的共生结合体，我们考察分队此次考察的主要目的就是要研究青藏高原的地衣多样性，以及冰川、湖泊、气候与地衣的关系。在冰蚀谷中，与地图衣交相辉映的还有一种色彩明亮的地

衣，它就是石黄衣属（*Xanthoria*）。那鲜艳的橙黄色，在石头上肆意绽放，是橘色藻属（*Trentepohlia*）施下的奇妙魔法——黄鳞衣与橘色藻属的共生，橘色藻的细胞内含有的色红素使地衣体呈现橘黄的色彩。在石头上，还有一种不是很起眼的深灰色地衣是蜈蚣衣属（*Physcia*），因其下表面有许多黑色的“须足”而得名。这三种地衣和微孢衣属（*Acarospora*）一起，在又高又冷的冰蚀谷中岁月静好，默默诉说着冰川变化的编年史。

除了冰蚀谷，冰舌的前端还有冰前湖和冰前河。冰川消融形成的溪流潺潺地流过山谷，抵达水草丰美的高山草甸，那是藏族同胞的夏季牧场。结束一天的工作后，在藏族同胞用牦牛毛编成的帐篷里，我们喝到了美味的酥油茶，吃到了热乎乎的奶酪包子。此情此景，从帕隆 4 号冰川上吹来的彻骨寒风，仿佛都被藏族同胞们的热情所融化了。

（作者：钟秋怡）

太喜欢西藏了，我上辈子就是青藏高山草甸的一棵草吧

离开日喀则进入阿里地区的那天，在我心中永远是浓墨重彩的一笔。阿里地区的平均海拔在4000m左右，我们的工作有很多时候需要在垭口上展开，而垭口上的海拔最高达到了5200多米。王立松老师总是第一个上山，挂着相机，冲锋衣被山顶的冷风吹得猎猎作响，帽子几欲飞走；他也永远是最后一个上车。

越是深入阿里地区，周围地貌越是荒漠化。草甸几乎消失不见，只有在山谷中河水流过的附近，才会出现些许绿洲。恶劣的生长环境使这些地区地衣物种愈发单一，只有几个耐旱的高原属种还在顽强地生长着。

待行至日土，我们便调头往回走了，沿着南线向拉萨方向折返。如果说这一路上雪山是冷峻惊艳的，那么札达土林则是大开大合般的壮阔瑰丽。当夕阳最后一丝余晖照在峡谷时，土林的影子拉得很长，光影变幻，似乎可以想到当年古格王朝的雄伟繁荣。傍晚落日前，我们在距离冈仁波齐峰60km的地方扎营。我背面是连绵起伏的雪山，面前是从高山而来向大海而去的河流，头顶天空风卷云舒。此时迎风而立，竟不知所言。万千星河皆落入眼中，从此十方世界有了声色。

王立松老师选择的采集点几乎不会出错，我对于从聂拉木到定结路上的那座“宝山”印象极为深刻。我们在这座山上不仅采到了很多研究所需要的柄盘衣属（*Anamylopsora*），还有很多形态新奇的种属。背包来回运得麻烦，师姐和我甚至都把大网兜拎上了山，把网兜装得满满当当才舍得下来。

我被蚂蟥咬了，所幸的是，只是刚刚咬了一小口我就有所察觉，并且从脚腕上把它拿了下来，因此也没有出很多血，只是留了一个小小的血点。蚂蟥比我想象中的要小很多，小小的，还没有指甲盖长，是血红色的，摸上去像是肉肉的皮肤的触感。或许是由于发现及时，它没有来得及吸食过多我的血液，所以当我亲眼见到它时，它的模样与我听王老师所描述的相差甚远，并不使人感到害怕，只是个寻常的小虫子罢了。

返回昆明的途中，我一直在思考，如此优秀的团队和这一路以来的所见所得，给予了我对于地衣学科的热忱，而这样滚烫的内心是否会在平淡乏味的生活里慢慢凉下来？正如王立松老师所言，如今这代人，面临的选择太多，因而对于未来更加迷茫，似乎一切都遥遥无期。其实简单来看，这不过是因为我们缺少一种专注的精神和持之以恒的态度罢了。倘若热爱无法长久，永远只是三分钟热度，那赤子之心想必是无处安放的。愿我们都能不改初心，一直在路上。

（作者：蒋卓静）

参加第二次青藏科考，人生真的变得不一样了!

2019 年 7 月 10 日我们从昆明出发，踏上了去往西藏的科考之旅。这次去西藏科学考察，我既激动又有些担心。激动是自己很幸运能赶上这样的机会，担心是怕自己给队伍拖后腿。

第一次上山的我，真的很好奇，背着背包就上去了，一点点学习师兄师姐们，采集标本敲打石头，拿出标本袋，记录的格式为日期 19—，号码: —64235，日期: 7.12。师兄师姐们采集标本很认真，登山的速度又快又稳。第二个采样地点是一片草原，下着大雨，我们穿好雨衣就下去采集标本，看着前辈们一丝不苟的工作态度，非常佩服!

王立松老师一直说，到了日喀则，真正的工作才开始，会非常辛苦。我们都说没事，我们不怕辛苦，老师往哪里走，我们就往哪里走。跟随老师采集标本的速度要很快，还要克服危险。这一天到达了日喀则拉孜县，天上晴空万里，白云在山边有那么几朵，确实非常的白净。顶着烈日，我们度过了几天艰苦的日子，有时候工作忙碌，加上长途赶路，一般下午 3 点多才会吃午饭，晚上 10 点吃晚饭。每天晚上需要把白天采集的标本进行晾干，分完分子材料后分开装袋，整理完标本差不多就到 12 点，接近半夜 1 点才睡觉，虽然艰辛但是过得非常丰富而充实!

在阿里无人区，我以为自己能坚持下来，结果在海拔 5200m 左右的地区工作了一天，当天傍晚我就觉得头疼，开始拉肚子很不舒服，有了高原反应。还好老师和师兄师姐们都很关心我，给了我很多药，我按时吃了，一天没有工作，在车里休息。第二天以为好了，结果一直恶心想吐。这一天真的吓得不轻，真怕拖累团队的进度，还好吃过药，傍晚醒来好多了，确幸自己顺利渡过了难关。在接下来的几天，队伍工作地点海拔降低，我的高原反应逐渐好了，自己又能跟随采集标本!同时我们还遇到了藏羚羊、野驴和跳羚。虽然这一路有很多的困难，但是我坚信，经过这一趟旅程，人生真的变得不一样了。路漫漫其修远兮，吾将上下而求索。相比于日本、美国等发达国家，中国的地衣研究仍存在较大空白。王立松研究员说:“中国的地衣研究需要 10 个博士，每个博士工作 50 年，才能基本摸清中国的地衣资源本底数据。”

（作者：王禄汀）

晚上苦战地衣标本干燥和分子材料整理工作

读万卷书，行万里路

地衣——顽强而神奇的菌藻共生体

地衣是由地衣型真菌和藻类共生而成的稳定胞外群落。根据其形态可分为叶状地衣、枝状地衣和壳状地衣三大类。

横断山区最容易看到的地衣当属满树黄绿色悬垂的长丝萝（*Dolichousnea longissima*），每次见它王老师都要跟我们说：“我去过美国、日本、韩国、欧洲等地，除了横断山区一带，从没见过这么大片的长丝萝，这可是世界少有的奇观，我们多么幸运！”运气好偶遇到长丝萝的有性繁殖结构——子囊盘，它的子囊盘像是鬼魅女郎的大眼眶，姣好妖艳，边缘的“睫毛”卷曲细密，可谓是名副其实的“睫毛精”。冬日里一切绿色都被风雪冰封，地衣能够抵抗极端寒冷，因此长丝萝还是川金丝猴、滇金丝猴过冬的食物来源之一。

荒漠草原野外考察

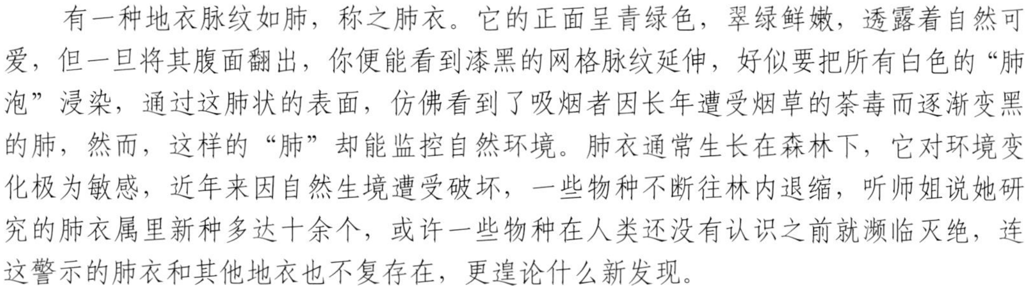

有一种地衣脉纹如肺，称之肺衣。它的正面呈青绿色，翠绿鲜嫩，透露着自然可爱，但一旦将其腹面翻出，你便能看到漆黑的网格脉纹延伸，好似要把所有白色的“肺泡”浸染，通过这肺状的表面，仿佛看到了吸烟者因长年遭受烟草的荼毒而逐渐变黑的肺，然而，这样的“肺”却能监控自然环境。肺衣通常生长在森林下，它对环境变化极为敏感，近年来因自然生境遭受破坏，一些物种不断往林内退缩，听师姐说她研究的肺衣属里新种多达十余个，或许一些物种在人类还没有认识之前就濒临灭绝，连这警示的肺衣和其他地衣也不复存在，更遑论什么新发现。

“石匠们”的采集日常

跟着王老师采集标本总能看到一个场景，他双手托举着相机，趴在一块大石头上保持某一姿势一动不动，接着响起一连串的“咔嚓咔嚓”声，在采集一份标本前，除了拍照，还要记录海拔和地理位置信息，再给这份标本一个采集号，除了采集号它还有个重要的“身份证号”——标本号。每份标本都有唯一的馆藏标本号，通常是标本馆英文缩写加上一串数字，这是一份标本的标识，便于地衣研究者研究查阅和交流。

高山草甸，原野山丘，总能看见一些好奇大胆的鼠兔从洞里探出脑袋张望，又或是在草地上鼓着腮帮子咀嚼食物，在这生机勃勃的草甸之下却是冻土区永久冰封的永冻层，其上的活动层冬季覆雪夏季消融，表面的土壤非常坚硬，我们在采集长在冻土表面的地衣时通常都会费力地铲起一层“蛋糕”，然后无奈地刮去厚实的土层，只留下表面的“奶油层”——地衣被放到采集袋。

（作者：谢聪苗）

科考发现

地衣新属和新种发现历程

拟沉衣属地衣主要分布于高山山地，在青藏高原 3800 ～ 4500m 海拔范围内多有发现，其生长于裸露岩表，常和不同地衣类群一起构成一片斑斓的“地毯”。2020 年 9 月，在王立松老师的带领下，地衣课题组开始了历时一个月的青藏高原科考之旅。一路上虽有大好风光，但超过一星期在高海拔作业的我们都已疲惫不堪。4500m 处，坐在碎石上，我啃着馒头，望着前上方太阳底下照得发亮的大片流石滩，无奈畅想着即将到来的疯狂敲石头、负重登山、敲石头……手上锤子似有千斤重，把我定在原地无法动弹。停下是不可能的，看着王老师已经蹿出去老远的背影，只得把我“沉”在石滩上的脚松松，勉力跟上。

海拔 4500m 流石滩，最远处是走得最快的王立松老师

刚气喘吁吁地来到王老师跟前，我正要掏出我的锤子凿子，王老师趴在一个色彩斑斓的大石头上，拿着放大镜仔细观察一处时忽道："聪苗，这是你的 *Immersaria*？"

"？！"我赶忙上前观察："不是，它的子囊盘是茶渍型，我的是网衣型。"

"你都没切片，怎么知道不是？长得那么奇怪，指不定是新东西，你就'发财'啦！"

一路上没少看到相近的，但看来看去也就那么一两种，这次确实奇怪，想着未知的无限可能，我顿感阴霾一扫而空，自己又活力满满，拿起锤子开始敲。正敲得兴致盎然，未觉阴云密布、狂风大作，一瞬间一阵大雨夹杂着冰雹铺天盖地席卷而来，我们意犹未尽地多敲了好几份标本才返回，风雨不惧竟是彼时才晓得。

一个月来翻山越岭，攀岩挖土敲山，风光无限好，回到实验室经过漫长的室内作业后忍不住怀念。之后我对标本进行切片、实验及系统发育分析，发现王老师说的新东西们确实能让我"暴富"：此前定义的沉衣属（*Immersaria*）物种中子囊盘有网衣型、茶渍型两种，但没有分子学证据支持。我们基于多基因系统发育分析，结合形态、解剖及化学证据，重新界定了沉衣属的概念，并建立了1个新属：拟沉衣属（*Lecaimmeria* C.M. Xie，Lu L. Zhang & Li S. Wang），提出沉衣属4个新种、拟沉衣属7个新种和3个新组合。该研究将沉衣属原有的8个物种新增到2个属19个物种，其中10个新种原产于青藏高原，足以表明青藏高原地区丰富的物种多样性。研究成果以 *Revision*

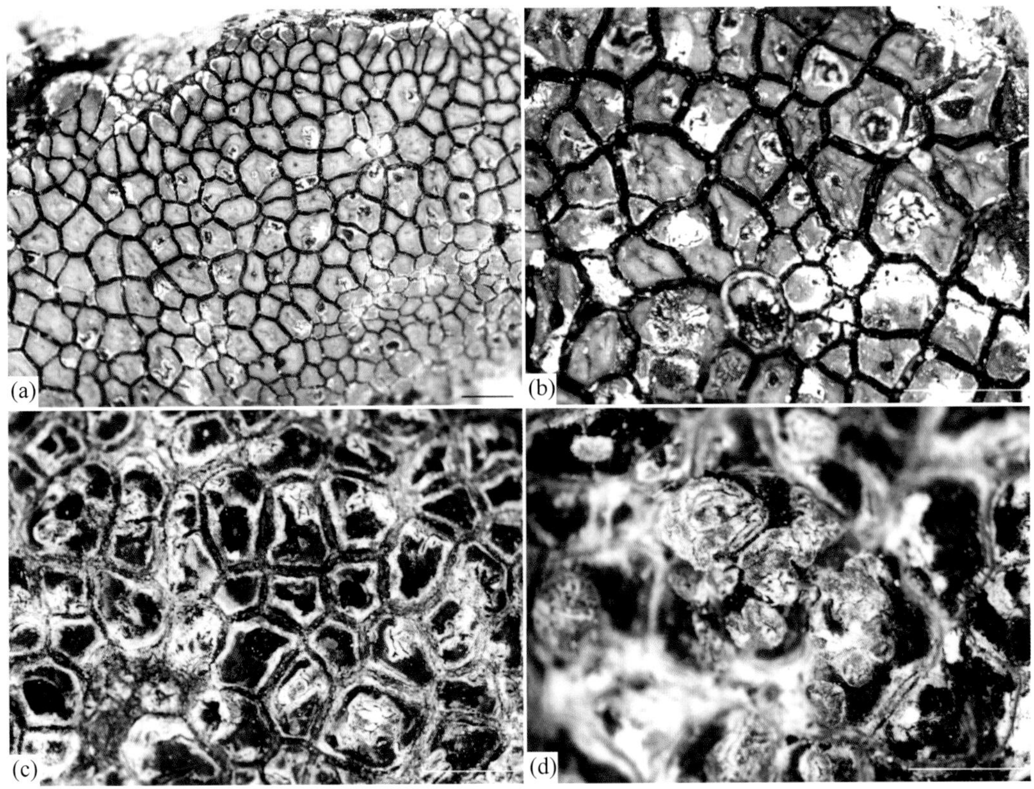

拟沉衣属新种 *Lecaimmeria tibetica* [（a）和（b）] 及 *L. tuberculosa* [（c）和（d）]

of Immersaria and a New Lecanorine Genus in Lecideaceae（*lichenised Ascomycota*, *Lecanoromycetes*）为题，发表在 *MycoKeys* 杂志上。

偶然回顾野外工作的视频：我们趴在陡峭的石坡上，用锤子、凿子、铲子各自工作……在此起彼伏的敲石声里，看着每个人仿佛有不把山搬走不停歇的气势，我恍然领悟了王老师时常所说的“坚持”何意。

当你一直坚持做一件事，到最后，你就是这个领域的大师！

（作者：谢聪苗）

时隔百年，再现“美色鳞茶渍”

地衣是真菌与藻类或蓝细菌共生形成的有机体。在“第二次青藏高原综合科学考察研究”中，地衣研究团队对金沙江干热河谷地衣区系进行了野外考察，在海拔941～1550m的岩石上发现了一种通体黄色、镶着白边、具橙色子囊盘的地衣，通过与国外馆藏的模式标本对比，明确为“美色鳞茶渍”。该种于1914年被外国采集家在云南与四川交界的干热河谷采集后，再无新的采集和野外观测记录，时隔百年的今天重现于世，它以不为人知的方式奋力生存。

通过形态特征和分子系统发育研究发现，“美色鳞茶渍”其实并不属于鳞茶渍科鳞茶渍属，而是茶渍科脐鳞属家族中的一员，因此将它的名称修订为：美色脐鳞[*Rhizoplaca callichroa*（A. Zahlbr.）Y.Y. Zhang]。目前，金沙江干热河谷的皎平渡口是美色脐鳞的唯一分布地点。

（作者：张雁云）

美色脐鳞的模式标本（左）；美色脐鳞的生境照片（右）

在美色脐鳞的唯一分布点进行标本采集

如何认识地衣型真菌的物种多样性？——DNA 序列显示多形茶渍复合群多达 100 个物种

地衣型真菌是一类能与蓝细菌或藻类共生形成稳定有机体的特化真菌，其物种演化和分类界定仍在不断地探索中。茶渍科是地衣型真菌的第五大科，含 1000 余种，是地衣分类中问题最多、最为复杂的类群之一。其中，多形茶渍［*Lecanora polytropa*（Hoffm.）Rabenh］为世界广布种，不同材料间形态差异较大，使该种下亚种、变种和变型多达 40 余个。

中国科学院昆明植物研究所联合美国杨百翰大学、加拿大自然博物馆的科研人员，对采自亚洲、欧洲、北美洲和南美洲的 300 余份多形茶渍样品开展了物种界定研究。自主扩增的 ITS 序列结合 GenBank 的分子序列，采用 ASAP 和 bPTP 分析方法对多形茶渍复合群进行物种划分，ASAP 分析结果显示，该复合群包含 62 ～ 103 个种级分支，其中支持 102 个和 103 个物种的计算模型获得 ASAP 的最佳得分；bPTP 的物种划分结果为 73 个种级分支，与 ASAP 的结果基本一致。这些种级分支中仅 10% 左右为跨洲分布。同时对该种复合群的五基因（ITS、nuLSU、RPB1、RPB2、mtSSU）系统发育分析，结果显示，绝大多数 ASAP 获得的种级分支与多基因分析结果一致。在此基础上，研究人员选取了美国西部的 32 个代表样品进行简略基因组测序，基于 1209 个单拷贝核基因构建的系统发育树同样支持 ASAP 的物种划分结果；线粒体基因组分析检测到一个基因渐渗事件，其余种级分支也与 ASAP 的划分结果一致。

文章首次从 DNA 层面揭示了多形茶渍复合群极其丰富的物种多样性，并对该复合群下潜在物种的地理分布初步分析，为该类群的分类研究提供新视野。多形茶渍复合群或可作为地衣型真菌谱系生物地理和物种形成研究的模式类群。

以上研究成果以 *Providing Scale to a Known Taxonomic Unknown—At Least a 70-Fold Increase in Species Diversity in a Cosmopolitan Nominal Taxon of Lichen-Forming Fungi* 为题在国际真菌期刊 *Journal of Fungi* 的地衣型真菌物种多样性、生态和进化历史特刊发表。

（作者：张雁云）

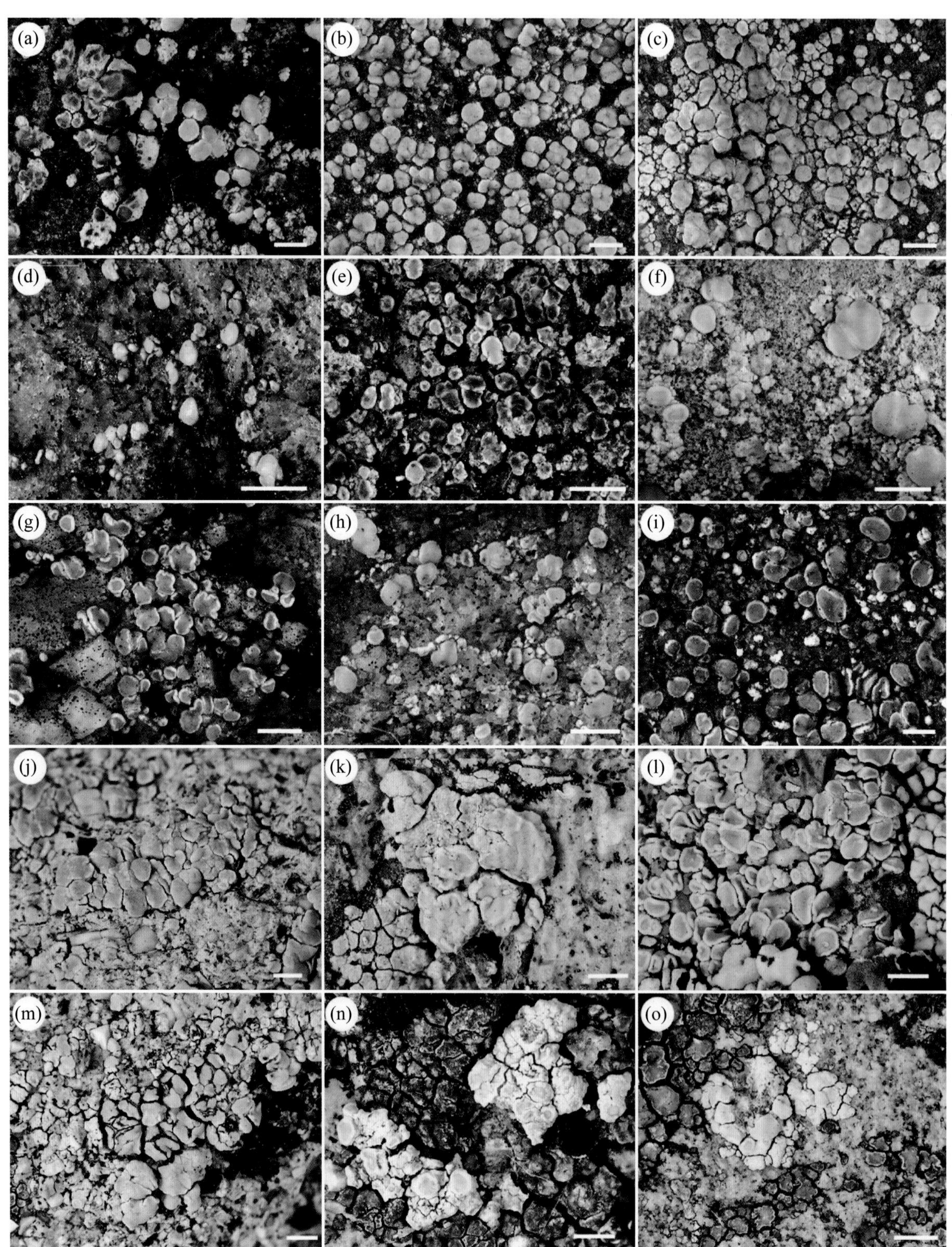

多形茶渍（*Lecanora polytropa*）复合群形态特征

是地衣繁衍“乐园”，还是孑遗类地衣的“避难所”？——揭示绿藻类肺衣在喜马拉雅山和横断山的演化过程

相比大自然界各种瑰丽明艳的植物，地衣甚至有点丑怪；但早于侏罗纪前已有藻类和真菌的痕迹，地衣实为生物中的“老大哥”。地衣是在合适的环境下，真菌孢子与藻类或蓝绿细菌自然选择而形成的。作为大型叶状地衣的代表之一——与绿藻共生的肺衣类，在喜马拉雅山和横断山地区高海拔湿冷原始森林中尤为丰富多样，民间俗称“青蛙皮”或“老龙皮”，其食药用历史久远。然而，传统形态分类对绿藻类肺衣进行物种划分一直都十分困难，这类古老生物在喜马拉雅山和横断山的物种组成与系统演化过程究竟是怎样?

中国科学院昆明植物研究所王立松研究员联合瑞士联邦研究所的杨美霞博士和Chritoph Scheidegger教授团队合作，对绿藻类肺衣基于核糖体RNA内转录间隔区（its）、编码RNA聚合酶II第二大亚基（rpb2）和蛋白质翻译延长因子（tef1α）三个基因片段，构建了东亚绿藻类肺衣属系统发育框架，从分子系统发育、形态学和生态学证据综合讨论：①发现了11个新物种，且都发生于晚中新世之后，其中10个新物种均发现于中国喜马拉雅山和横断山地区；②澄清了东亚绿藻类肺衣共21种，喜马拉雅山和横断山地区含15种，占东亚地区物种总数的2/3以上，是绿藻类肺衣在东亚的多样性分布中心；③构建了绿藻类肺衣地衣的进化树，推算出此类物种在东亚起源于中新世中期，喜马拉雅山和横断山隆起所形成的复杂生态小环境，或许为绿藻类肺衣提供了多样生命形式繁衍的“乐园”，也可能同时为一些孑遗类地衣提供了“避难所”。

研究结果以“*From Cradle to Grave? A Global Hotspot and New Species of the Genus Lobaria Discovered in the Himalayas and the Hengduan Mountains*”为题，发表于真菌国际权威期刊“*Persoonia*”。该研究得到国家自然科学基金（31970022，31670028）、第二次青藏高原综合科学考察研究（2019QZKK0503）、瑞士国家科学基金会、国家留学基金管理委员会等经费的支持。

（作者：杨美霞）

绿藻类肺衣属的部分物种